"十四五"时期国家重点出版物出版专项规划项目
先进制造理论研究与工程技术系列
黑龙江省精品图书出版工程

含瓦斯水合物煤体宏细观力学性质研究

高霞 著

U0223001

哈尔滨工业大学出版社
HARBIN INSTITUTE OF TECHNOLOGY PRESS

内 容 简 介

本书对含瓦斯水合物煤体的宏细观力学性质进行了研究。通过开展含瓦斯水合物煤体的三轴压缩试验,揭示了不同围压、水合物饱和度、粒径及应力路径对其强度、变形及破坏特性的影响规律。在此基础上,考虑水合物的胶结和填充作用及颗粒不同形状等因素,采用离散元法建立了含瓦斯水合物煤体数值模型。重点对含瓦斯水合物煤体宏细观力学性质分析、非规则颗粒形态模拟及柔性和刚性边界条件建立等进行了讨论。提出了含瓦斯水合物煤体三轴压缩试验的离散元建模方法及细观参数标定方法,揭示了不同影响因素对含瓦斯水合物煤体细观力学性质(如接触力链、配位数、孔隙率等参数)的影响规律,并且进行了常规三轴压缩下含瓦斯水合物煤体能量变化规律研究。

本书可供高等院校安全工程、采矿工程、岩土工程等相关专业的师生使用,还可供相关企业技术人员和科研院所研究人员参考。

图书在版编目(CIP)数据

含瓦斯水合物煤体宏细观力学性质研究/高霞著
.—哈尔滨:哈尔滨工业大学出版社,2024.8
(先进制造理论研究与工程技术系列)
ISBN 978-7-5767-1308-4

Ⅰ.①含⋯　Ⅱ.①高⋯　Ⅲ.①瓦斯煤层-煤岩-岩石力学-研究　Ⅳ.①TD823.82

中国国家版本馆 CIP 数据核字(2024)第 067698 号

策划编辑　王桂芝
责任编辑　马毓聪
出版发行　哈尔滨工业大学出版社
社　　址　哈尔滨市南岗区复华四道街 10 号　邮编 150006
传　　真　0451-86414749
网　　址　http://hitpress.hit.edu.cn
印　　刷　哈尔滨博奇印刷有限公司
开　　本　787 mm×1 092 mm　1/16　印张 20　字数 472 千字
版　　次　2024 年 8 月第 1 版　2024 年 8 月第 1 次印刷
书　　号　ISBN 978-7-5767-1308-4
定　　价　128.00 元

前　言

　　煤炭是我国的基础能源,是保障我国能源安全的"压舱石",具有重要的兜底作用。随着我国煤炭开采逐步向深部进军,深部矿井开采所面临的地应力高、瓦斯压力大、渗透率低等情况日趋严重。以煤与瓦斯突出为代表的灾害防治难度逐渐增大,严重制约着我国煤炭能源的安全高效开采。因此,解决煤与瓦斯突出问题,对推动我国煤炭产业健康发展、保障国家能源安全具有重大战略意义。吴强课题组提出的瓦斯水合固化防突技术,为煤与瓦斯突出的防治提供了一种新思路。探索含瓦斯水合物煤体宏细观力学性质变化规律,对利用瓦斯水合固化技术防治煤与瓦斯突出具有重要的科学意义。

　　本书聚焦煤与瓦斯突出灾害防治问题,基于瓦斯水合固化防突思想,通过试验手段深入剖析不同影响因素下的含瓦斯水合物煤体强度变形规律。进一步运用颗粒流离散元法开展了多尺度的含瓦斯水合物煤体力学性质数值模拟,系统构建了能够反映实际情况的含瓦斯水合物煤体离散元数值模拟体系,阐明了含瓦斯水合物煤体能量变化及分配规律,为水合固化技术预防煤与瓦斯突出灾害提供了理论基础。书中部分彩图以二维码的形式随文编排,如有需要可扫码阅读。

　　本书共分为6章。第1章绪论,首先介绍瓦斯水合固化防突思想的内容及其重要意义,其次从试验与数值模拟角度对相关领域研究进展进行概述;第2章基于接触黏结模型的含瓦斯水合物煤体宏细观力学性质研究,首先介绍室内试验设备并开展含瓦斯水合物煤体三轴压缩试验,其次开展接触黏结模型的含瓦斯水合物煤体力学行为数值模拟研究;第3章基于平行黏结模型的含瓦斯水合物煤体宏细观力学性质研究,选取平行黏结模型作为颗粒间接触模型来模拟瓦斯水合物对含瓦斯水合物煤体的胶结作用,深入分析含瓦斯水合物煤体的宏细观力学性质。第4章考虑不规则颗粒形状的含瓦斯水合物煤体宏细观力学性质研究,首先利用电镜扫描及图片后处理技术获得煤炭真实形状的颗粒矢量填充图,建立真实颗粒形状的含瓦斯水合物煤体三轴压缩数值模型,探究颗粒形状对含瓦斯水合物煤体力学性质影响规律。第5章不同接触模型对含瓦斯水合物煤体宏细观力学性质影响研究,建立基于抗滚动系数的含瓦斯水合物煤体抗滚动模型,获得两种不同模型试样在常规三轴加载过程中宏观力学性质与细观演化过程。第6章常规三轴压缩下含瓦斯水合物煤体能量变化规律研究,首先开展含瓦斯水合物煤体强度变形参数及强度准则研究,其次获得低围压与高饱和度条件下含瓦斯水合物煤体能量变化规律。

本书内容新颖,详细阐述了水合物在煤体中生成的方法及含瓦斯水合物煤体的强度变形特性。这些研究对于提升我国在煤与瓦斯突出防治方面利用瓦斯水合固化防突技术的水平具有一定的学术价值。希望本书的出版对推动煤与瓦斯突出防治技术的进步起到积极的作用。

应当指出的是,本书是课题组多年潜心研究的成果。在此,首先感谢吴强教授提出的利用瓦斯水合固化防突技术进行煤与瓦斯突出防治的学术思想;其次感谢张保勇教授,张强、刘传海和吴琼副教授在瓦斯水合物热力学和动力学方面的前期基础研究。本书的组织和撰写工作是在全体研究人员的共同努力下完成的,其中,高霞副教授负责全书的组织和统筹工作。感谢以下参与研究工作的研究生:孟伟、王楠楠、秦程、王维亮、要远、张国庆、梅雯艳、王柏琨、张作宏、赵宇贤、白海瑞、巩在阳等。这些研究生在实验室埋头苦干,认真踏实对待科研工作,为完成本书付出了艰辛的劳动,向他们表示衷心的感谢。

本书出版得到了国家自然科学基金项目(U21A20111,51974112)的资助,在此表示感谢。

由于作者水平有限,书中难免有不足之处,敬请诸位读者批评指正。

作者

2024 年 4 月

目　　录

第1章　绪论 ·· 1

1.1　研究背景及意义 ··· 1

1.2　含瓦斯煤及含水合物沉积物力学性质试验及理论研究现状 ······· 2

1.3　含水合物沉积物及岩体力学性质数值模拟研究现状 ··············· 6

第2章　基于接触黏结模型的含瓦斯水合物煤体宏细观力学性质研究 ······· 11

2.1　含瓦斯水合物煤体常规三轴压缩试验 ······························· 11

2.2　含瓦斯水合物煤体离散元模拟 ······································· 19

2.3　数值模拟结果的动态力学分析 ······································· 29

2.4　含瓦斯水合物煤体宏观力学性质影响因素分析 ··············· 44

2.5　本章小结 ··· 51

第3章　基于平行黏结模型的含瓦斯水合物煤体宏细观力学性质研究 ······· 53

3.1　含瓦斯水合物煤体数值模型建立 ··································· 53

3.2　含瓦斯水合物煤体细观参数精细标定 ··························· 67

3.3　含瓦斯水合物煤体宏细观力学性质 ······························· 94

3.4　柔性边界条件下含瓦斯水合物煤体宏细观力学特性 ········· 120

3.5　本章小结 ··· 146

第4章　考虑不规则颗粒形状的含瓦斯水合物煤体宏细观力学性质研究 ······· 148

4.1　含瓦斯水合物煤体不规则颗粒数值模型建立 ··················· 148

4.2　考虑真实形状的含瓦斯水合物煤体宏细观力学性质 ········· 154

4.3　球度和扁平度对含瓦斯水合物煤体宏细观力学性质影响规律 ······· 172

4.4　本章小结 ··· 185

第5章　不同接触模型对含瓦斯水合物煤体宏细观力学性质影响研究 ······· 187

5.1　含瓦斯水合物煤体抗滚动线性模型和平行黏结模型的建立 ······· 187

5.2　基于抗滚动模型的含瓦斯水合物煤体宏细观力学性质研究 ······· 196

5.3　基于平行黏结模型的含瓦斯水合物煤体宏细观力学性质研究 ······· 221

5.4　本章小结 ··· 244

第 6 章　常规三轴压缩下含瓦斯水合物煤体能量变化规律研究 …………………… 245

　　6.1　含瓦斯水合物煤体强度变形参数及强度准则研究 ………………… 245

　　6.2　低围压下瓦斯水合物生成前后煤体能量变化规律 ………………… 270

　　6.3　高饱和度下含瓦斯水合物煤体能量变化规律 ………………… 284

　　6.4　本章小结 …………………………………………………………… 291

参考文献 ………………………………………………………………………… 293

名词索引 ………………………………………………………………………… 310

第1章 绪 论

1.1 研究背景及意义

煤炭是我国的重要能源,2023 年我国能源消费总量57.2 亿 t 标准煤,煤炭消费量占能源消费总量的55.3%,煤炭消费量较2022 年增长5.6%。随着我国经济对煤炭资源需求量的增加,煤矿资源开采深度正在逐年上升,在未来 20 年内,我国大部分矿井都将要进入深部开采。高地应力、高地温、高瓦斯是深部矿井最显著的特征,更容易发生煤与瓦斯突出事故。

煤与瓦斯突出是指煤矿地下采掘过程中,在很短的时间内(数分钟或数秒内),从煤岩内部向采掘工作空间突然喷出煤和瓦斯,且伴有声响和猛烈力能效应的动力现象,是煤矿井下的主要安全事故之一。目前较为普遍受到认同的学术观点是:煤与瓦斯突出是一个能量释放、力学破坏的过程,是地应力、瓦斯压力、煤体自身力学性质相互作用的结果。大部分煤与瓦斯突出事故是瓦斯赋存区扰动(揭煤或落煤)促使大量瓦斯瞬间涌出造成的,因此延缓扰动时瓦斯集中涌出是防治此类事故的有效途径。基于瓦斯水合物具有生成条件温和、含气率高、分解热大等优点,吴强提出了利用瓦斯水合固化防治煤与瓦斯突出的新思路,其主要机理是采用中高压注促进剂溶液法使突出危险煤层中 164 倍体积瓦斯在一定温度压力条件下固化为 1 倍体积冰状水合物,从而消除破煤时产生的高压瓦斯流,并结合水合物对含瓦斯煤力学性质的改善作用,以期达到减弱或预防煤与瓦斯突出目的。

目前,预防煤与瓦斯突出的方法主要有穿层钻孔预抽煤层瓦斯、松动爆破、水力冲孔等。预抽煤层瓦斯是目前消除揭煤期间突出危险性的有效措施,但存在抽采时间长、抽采效率低等问题,常需实施水力割缝等增透措施。松动爆破是提高瓦斯抽采率、降低煤层瓦斯突出危险性的重要手段之一,但爆破有效半径快速测定技术有待探究。水力冲孔作为煤层卸压增透的强化措施,能够增强煤层透气性进而提高瓦斯预抽效率,但会使冲孔中心周围应力集中区的渗透率和钻孔瓦斯流量降低。基于改善煤体力学强度的动机,诸多学者提出采用低温冻结石门揭煤方法,旨在通过低温冻结作用使煤体内部孔隙、裂隙中的水冻结成冰,冰的胶结作用可增强煤体黏聚力,从而提高煤体的力学强度。

本书基于室内常规三轴压缩试验结果,以含瓦斯水合物煤体为研究对象,利用离散元模拟软件,建立含瓦斯水合物煤体常规三轴压缩试验颗粒流模型,聚焦水合物生成前后煤体力学性质原位测试,以及水合固化后煤体力学性质的数值模拟技术,从理论、试验、数值模拟三方面概述瓦斯水合固化防突技术可行性,为推动瓦斯水合固化防突技术进一步发展,以及确定瓦斯水合固化技术对煤与瓦斯突出的具体防治效果提供理论支持。

1.2　含瓦斯煤及含水合物沉积物力学性质试验及理论研究现状

1.2.1　含瓦斯煤力学性质试验研究现状

国内外学者以含瓦斯煤和煤体为研究对象,以煤炭安全开采,地下岩体安全开挖为研究动机,进行了加卸载下含瓦斯煤和煤体力学性质的试验研究。其主要围绕加载方式、温度、围压、瓦斯压力、应力路径、加卸载速率、强度准则等内容开展。

在温度、围压、瓦斯压力方面,许江等研究了温度范围 10～80 ℃ 下温度对煤岩力学特性的影响,发现三轴抗压强度、弹性模量随着温度升高而减小,泊松比随着温度升高先减小后增大。杨秀贵等研究了温度 30 ℃,40 ℃,50 ℃,60 ℃ 对试样力学特性的影响,发现随着温度升高煤强度减小,变形量增大,控制温度有利于提高煤层瓦斯产出。杜育芹等研究了围压 1 MPa,2 MPa,3 MPa 条件下试样力学性质,发现瓦斯压力恒定时,三轴抗压强度、弹性模量随着围压增大而增大,并呈正相关关系;而泊松比随着围压增大而减小。何俊江等进行了三轴压缩试验,发现在瓦斯压力分别为 0 MPa,0.75 MPa,1.5 MPa 条件下,随着瓦斯压力增大,煤体弹性模量和抗压强度减小,抵抗变形能力减弱。赵洪宝等进行了瓦斯压力0.25 MPa,0.5 MPa,1 MPa 和围压 2 MPa,4 MPa,6 MPa 三轴压缩试验,发现恒定围压时试样强度随着瓦斯压力增大呈减小趋势;恒定瓦斯压力时,试样强度随着围压增大而增大,但并非线性关系。刘恺德进行了瓦斯压力 1 MPa,3 MPa,5 MPa 和围压 10 MPa,20 MPa,25 MPa 三轴压缩试验,发现在相同有效围压下,随着瓦斯压力增大,三轴抗压强度、泊松比均呈增大趋势,弹性模量呈减小趋势;相同瓦斯压力下,随着有效围压增加,三轴抗压强度、弹性模量呈增大趋势,泊松比呈减小趋势。任非进行了围压 10 MPa,20 MPa,25 MPa 三轴压缩试验,发现三轴抗压强度随着围压增大呈对数函数形式递增;弹性模量随着围压增大呈指数函数形式递增。刘晓辉等进行了围压 10 MPa,20 MPa,25 MPa 三轴压缩试验,发现弹性模量随着围压增大而增大,但呈非线性关系;围压越高,峰值强度、体积应变峰值越大。

在应力路径、加卸载速率方面,Chu 等通过对试样进行三轴循环卸载试验,分析了试验中煤体变形和能量特征的变化,发现累积残余变形随着循环卸载次数增加而增加;相对残余变形逐渐减小,稳定性降低,失效前急剧上升;随着偏差应力增加,试样总能量呈指数函数增加;耗能比在循环卸载的初始阶段逐渐减小,在弹性阶段趋于稳定,在失效前逐渐增大。谢和平等通过实测不同加载速率及不同载荷水平下岩体能量耗散及损伤,分析了岩体内可释放应变能、耗散能、弹性模量及泊松比,并基于能量耗散及释放能分析建立了岩石损伤演化方程和岩石破坏准则,得到的方程可以较好地描述岩石损伤变化过程破坏准则与试验数据。张雪颖等研究了岩样在高围压和高围压高水压三轴卸荷试验中变形破坏和能量特征,分析了峰前和峰后卸围压下强度和能量变化规律,发现高围压情况下卸荷比低围压情况下卸荷更容易破坏。朱泽奇等通过对岩石进行保持轴向应变的卸围压和保持轴向应力的卸围压 2 种试验,结合应力－应变曲线,分析了试验过程中的能量变化规律,以及能量与岩石变形、围压之间的关系。

吕有厂等研究了卸围压条件下含瓦斯煤岩力学性质,分析了卸围压速率对含瓦斯煤岩力学性质及能量耗散的影响,发现含瓦斯煤岩的能量耗散随着卸围压速率增大而有规律地减小。陈学章等通过三轴压缩试验研究了高围压卸荷下大理石应力－应变关系和能量变化特征,以期揭示总能量、可释放应变能和耗散能与应力、应变、围压之间的关系,发现随着围压的增加大理石三轴卸荷和常规三轴试验耗散能占总能量比值逐渐增大。张民波等对含瓦斯原煤进行了不同初始围压加轴压卸围压试验,分析其变形破坏过程中的损伤变形特性及损伤变形与能量演化之间的内在联系,发现初始围压越高,试样的三轴破坏强度越大,试样破坏时所积累的总能量和弹性应变能越多。马德鹏等对试样进行了 5 种不同应力路径的三轴卸围压试验,认为试样在较高卸围压速率下的破裂更为剧烈,从能量转化角度揭示了试样卸荷破坏特征。李波波等研究了煤岩损伤和能量的耦合机制,通过不同围压下的三轴压缩试验分析了破坏过程中的能量特征及损伤－能量关系,发现在峰值偏应力点处临界破坏点总能量、储能极限、临界破坏点耗散能随着围压增大呈线性增大的趋势。陈国庆等综合考虑峰前弹性能的积累特性和峰后弹性能的释放特性,建立了一种基于弹性能演化全过程的岩石脆性评价指标,在单轴试验下能准确评价各类岩石的脆性差异性。

1.2.2　煤岩强度准则研究现状

在强度准则方面,Jiang 基于 Mogi-Coulomb 准则(简称 M-C 准则)的两个不同表达式,提出了两个 3D M-C 准则来表示多轴压缩过程中的岩石破坏,结果发现新准则对 3 种岩石类型的效果最好,M-C 准则对 4 种岩石类型的效果最好。苏承东等通过常规单轴、常规三轴和三轴卸围压试验,分析了试样的变形特征,并通过 Coulomb 强度准则对 3 种应力状态下的试样进行了强度参数分析。杨永杰等对鲍店煤矿 3 煤进行了三轴压缩试验,验证了试样的压缩强度随所施加的围压增大而增大,并且两者呈线性关系,认为在试验所施加的围压范围内,煤岩的破坏规律近似于 Coulomb 强度准则。尤明庆等通过对 8 种岩石进行常规三轴压缩和真三轴压缩试验,研究 Coulomb 强度准则参数的确定方法及相应的拟合误差,得到了 $\sigma_1 - \sigma_3$ 空间中试验数据与最佳拟合曲线,并确定了统一强度理论特征与适用性。杨圣奇等采用 Coulomb 强度准则和 Hoek-Brown 强度准则对已有粗晶大理石三轴压缩试验的结果数据进行拟合,得到了完整和断续预制裂纹粗晶大理石的强度参数,并用其表征了岩石材料真实的力学特性。刘亚群等通过对不同层面倾角板岩岩石试件的单轴、三轴压缩试验获得数据,基于对 Hoek-Brown 强度准则的深入研究,通过对层状岩体完整岩石试件定义的改进,提出采用 Hoek-Brown 强度准则的相关参数,建立了不同层面的 Hoek-Brown 强度准则并预测了不同围压下的板岩岩体的强度变化规律。吕颖慧等通过对花岗岩在高应力下进行升轴压卸围压试验,探究其破坏过程中的应力－应变曲线规律,利用 Mogi-Coulomb 强度准则对花岗岩强度理论进行了分析并研究了强度参数变化规律。石祥超等通过对 10 种岩石进行常规三轴压缩试验,采用直线型 Mohr-Coulomb

强度准则、抛物线型 Mohr-Coulomb 强度准则、Hoek-Brown 强度准则、Bieniawski 幂函数强度准则、指数强度准则,探究这 5 种强度准则在不同应力下的适用性。宫凤强等通过对砂岩进行低围压下不同应变率的动态单轴试验、三轴压缩及拉伸试验,采用Mohr-Coulomb、Hoek-Brown 及 Griffith 强度准则进行拟合,得到 Mohr-Coulomb 和Hoek-Brown 强度准则的具体表达形式,探究了 Mohr-Coulomb 和 Hoek-Brown 强度准则在低围压下对不同应变率的适用性及 Griffith 强度准则的不适用性。周哲等对水—瓦斯—煤三相耦合作用下煤岩强度特性进行理论分析,通过常规三轴压缩强度试验,利用Mohr-Coulomb 强度准则对含水瓦斯煤岩强度理论进行验证,发现三轴压缩破坏试验结果与理论值基本吻合。李地元等基于已有常规三轴卸荷及真三轴卸荷试验数据进行Mogi-Coulomb 强度准则拟合,并对拟合得到的相关强度参数和试样破坏特征进行分析,发现 Mogi-Coulomb 强度准则对真三轴卸荷破坏的适用有一定的局限性。左建平等通过对煤—岩组合进行三轴压缩试验研究,分析组合体的变形特征,并利用 Coulomb 强度准则、Hoek-Brown 强度准则(简称 H-B 准则)和广义 Hoek-Brown 强度准则(简称 GH-B 准则)强度准则对煤—岩组合体强度进行分析,讨论了适用于 H-B 准则和 GH-B 准则(长线准则参数 m,s)的值。李斌等通过应用大量岩石三轴压缩试验数据进行了 Hoek-Brown强度准则的修正,提出 I-HB 准则,采用 H-B 准则和 I－HB 准则对岩石三轴强度进行拟合并分析两者的差距,同时用准则预测岩石三轴强度 I-HB 的精度水平。杨更社等通过对砂岩进行不同温度、围压下的三轴压缩试验,结合 M-C、H-B、GH-B 准则、指数强度准则和Rocker 强度准则进行预测,分析了其试验数据的整体效果,以及砂岩在不同温度及应力状态下强度预测的准确性和适用性。曹艺辉等对原状黄土、花岗岩、胶结砂及未固结砂真三轴压缩试验数据进行了 Mohr-Coulomb 强度准则和修正后 Mohr-Coulomb 强度准则的拟合,通过分析模型参数并确定准则的适用性,得到了修正后的 Mohr-Coulomb 强度准则,发现其对岩石材料强度预测更精确。郑晓娟等对煤岩、砂岩、大理岩、花岗岩 4 种岩石进行三轴压缩试验,结合 Mohr-Coulomb 强度准则、Hoek-Brown 强度准则、Bieniawski 强度准则及指数强度准则进行拟合及抗压强度预测,探究了其拟合效果及 4 种强度准则对 4种岩石在三轴压缩下的适用性。

1.2.3　含水合物沉积物力学性质试验研究现状

以海洋或冻土区天然气水合物(可燃冰)开采和赋存安全为研究动机,国内外学者主要基于加载试验开展含水合物沉积物变形破坏规律等相关研究。其主要围绕饱和度、围压、制样方式、应变速率等内容而开展。

在饱和度和围压方面,Hyodo 等通过对含甲烷水合物沉积物进行相关研究,发现试样的物理力学性质与围压、饱和度及制样方式有密切关系。Le 进行了三轴压缩试验,发现较高饱和度的含水合物砂土剪切强度和膨胀角更大。Winters 等开展了三轴压缩试验,发现水合物含量越大,胶结特性越强,沉积物强度越大。Miyazaki 等研究发现增大饱和度能提高试样剪切强度和弹性模量,内聚力受其影响显著,内摩擦角无明显变化。

Ghiassian 等通过对含水合物沉积物三轴压缩试验力学特性进行研究,发现含水合物沉积物强度、刚度均随着水合物饱和度增大而增大。Song 等研究了水合物解离对含甲烷水合物沉积物安全性和稳定性的影响,得出其强度随着水合物分解而降低,破坏强度随着水合物分解速率的降低而降低的规律。Yoneda 等对含水合物沉积物进行了三种试验(单轴排水、固结排水、不排水),发现随着饱和度增大,试样强度、刚度及剪胀性也增大,通过探究围压和饱和度的影响获得了有关剪切模量的经验公式。Yan 等发现围压增大,弹性模量 E 随之增大,饱和度对弹性模量影响较小。

Masui 等针对含可燃冰砂土进行了不同饱和度条件下的常规三轴加载试验,发现随着水合物饱和度的增大,试样的抗剪强度和弹性模量显著提高,所以水合物的生成有效提高了试样的黏聚力,但对内摩擦角的影响较小。Yun 等对沉积物为砂、碎粉土、粉土和黏土制成的试样进行了常规三轴压缩试验,发现试样的应力－应变特征是沉积物粒径、围压和水合物饱和度三者综合作用的结果,低饱和度(40% 以下)时试样的力学性质沉积物贡献较多,饱和度较高(50% 以上)时水合物的胶结作用对试样硬度和强度影响较大。Wang 等对中国南海沉积物进行了不同饱和度条件(0～30%)下的不排水三轴剪切试验,得到了与 Masui 等的发现相似的规律,发现随着饱和度增大,天然气水合物的破坏强度增大,黏聚力近似呈线性增长,而内摩擦角几乎不变。吴起等进行了含水合物沉积物三轴压缩试验研究,探究了不同影响因素(初始孔隙压力、围压)对其影响规律,得出在试样降压分解过程中,有效应力和水合物共同影响着试样强度的结论。李洋辉对水合物沉积物进行了三轴压缩试验,发现温度越低,水合物沉积物破坏强度越大;围压较低时,含水合物沉积物试样破坏强度随围压的增大而增大。

颜荣涛利用三轴剪切试验研究了水合物形成对含水合物砂土强度的影响,发现水合物形成可以提高含水合物砂土的强度,水合物的赋存模式对沉积物的特性有重要影响。陈合龙对气饱和状态的含 CO_2 水合物砂样进行了试验,发现试样的强度和刚度随着围压及饱和度的增大均呈增大趋势。李力昕使用含 CO_2 水合物泥质粉细砂进行了三轴剪切试验,发现试样的强度随着围压、饱和度的增大而增大,并出现剪胀现象。于锋开展了三轴压缩试验,发现甲烷水合物沉积物强度随着围压和应变速率的增大而增大。王淑云等研究了以黏土为水合物沉积物骨架的试样,发现相同围压下,水合物饱和度越大,对试样抵抗变形作用越显著。王哲等发现随着沉积物粒径尺寸增大,含水合物沉积物强度增强,在降压剪切过程中均发生明显的剪缩现象。石要红等以南海水合物区域的粉质黏土为骨架,进行了不同水合物饱和度的三轴压缩试验,应力－应变曲线表现为明显的弹塑性变形,具有明显的应变硬化趋势,随着水合物饱和度增大,试样剪切强度和变形参数增大,对内摩擦角无明显影响。

其他影响因素研究:Tan 等研究了水合物分解速率对含水合物的沉积物变形特性的影响,发现水合物沉积物弹性模量会随着分解快速降低。Luo 等开展了不同层位、颗粒尺寸对水合物沉积物力学特性影响的三轴压缩试验研究,探究不同层位和颗粒尺寸对最大偏应力的影响规律,发现水合物最大破坏强度存在于沉积物中间部分;此外,大颗粒尺寸试样具有更高的强度和更大的内摩擦角。吴杨等对含甲烷水合物及无水合物沉积物展开研究,发现细颗粒含量对两种沉积物的强度和变形特性的影响呈相反趋势。杨期君等通过深入研究初步建立了有关水合物沉积物的弹塑性损伤本构模型。魏厚振等对含 CO_2 水合物砂样进行了不同初始含水率和净围压的常规三轴加载试验,发现由于水合物具有填充和胶结作用,试样抗剪能力和强度在不同净围压条件下,随着水合物含量增长显著提升,但增幅逐渐减小。张旭辉等对不同晶体类型的 4 种水合物沉积物试样进行了常规三轴加载试验,通过对比应力－应变曲线及各强度参数,发现围压和水合物类型都对其强度有显著影响,围压越大强度越大。

1.3　含水合物沉积物及岩体力学性质数值模拟研究现状

1.3.1　含水合物沉积物力学性质数值模拟研究现状

国内外关于含瓦斯水合物煤体力学性质离散元数值模拟研究较少,而含水合物沉积物离散元数值模拟研究可为本研究提供理论参考。国内外学者以水合物沉积物为研究对象的研究主要围绕围压、饱和度、水合物赋存形式等内容展开。

在围压、饱和度方面,Yu 等利用离散元数值模拟对甲烷水合物沉积物进行了研究,发现数值模拟中长条状土壤颗粒特性更接近实际水合物沉积物特性。Jiang 等对不同围压、不同饱和度的水合物沉积物进行了研究,发现抗剪强度随着饱和度和围压的增大而增大,剪胀量随着饱和度或围压的增大而减小,黏聚力和摩擦角均随着饱和度的增大而增大。Xu 等通过对不同饱和度(0%,2.8%,5.6%,8.7%,11.2%)的水合物砂土进行研究,发现不同初始水合物饱和度试样表现出明显不同的剪切特性,初始水合物饱和度较高的试样发生静态液化,其他试样在大应变下达到准稳态,后发生应变硬化。Jung 等模拟了水合物的三轴压缩试验,发现随着水合物饱和程度的增大,沉积物的刚度、强度和膨胀趋势均增大,水合物胶结分布的含水合物砂比水合物充填孔隙的砂具有更高的强度。Jiang 等对水合物沉积物进行了研究,发现随着饱和度的增大和围压的减小,试样的剪胀量增大;外力主要由主力链来承载,主力链与黏结砂的强度演化和破坏密切相关。Brugada 等利用软件 PFC^{3D} 探究了不同生成方法下试样的微观影响机制,发现将土壤颗粒先固结后加入水合物颗粒的生成方法与将土壤和水合物颗粒混合后进行固结的生成方法相比,后者对沉积物初始刚度的影响较大。

王璇等利用 PFC^{2D} 对胶结型含可燃冰砂土进行了双轴剪切试验,发现偏应力达到峰值时胶结断裂数量增长速率最快,剪切过程中剪切带内外土体的胶结断裂、颗粒运动、孔隙率变化均表现出明显的差异。周世琛等对天然气水合物沉积物进行了离散元模拟,发现在剪切过程中水合物沉积物试样的平均配位数先减小后增大直至达到相对稳定值,接触力链经历了均匀分布的环状力链、以柱状强力链为主、以屈曲力链为主的演化过程。蒋明镜等采用 PFC^{3D} 对甲烷水合物开展了单轴及双轴压缩试验,根据宏观力学性质反演细观参数,实现了不同温度、围压、力学胶结模型下的离散元模拟。杨期君等采用 PFC^{3D} 对水合物沉积物开展了三轴排水试验,发现试样的强度和弹性模量与水合物颗粒之间的胶结强度呈正相关。 周博等通过对不同围压(1 MPa,2 MPa,3 MPa)、不同饱和度($25.7\% \sim 33.7\%$)的水合物沉积物进行研究,发现开发的离散元法(distinct element method,DEM)能准确计算水合物沉积物在不同围压和水合物饱和度情况下的初始弹性模量。王辉等通过对不同抗滚动系数($0 \sim 0.8$)、不同饱和度(10%,20%,30%,40%)的水合物沉积物进行研究,发现抗滚动作用可以有效提高其宏观强度和剪胀程度。蒋明镜等通过对不同饱和度(16.75% ~ 47.62%)的水合物沉积物进行研究,发现能源土试样峰值强度和残余强度随着饱和度的增大逐渐增大,且饱和度达到一定程度时,试样由应变硬化变为应变软化。韩振华等通过对不同胶结程度(半径乘子:1,0.6,0.2)、不同围压(1 MPa,2 MPa,5 MPa)的水合物沉积物进行研究,发现水合物对颗粒的胶结作用可显著提高模型的峰值强度和弹性模量,随着颗粒胶结程度的增大和围压的减小,含水合物的沉积物的破坏方式由塑性破坏向脆性破坏转变。

在水合物赋存形式方面,Ding 等认为在室内生成水合物沉积物时饱和度决定了水合物的赋存形式,并建立了多个数值模型用以分析饱和度对力学性质的影响规律。Jiang 等基于胶结模型研究了不同饱和度的水合物沉积物在不同温度、水压条件下的力学性质,发现温度降低和饱和度增大都会提高水合物的峰值强度。Jiang 等在同一模型中生成了 4 种赋存形式的水合物,对比分析了不同饱和度下的室内试验和模拟试验结果,结果表明二者峰值强度均与饱和度呈正相关。Wang 等建立了胶结型和孔隙填充型共存的水合物沉积物二维数值模型,研究了胶结率对水合物沉积物力学特性的影响。蒋明镜等发现当饱和度大于 50% 时,人为生成的水合物大多附着在土颗粒表面,因此提出了一种裹覆型能源土数值模型,并分析了其在真三轴作用下的力学特性。贺洁等针对天然气水合物在能源土中的赋存形式,提出了一种生成孔隙填充型数值模型的新方法,并分别研究了常规三轴和真三轴作用下能源土的力学性质。周世琛等研究了天然气沉积物的剪切带变化规律,发现水合物的胶结作用对剪切带的产生和发育具有两面性。为了更深入地研究水合物沉积物的力学特性,周世琛等提出了一种柔性边界下的胶结型离散元试样,从力链和能量角度揭示了饱和度对水合物沉积物力学行为的影响规律。

Cohen 和 Klar 等考虑到水合物的摩擦性质和动力学响应对沉积物强度的影响,提出了一种适用于甲烷水合物沉积物的无内聚力的微观模型,以及包含水合物沉积物几何形状、颗粒间特性和力学响应的表达式;多次三轴压缩试验验证结果表明表达式中的颗粒间摩擦值和水合物形态的几何分布变量会控制应力应变的响应,这与水合物的具体粒径和摩擦角并不十分相关。模型的模拟结果与以前的研究所指出的特征相同,都表明水合物的存在会以非内聚力形式影响沉积物的动力学响应。

Liu 等首先建立了含水合物沉积物的三维离散元常规试样,对以前的研究结果进行了拟合,得到了较好的拟合结果;随后将数值模拟中的各类参数保持不变,重新建立了各种水合物在其中呈非均质性分布的试样,例如分层型、圆筒型等;接着模拟了一系列三轴压缩试验,将各种不同类型的水合物非均质性分布的应力－应变曲线和体胀曲线等进行比较,分析了非均质性分布对水合物沉积物力学特性的影响;同时研究了围压、孔压和饱和度的影响。结果发现:在相同水合物饱和度、不同非均质性分布的情况下,试验结果的应力应变和体变都有很大的区别;非均质性越强,弹性模量、剪切强度和膨胀率越大。You 等运用离散元的手段采用双轴压缩模拟试验研究了不同水合物赋存形式下能源土的潜在强化机制。

1.3.2　岩体力学性质数值模拟研究现状

国内外学者的相关研究多以土石混合体、道砟、岩土等材料作为对象,主要围绕数值模拟试验类型(直剪、双轴、三轴)、接触模型、颗粒形状等内容而开展。

在数值模拟试验类型方面,Jung等模拟了水合物的三轴压缩试验,发现随着水合物饱和程度的增大,沉积物的刚度、强度和膨胀趋势均增大,水合物胶结分布的含水合物砂比水合物充填孔隙的砂具有更高的强度。安令石采用PFC³ᴰ对冻土三轴压缩试验开展了模拟,发现随着加载的进行接触力链数量增多,由网状力链转变为柱状力链。毛海涛等采用PFC³ᴰ对紫色土开展了固结不排水三轴压缩试验,发现黏聚力与切向黏结强度呈线性正相关,而内摩擦角由切向黏结强度及摩擦系数共同决定。杨圣奇等采用PFC³ᴰ对未经高温处理花岗岩常规三轴压缩试验进行了模拟,发现在压缩过程中峰前试样主要以随机分布的微裂纹为主,之后裂纹扩展贯通形成宏观裂纹。王明芳等采用PFC²ᴰ对石膏质岩进行了单轴及双轴压缩试验,发现围压对细观拉裂纹的增长具有抑制作用,对细观剪裂纹的增长具有促进作用。刘新荣等采用PFC²ᴰ对干湿循环作用下的砂岩进行了分析,发现相同围压时峰值应力处颗粒接触网络和力链的分布形态均相似。

在接触模型方面,Iwashita和Oda在球形颗粒的接触模型中考虑了抗滚动效应。Ai等综述了4种常用的滚动阻力模型,提出了适用于动态和拟静态情况的滚动阻力模型。Jiang等引入抗滚动系数推导出了二维抗滚动接触模型,在此基础上进一步提出了三维含抗弯转和抗扭转接触模型。Benmebarek等建立了砂土直剪的三维离散元法(DEM)模型,研究了主要接触模型参数对最大剪应力、残余剪应力和砂体体积变化的影响规律,结果发现:随摩擦系数增大,试样剪切应力和体积变化受滚动阻力系数与摩擦系数影响更明显,改变摩擦阻力系数和滚动阻力系数对残余剪应力的影响较小。Ciantia等选用抗滚动模型,考虑砂土不规则颗粒形状,采用常体积方法模拟室内不排水三轴压缩试验,利用图像分析数据校准滚动摩擦系数,较好地再现了试验应力路径,验证了Roratod等的新方法,确定了砂土的液化状态临界线。李建乐等选取黏结模型构建了宽50 mm、高100 mm的双轴压缩模型,探究在不同加载速率(0.01 mm/s,0.03 mm/s,0.05 mm/s)、不同围压(1 MPa,3 MPa,5 MPa)条件下煤岩破坏特征,发现加载速率对轴向应力峰值影响较小,轴向应力峰值随着围压增大而增大。何涛等选取平行黏结模型建立了宽50 mm、高100 mm的二维试样,并通过应力－应变曲线及试样破坏形态对比验证模型和细观参数合理性,进而探讨不同厚度煤体对组合煤岩体力学特征的影响规律。杨圣奇等选取平行黏结模型构建了常规三轴压缩试样数值模型,研究4种围压(5 MPa,10 MPa,15 MPa,20 MPa)下裂隙倾角(0°,15°,30°,45°,60°,75°,90°)对试样宏观剪切力学性质的影响,通过对比分析应力－应变曲线验证模型的可行性。田文岭等选取平行黏结模型构建了常规三轴压缩试样数值模型,研究4种围压(5 MPa,10 MPa,15 MPa,20 MPa)下试样加卸载力学特征变化,通过应力－应变曲线及试样破坏形态对比验证模型和细观参数合理性。王辉等采用滚动线性接触模型研究不规则颗粒形状对水合物沉积物宏观响应,发现抗滚动作用对于强度和剪胀的促进存在一个临界值。王怡舒等考虑滑动摩擦和颗粒形状的影响,选取抗滚动线性接触模型探究了接触摩擦对颗粒体宏细观力学特性和能量演变的影响规律，发现抗滚动系数对峰值强度和残余强度影响规律与 Benmebarek 等的发现相同，滑动摩擦相同时，滚动摩擦系数增大对滑动摩擦耗能起促进作用，圆度较好（滚动摩擦系数较小）时起抑制作用。

王一伟等选用抗转模型进行了室内密实砂土的离散元模拟，分析了峰值内摩擦角、残余内摩擦角和峰值剪胀角随颗粒间摩擦系数、刚度比、抗转动系数增大的变化规律，提出了快速标定细观参数的方法和考虑剪胀角的剪切带倾角经验公式。马少坤等针对无黏性土离散元模拟中考虑抗转动作用的问题，结合随机森林算法研究了有效模量、刚度比、摩擦系数、抗滚动系数与试验宏观参数之间的关系，结果表明峰值强度受抗转动系数影响较大，初始弹性模量受有效模量影响较大。王壮等开展了 5 种不同抗转动系数（0,0.1,0.2,0.3,0.4）的真三轴离散元模拟试验，从细观角度解释了转动阻抗的影响机制，发现随抗转系数增大，试样平均配位数降低，但颗粒间强接触力概率密度及大小均增大，砂的抗剪强度提高。高政国等为解决传统离散元模拟颗粒滚动至静止耗费时间比试验观测时间长的问题，基于摩擦学理论提出了一种速度无关型动能耗散的滞弹簧，给出了滞弹簧弹性恢复力计算式，建立了滞弹簧滚动阻力模型，通过自由滚动试验验证了该模型的有效性，可以很好地模拟试验临近静止时试验的摆动频率。刘嘉英等采用离散元方法研究了抗转动特性岩土类颗粒材料的非局部化失稳现象，发现试样越松散，分散失稳的可能性越高，颗粒抗转系数的增大可以降低材料发生分散的可能，应力路径逐渐从应变软化向应变硬化过渡。

在颗粒形状方面，在进行数值模拟研究时，学者们通常采用 CT、电镜扫描、三维扫描等辅助手段，并结合图像后处理技术获取颗粒的细观结构，以期获得岩土体真实的力学特性。Zhou 等在离散元软件中建立了卵状的渥太华砂土模型，研究了卵形颗粒体系模型的宏细观力学行为。Zhou 等利用离散元法对不同形状的堆石料进行了三轴数值模拟试验，发现颗粒的纵横比增加后，试样的峰值强度和残余强度均逐渐增加。Li 等利用 CT 扫描获得了土石混合体的平面轮廓信息，并建立了二维数值模型。Lashkari 等建立了 6 种不同颗粒形状特征的砂土颗粒模型，发现形状对砂土的临界状态影响较为明显，颗粒的不规则程度越高，砂的峰值强度和脆性指数越高。Lu 等同时考虑了颗粒体积和二维形状对砂土力学性质的影响，发现当颗粒体系较为密实时，低应力下圆形颗粒的剪胀程度相对较高，从而提高了其抗剪强度。王蕴嘉等以砂卵石为研究对象，建立了不同球度的数值模型，发现球度变化对颗粒间接触力分布影响较大，球度越小颗粒接触越不均匀。Katagiri 等对比了由不同颗粒数填充的同一轮廓的颗粒模型，发现填充的颗粒越多，模型的精度越高，对颗粒形状的描述越准确。Zhang 等建立了 6 种不同球度的颗粒模型，并分别进行了三轴压缩模拟试验，发现颗粒形状会影响试样内部的峰值强度和峰值摩擦角，颗粒越不规则峰值强度越高，峰值摩擦角越大。

Suhr 等以铁路道碴为研究对象，利用 3 个球单元建立了不同形状的三维颗粒模型，发现不规则颗粒之间接触力不均匀容易发生应力集中，从而引起颗粒破碎；试样越不规则，发生破碎的颗粒越多，破碎现象越显著。Xu 等基于矩阵和数学方程对颗粒形貌进行了描述，并建立了 6 种不同形状特征的三维数值模型，在进行了一系列数值模拟试验后发现，颗粒的不规则程度越高，试样的峰值强度越高。Ng 建立了长短轴之比不同的三维椭球颗粒模型并进行了三轴模拟试验,发现颗粒越狭长,试样的抗剪强度越小。Zhou 等分析了不同颗粒形状的多面体颗粒在剪切试验下的力学及变形特性,发现颗粒越狭长,颗粒间的内锁作用越显著,且越容易导致颗粒发生破碎。Shi 等使用三维扫描和球谐函数对块石形状进行了还原重构,对比分析了不同形状砾石颗粒体系的单轴压缩特性。Ju 等基于 CT 扫描技术和图片处理获得了土石混合体的颗粒轮廓信息,并在 PFC^{3D} 中建立了块石不规则单颗粒模型。Cui 等使用数学计算模型表征颗粒的三维形态,建立了不同形状的颗粒模型。王舒永等利用三维扫描和三维重构技术,建立了不同粒径的块石几何特征数据库,并在 PFC^{3D} 中创建了离散元模型,研究了土石混合体中块石含量与自身力学性质之间的相关性。章涵等基于 CT 扫描和球谐级数提出了构建块石数值模型的新方法,生成了形状不同但形状参数相同的块石颗粒,并基于建立的三维模型研究了形状对块石剪切特性的影响。

蒋明镜等通过电镜扫描获得了月壤的微观形貌及尺寸,并在 PFC^{2D} 中生成了基于颗粒形状参数的二维数值模型。崔博等、李皋等使用三维扫描仪获得了砾石颗粒的三维信息,并对颗粒形状进行了分类、量化,在 PFC^{3D} 中建立了基于真实形状的数值模型,分析了真实颗粒对砾石料力学性质的影响。张翀等利用 PDC^{2D} 建立了 4 种不同形状的二维颗粒模型,发现非圆颗粒之间会出现咬合作用,增加了试样强度。

刘广等分析了石英砂岩中 4 种不同形状的矿物晶体对其宏细观力学行为的影响规律,并引入球度量化了三维颗粒的形状,结果表明,球度变化会影响试样的峰值强度和剪缩剪胀特性。田湖南等在 PFC 中建立了不同磨圆度的碎石颗粒模型,发现磨圆度越大,颗粒之间的咬合作用越弱,强度参数越小。华文俊等基于离散元方法对不同形状的路基填料颗粒进行了数值模拟,提出了棱角指数和长细比两个形状参数,从三维层面量化了颗粒形状,模拟结果表明,当颗粒接近圆形时,颗粒间的接触力分布相对均匀;颗粒的细长比越大,试样的初始配位数越大。薛明华等在 PFC^{2D} 中对不同形状的颗粒轮廓进行填充,对比分析了圆形颗粒和不规则颗粒砂土的力学性质,发现松散状态下不规则颗粒间的内摩擦角更大。李存柱等建立了 4 种不同二维形状系数的颗粒簇模型并进行了双轴试验,发现颗粒越接近圆形,试样峰值强度越低,剪缩量越大。邹宇雄等生成了 7 种不同 Domokos 系数的三维椭球颗粒,分析了颗粒形状与宏细观力学之间的关系,结果表明,颗粒越偏离圆形,试样峰值强度越高,颗粒越趋于呈定向排列。

第 2 章　基于接触黏结模型的含瓦斯水合物煤体宏细观力学性质研究

2.1　含瓦斯水合物煤体常规三轴压缩试验

2.1.1　引言

为了减弱或消除煤与瓦斯突出的危险性,2003 年吴强提出了一种瓦斯水合固化防治突出的技术思路:0.8 倍体积的水和 160～170 倍体积的甲烷,在低温高压条件下生成 1 倍体积的甲烷水合物。水合物的生成可以降低瓦斯压力,提高煤体强度,从而达到防治煤与瓦斯突出目的。

首先对含瓦斯水合物煤体进行常规三轴压缩试验,获得三轴压缩过程中的试样应力－应变曲线、强度参数与变形参数,为后续离散元数值模拟提供细观参数标定依据。

2.1.2　试验设备

含瓦斯水合物煤体常规三轴压缩试验采用自制的瓦斯水合固化与力学性质一体化试验装置,如图 2.1 所示。该装置主要包括:轴压及围压加载系统、微机伺服控制系统、恒温水浴箱、三轴压力室及瓦斯气体注入系统等。

2.1.3　型煤的制备及饱和度计算

本试验使用试样取自东保卫煤矿 $41^{\#}$ 煤层,埋藏深度为 800 m,根据中国地应力的分布规律可得相应围压约为 16 MPa。由于原煤取样困难,本节利用型煤试样代替原煤试样进行试验。型煤试样的制作方法如下。

(1)用破碎机将煤块破碎后,用筛分机筛分出粒径 20～40 目(0.425～0.850 mm)、粒径 40～60 目(0.250～0.425 mm)及粒径 60～80 目(0.180～0.250 mm)的煤粉。

(2)称取固定量的煤粉与纯水进行搅拌混合,保证型煤成型后为饱和型煤。

(3)将搅拌均匀的煤粉放入模具中压制成 $\phi50$ mm×100 mm 的型煤试样,型煤试样成型压力为 97 kN,成型时间为 3 h。

(4)将成型的型煤试样放到干燥箱内(温度设为 100 ℃)烘干到预定质量。

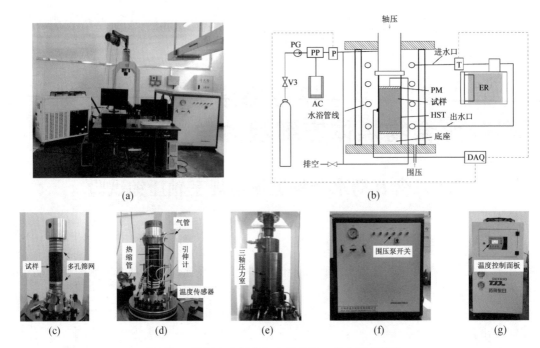

图 2.1　　瓦斯水合固化与力学性质一体化试验装置

PG—稳压阀；P—压力传感器；T—温度传感器；DAQ—数据采集系统；PP—增压泵；AC—空气压缩机；ER—恒温水浴箱；PM—多孔筛网；HST—热缩管

2.1.4　试验方案及步骤

1. 试验方案

为研究不同饱和度（7.72％，9.69％，12.36％）和不同粒径（20～40 目，40～60 目，60～80 目）下含瓦斯水合物煤体的力学特性，对含瓦斯水合物煤体进行 9 组三轴压缩试验，试样基本物理参数见表2.1。

表2.1　　试样基本物理参数

编号	围压 /MPa	直径 d/mm	高度 h/mm	质量 m/g	饱和度 $S_h\%$	含水率 w/g
I—1		50.78	102.08	256.10	7.72	8.12
I—2		50.85	100.28	259.02	9.69	10.83
I—3		50.82	99.02	261.60	12.36	13.54
I—4		50.89	102.97	236.12	7.72	6.09
I—5	16	50.81	101.36	238.56	9.69	8.12
I—6		50.99	100.55	240.98	12.36	10.15
I—7		50.77	99.42	227.15	7.72	6.69
I—8		51.03	99.90	230.01	9.69	9.29
I—9		50.97	100.39	231.89	12.36	11.61

2. 试验步骤

瓦斯水合物生成方法如下。

图2.2为瓦斯水合物在煤体中生成路径图,从瓦斯吸附到瓦斯水合物在煤体中生成所需时间一般为 40 h,获得含瓦斯水合物煤体。具体过程如下。

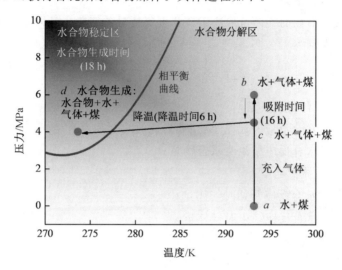

图 2.2　瓦斯水合物在煤体中生成路径图

(1) 将试样放于下压头上表面,使用热缩管包裹试样与下压头,再将上压头放于试样上表面,使用热风枪对热缩管进行加热,包裹试样以保证密封性。注入围压油,注满后关闭阀门略施轴压,压住试样,缓慢加载围压至预定值,此时温度一般为293.15 K,压力为常压,对应图2.2 中的 a 点。

(2) 通入瓦斯气体(重复 3 次)以置换管线内原有空气。置换结束后,施加瓦斯压力至 6 MPa,充入气体所需时间一般为0.5 h,开始吸附,此时对应图2.2 中的 b 点。

(3) 当气体进入试样后,由于煤对瓦斯的吸附作用,气体压力会迅速下降,吸附持续时间为 16 h。吸附结束时,对应图2.2 中的 c 点。

(4) 打开恒温水浴箱制冷,降低三轴压力室温度至273.65 K,制冷过程一般需耗时6 h。由于受制冷效率、环境温度等影响,不同组次试验降温至273.65 K 所需时间有一定差别。降温至273.65 K后开始水合物生成试验,根据水合物相平衡理论,此时已经有水合物生成,对应图2.2 中的 d 点,水合物生成持续时间为 18 h,最终获得含瓦斯水合物试样。(水合物生成过程于三轴压力室中进行。)

三轴压缩试验具体步骤如下。

(1) 对试样进行瓦斯水合物生成试验,制备不同饱和度的含瓦斯水合物煤体试样。

(2) 施加轴向压力,采用位移控制,加载速率0.01 mm/s,直到试样破坏。

(3) 更换不同粒径试样,重复以上步骤。

3. 实际水合物饱和度计算方法

瓦斯水合物生成化学方程式为

$$CH_4 + N_H H_2O \Longrightarrow CH_4 \cdot N_H H_2O \tag{2.1}$$

式中　　N_H——水合指数。

水合物生成所消耗的气体量取决于试样中气体量的变化。瓦斯水合物的形成和气体消耗量计算可以表示为

$$\Delta n_h = n_{h,t=t} - n_{h,t=0} = \Delta n_g = n_{g,t=0} - n_{g,t=t} = \left(\frac{PV}{ZRT}\right)_{t=0} - \left(\frac{PV}{ZRT}\right)_{t=t} \tag{2.2}$$

式中　　Δn_h——水合物生成量；

$n_{h,t=0}$——水合反应开始时水合物量，此时水合物没有生成；

$n_{h,t=t}$——水合反应结束时水合物量；

Δn_g——气体消耗量；

$n_{g,t=0}$——水合反应开始时气体量；

$n_{g,t=t}$——水合反应结束时气体量；

t——反应时间；

P、V 和 T——气体压力、体积和温度；

R——理想气体常数（$R = 8.314 \text{ J} \cdot \text{mol}^{-1} \cdot \text{K}^{-1}$）；

Z——由 Stryjek 和 Vera 修正的 Peng-Robinson 状态方程（PRSV2）计算的压缩系数。

实际水合物饱和度计算公式为

$$S_h = \frac{V_h}{V_{pore}} = \frac{m_h}{\rho_h V_{pore}} = \frac{\Delta n_h M_h}{\rho_h V_{pore}} = \frac{\Delta n_h (M_{CH_4} + N_H M_w)}{\rho_h V_{pore}} \tag{2.3}$$

式中　　S_h——水合物饱和度；

V_h——煤体中瓦斯水合物的体积；

V_{pore}——煤体孔隙总体积；

m_h——瓦斯水合物的质量；

ρ_h——水合物密度，瓦斯水合物密度为 0.91 g/cm^3；

M_h——水合物的摩尔质量（无量纲）；

M_{CH_4} 和 M_w——甲烷和水的摩尔质量；

N_H——水合指数，假设平均水合指数为 6。

水的转化率计算公式为

$$C_w = \frac{N_H n_h}{n_w} \times 100\% \tag{2.4}$$

式中　　C_w——水的转化率；

n_h——水合物生成量；

n_w——水的物质的量。

2.1.5　试验结果与分析

1. 应力 — 应变曲线

图2.3 为不同饱和度和不同粒径条件下试样的应力 — 应变曲线。图中，ε_1 为轴向应变，ε_3 为径向应变，ε_v 为体积应变，$(\sigma_1 - \sigma_3)$ 为偏应力。由图可知：不同饱和度的含瓦斯水合物煤体应力 — 应变曲线呈相同变化趋势，偏应力均随着轴向应变增加而增大。应力 — 应变曲线分为弹性阶段、屈服阶段和强化阶段 3 个阶段。从图中可以看出，相同粒径试样，饱和度越大，弹性模量越大，同一轴向应变对应的偏应力越大。应力 — 应变曲线没有出现压密阶段，分析认为试样强度较小，在进行三轴加载前试样已经发生压缩变形，故试样在应力 — 应变曲线上表现出无压密阶段的特性。在整个加载阶段，试样径向应变未超过 5%，分析认为围压的存在限制了试样径向变形，导致其相对较小。由图2.3 可知不同粒径下体积应变均为正值。对于粒径 20 ～ 40 目的含瓦斯水合物煤体试样，体积应变呈先增大后减小趋势，而对于粒径 40 ～ 60 目和粒径 60 ～ 80 目试样，体积应变一直呈增大趋势。

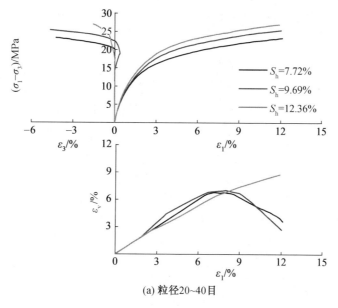

(a) 粒径20~40目

图 2.3　不同饱和度和不同粒径条件下试样的应力 — 应变曲线

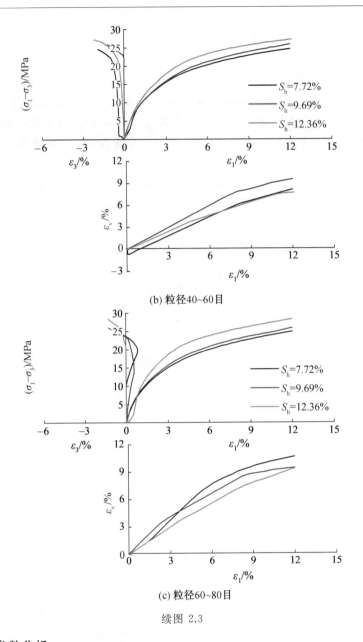

(b) 粒径40~60目

(c) 粒径60~80目

续图 2.3

2. 强度参数分析

由图2.3可知不同粒径下含瓦斯水合物煤体应力－应变曲线表现为应变硬化型,因此将轴向应变 $\varepsilon_1 = 12\%$ 所对应的偏应力作为破坏强度。试样的破坏强度见表2.2。

表2.2　试样的破坏强度

粒径／目	20 ～ 40			40 ～ 60			60 ～ 80		
饱和度 S_h／%	7.72	9.69	12.36	7.72	9.69	12.36	7.72	9.69	12.36
破坏强度 σ_f／MPa	23.20	25.39	26.95	24.65	25.92	27.20	24.69	25.95	28.35

从表2.2中可以看出,常规三轴加载条件下试样的破坏强度随着饱和度的增大而增

大。当粒径为 20 ～ 40 目、饱和度由 7.72％ 增大到 12.36％ 时，试样的破坏强度由 23.20 MPa 增加到 26.95 MPa，增加了 16.16％；当粒径为 40 ～ 60 目、饱和度由 7.72％ 增大到 12.36％ 时，试样的破坏强度由 24.65 MPa 增加到 27.20 MPa，增加了 10.34％；当粒径为 60 ～ 80 目、饱和度由 7.72％ 增大到 12.36％ 时，试样的破坏强度由 24.69 MPa 增加到 28.35 MPa，增加了 14.82％。同一饱和度条件下，随着粒径的增大，试样破坏强度增大。

　　为进一步探讨含瓦斯水合物煤体破坏强度与饱和度的关系，对破坏强度与饱和度进行拟合。由图 2.4 可知：不同粒径下试样的破坏强度和饱和度的相关系数均在 0.95 以上，说明含瓦斯水合物煤体的破坏强度和饱和度具有较好的线性关系。

$$\sigma_f = 0.795 S_h + 17.288 \quad R^2 = 0.967 \quad （粒径 20 ～ 40 目）$$

$$\sigma_f = 0.546 S_h + 20.510 \quad R^2 = 0.993 \quad （粒径 40 ～ 60 目）$$

$$\sigma_f = 0.795 S_h + 18.440 \quad R^2 = 0.992 \quad （粒径 60 ～ 80 目）$$

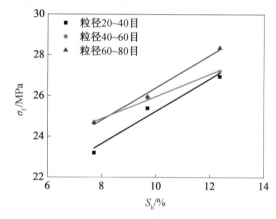

图 2.4　饱和度与破坏强度的关系

　　试样的起始屈服强度见表 2.3。从表中可以看出，试样的起始屈服强度变化规律与破坏强度变化规律大致相似。当粒径为 20 ～ 40 目、饱和度由 7.72％ 增大到 12.36％ 时，含瓦斯水合物煤体的起始屈服强度由 13.42 MPa 增加到 17.38 MPa，增加了 29.51％；当粒径为 40 ～ 60 目、饱和度由 7.72％ 增大到 12.36％ 时，含瓦斯水合物煤体的起始屈服强度由 13.84 MPa 增加到 19.74 MPa，增加了 42.6％；当粒径为 60 ～ 80 目、饱和度由 7.72％ 增大到 12.36％ 时，含瓦斯水合物煤体的起始屈服强度由 15.68 MPa 增加到 20.70 MPa，增加了 32.0％。由此可知：粒径越大、饱和度越大，试样的起始屈服强度越大。

表2.3　试样的起始屈服强度

粒径 / 目	20 ～ 40			40 ～ 60			60 ～ 80		
饱和度 S_h/％	7.72	9.69	12.36	7.72	9.69	12.36	7.72	9.69	12.36
起始屈服强度 /MPa	13.42	13.99	17.38	13.84	14.80	19.74	15.68	17.06	20.70

3. 变形参数分析

　　表 2.4 为试样的弹性模量。弹性模量 E 为应力－应变曲线近似直线段（10％ ～ 50％ 峰值强度）斜率。

表2.4　　试样的弹性模量

粒径／目	20～40			40～60			60～80		
饱和度 S_h/%	7.72	9.69	12.36	7.72	9.69	12.36	7.72	9.69	12.36
弹性模量 E/MPa	721.0	769.3	945.5	650.3	572.8	689.5	655.8	702.9	944.1

　　由表2.4可知,当粒径为20～40目时,随着饱和度由7.72%增大到12.36%,含瓦斯水合物煤体的弹性模量由721.0 MPa增加到945.5 MPa,增加31.1%;当粒径为40～60目时,随着饱和度由7.72%增大到12.36%,含瓦斯水合物煤体的弹性模量先由650.3 MPa降低到572.8 MPa,再增加到689.5 MPa,先降低11.9%再增加20.4%;当粒径为60～80目时,随着饱和度由7.72%增大到12.36%,含瓦斯水合物煤体的弹性模量由655.8 MPa增加到944.1 MPa,增加44.0%。由此可知含瓦斯水合物煤体的弹性模量与饱和度的关系无明显规律,分析认为水合物分布的随机性导致孔隙填充不均匀,造成弹性模量随饱和度的变化不明显。

　　在应力-应变曲线中,将偏应力达到50%峰值强度时所对应割线模量 E_{50} 作为变形模量。试样的变形模量见表2.5。

表2.5　　试样的变形模量

粒径／目	20～40			40～60			60～80		
饱和度 S_h/%	7.72	9.69	12.36	7.72	9.69	12.36	7.72	9.69	12.36
变形模量 /MPa	801.32	836.43	893.37	640.21	669.32	770.11	533.60	628.02	750.35

　　由表2.5可以看出,常规三轴加载条件下含瓦斯水合物煤体的变形模量随着饱和度的增大而增大,随着粒径的增大而减小。当粒径为20～40目、饱和度由7.72%增大到12.36%时,含瓦斯水合物煤体的变形模量由801.32 MPa增加到893.37 MPa,增加了11.49%;当粒径为40～60目、饱和度由7.72%增大到12.36%时,含瓦斯水合物煤体的变形模量由640.21 MPa增加到770.11 MPa,增加了20.29%;当粒径为60～80目、饱和度由7.72%增大到12.36%时,含瓦斯水合物煤体的变形模量由533.60 MPa增加到750.35 MPa,增加了40.62%。通过对含瓦斯水合物煤体变形模量和饱和度进行拟合,发现二者呈线性关系,如图2.5所示,拟合的相关系数均在0.95以上。

$$E_{50} = 19.92S_h + 646.00 \quad R^2 = 0.998 \quad (S_h = 7.72\%)$$

$$E_{50} = 28.56S_h + 409.84 \quad R^2 = 0.952 \quad (S_h = 9.69\%)$$

$$E_{50} = 46.66S_h + 174.28 \quad R^2 = 0.999 \quad (S_h = 12.36\%)$$

4. 破坏特征分析

　　通过试验得到不同粒径和不同饱和度下试样的破坏特征,如图2.6所示。由图可知,不同饱和度及不同粒径下试样的破坏形式均为压胀破坏,受围压限制,试样破坏形态表现为单一的剪切破坏。从图中可以看出,粒径20～40目的试样有煤块裂开,整体没有破坏;粒径40～60目的试样有煤块裂开,整体有轻微破坏;粒径60～80目的试样中间位置有横向裂纹,整体破坏严重。较粒径20～40目和粒径40～60目的试样而言,粒径60～80目的试样破坏程度更大。由此可知,粒径越小,试样破坏越严重。

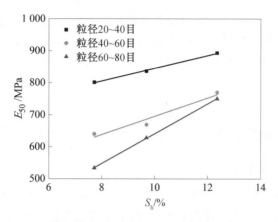

图 2.5　饱和度与变形模量的关系

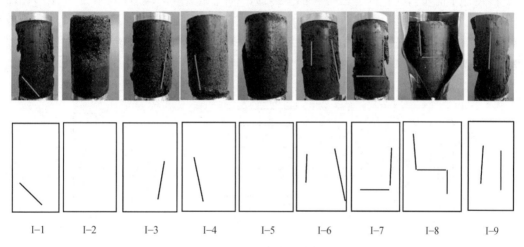

图 2.6　不同饱和度下试样的破坏特征

2.2　含瓦斯水合物煤体离散元模拟

2.2.1　引言

由于煤体及含瓦斯水合物煤体宏观表现为相对连续的结构,而微观上含有一系列孔隙裂隙,难以用有限元软件进行模拟。离散元法(DEM)将岩土体视为一系列离散元颗粒的组合,能反映颗粒集合体在不同加载情况下的宏微观响应。目前,离散元法已广泛运用于机械、结构、岩土工程等领域,能模拟直剪、双轴、三轴、巴西劈裂、节理、断裂及滑坡等一系列科学问题。含瓦斯水合物煤体是一种连续的非均匀介质,因此采用离散元法分析含瓦斯水合物煤体动态力学行为。

在颗粒流软件 PFC³ᴰ 中,建立包含 3 个力矩和 3 个力的三维刚性颗粒球体试样。PFC³ᴰ 中颗粒是具有单位厚度的球体,每个球体均有一组表面属性。球体可以平移和旋转,即具有广义速度和角速度。当满足质量特性、载荷条件及速度条件时,球体的运动符合运动方程,用质量、质心位置和惯性张量描述质量特性,用密度和半径描述质量属性,载荷条件为与其他部件相互作用产生的力和力矩;重力即为重力加速度矢量。

本节以含瓦斯水合物煤体为研究对象,利用PFC³ᴰ建立含瓦斯水合物煤体数值模型,通过试错法标定模型中的各个细观参数,使其与宏观力学性质相匹配,为颗粒的动态力学行为分析做铺垫。

2.2.2 PFC³ᴰ 理论基础

1. 颗粒流方法的基本原理

采用离散元软件研究问题时,颗粒和颗粒之间并不需要满足变形协调方程,仅需满足平衡方程与本构方程。在PFC模拟过程中,给定一个指定的时间步长(时步)和初始边界条件,在每个时步内颗粒的力学行为都会传递给与之相接触的颗粒,利用力－位移定律计算出每个颗粒在每时步内所受的合力与合力矩,通过牛顿运动方程计算出颗粒的速度与位置信息,并在下一时步起始时刻更新,如此循环往复迭代以完成整个求解过程。离散元法基本原理如图2.7所示。

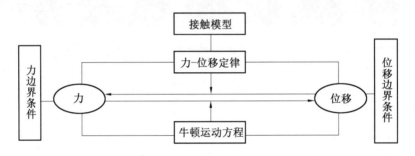

图 2.7 离散元法基本原理

在PFC模型中除了定义了颗粒之外,还定义了边界墙,墙是由二维线段组成的流形曲面,曲面是由网格定义的。侧墙的表面属性可以单独指定,侧墙可以平移和旋转,即具有广义速度和角速度。侧墙运动不服从牛顿第二定律,在施加力时墙体不能直接受力,可由用户指定墙的运动。如果墙是可变形的,那么可以对每个顶点应用独立的平移速度。墙体变形必须保持墙体的多样性,在某种情况下,可以认为墙充当固定容器而不发生任何运动,所以,只能对墙施加速度以达到恒定围压的目的。

2. 颗粒流基本假定

离散元颗粒流模型基于以下几方面假设。

(1)颗粒为刚体。

(2)颗粒间的接触发生在非常小的范围内,可视为点接触。

(3)刚体颗粒间的接触表现为柔性接触,并允许一定重叠。

(4)重叠量与接触力相关,与颗粒尺寸相比重叠量很小。

(5)颗粒间接触可存在黏结强度。

3.PFC³D 接触本构关系

在 PFC 中颗粒是模型最基本的组成单元,2D 模型中基本颗粒是有厚度的圆盘,3D 模型中基本颗粒是球体,此外还有由几个颗粒一起组成的块体,在此也称为颗粒。在离散元中,接触分为 ball-ball、ball-facet、ball-pebble、pebble-pebble 及 pebble-facet 这 5 种,颗粒之间的接触力发生在接触面上。

在 PFC 5.0 中,共设有 9 种接触模型,分别是线性接触模型、赫兹接触模型、接触黏结模型、平行黏结模型、伯格斯模型、黏滞阻尼模型、光滑节理模型、平节理模型、滚动阻尼模型,比较常见的是前 4 种接触模型。

2.2.3　PFC³D 数值模型建立

1. 含瓦斯水合物煤体数值模拟基本假设

图 2.8 为含瓦斯水合物煤体电镜扫描图。图 2.9 为含瓦斯水合物煤体 CT 扫描图。由图可知,含瓦斯水合物煤体在细观上是由一系列的颗粒、孔隙和裂隙等组成的结构系统,且水合物在煤体中分布不均匀。水合物在煤体中赋存模式主要有胶结、填充两种,如图 2.10 所示。如果按照含瓦斯水合物煤体的实际状态生成颗粒,则要求生成的水合物赋存模式既包括胶结模式,又包括填充模式,生成难度较大,且不容易实现。因此,在建模时进行两方面假设:

（1）假设生成的瓦斯水合物基本均匀覆盖在煤颗粒表面。

（2）利用过量气法生成水合物,假设水全部参加反应,视含瓦斯水合物煤体为不连续的单相介质材料。

图 2.8　含瓦斯水合物煤体电镜扫描图

在如此进行假设后,含瓦斯水合物煤体在细观尺度上可视为由煤颗粒和水合物颗粒构成的无穷大介质,对其进行处理,将煤颗粒简化为球体颗粒,颗粒表面均匀覆盖一层水合物,如图 2.11 所示。

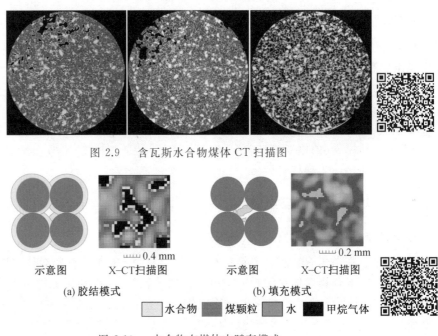

图 2.9　　含瓦斯水合物煤体 CT 扫描图

示意图　　　X–CT扫描图　　　　　示意图　　　X–CT扫描图

(a) 胶结模式　　　　　　　　　　　(b) 填充模式

☐ 水合物　■ 煤颗粒　■ 水　■ 甲烷气体

图 2.10　　水合物在煤体中赋存模式

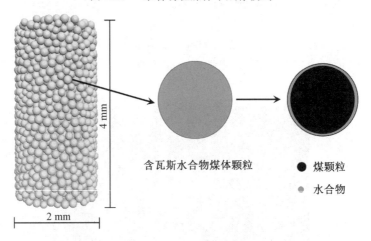

含瓦斯水合物煤体颗粒　　　　　● 煤颗粒
　　　　　　　　　　　　　　　　● 水合物

图 2.11　　三轴压缩试验数值模型试样

2. 接触模型的选择

应根据所研究材料的性质来选取颗粒流接触模型。本节对含瓦斯水合物煤体进行三轴压缩试验模拟,该材料性质与水合物沉积物类似。蒋明镜在对水合物沉积物进行模拟时通过胶结模型将颗粒胶结,因此考虑含瓦斯水合物煤体力学性质,选用接触黏结模型来进行模拟试验。接触黏结模型需确定的主要细观参数包括:切向刚度、法向刚度、摩擦系数、切向黏结应力及法向黏结应力。

3. 模型的生成

在离散元数值模拟中,生成颗粒常用的方法有半径扩大法(也称膨胀法)和颗粒级配法。本节采用半径扩大法,生成颗粒具体步骤如下,生成颗粒过程如图2.12所示。

(1)创建墙体:通过"wall create"命令创建一个圆柱形的侧面和两个相互平行的上下底面。圆柱形侧面为加载过程提供围压,上下底面作为加载板,如图2.12(a)所示。

(2)指定一个圆柱体区域"geometry",如图2.12(b)所示,在区域内通过"ball distribute"命令生成颗粒,如图2.12(c)所示。在生成颗粒时,由于通过"ball distribute"命令设置初始孔隙率后,在模型进行平衡的过程中,孔隙率会增大,因此孔隙率取0.4,与真实试样不同(含瓦斯水合物煤体的真实孔隙率接近0)。采用随机生成法生成颗粒,由于生成的颗粒有一部分在墙体之外,在进行伺服控制时会跑出墙体,因此需要对颗粒进行处理,将颗粒 X 轴和 Y 轴的位置缩进到0.8,Z 轴的位置缩进到0.95,如图2.12(d)所示。通过处理后,颗粒之间必然发生重叠,继续运行软件,相互重叠的颗粒会弹开,消耗颗粒间的不平衡内力,直至颗粒间不平衡力趋于稳定,如图2.12(e)所示。

(3)模型达到平衡后,将圆柱面墙体的法向刚度调为1×10^7 N/m,用以模拟试样外的热缩管。

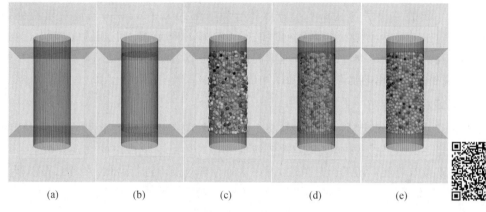

(a)　　　　(b)　　　　(c)　　　　(d)　　　　(e)

图 2.12　半径扩大法生成颗粒过程

通过"ball distribute"命令生成颗粒时,如果按照含瓦斯水合物煤体的实际粒径生成颗粒,将生成 10 万多个颗粒,生成颗粒工作量过大且生成模型观测不够直观。研究表明,当颗粒平均粒径小于模型整体尺寸的 1/30 时,颗粒的尺寸效应可以被忽略,因此所用的颗粒粒径设为0.075～0.100 mm。

4. 伺服控制与加载

当颗粒生成后,对模型施加围压。围压是通过边界施加的。在离散元软件中,边界分为两类:柔性边界和刚性边界。柔性边界由颗粒组成,既可以施加速度又可以施加应力,但当模型发生大变形时,柔性边界往往会失效,因此本节对含瓦斯水合物煤体采用刚性边界进行模拟。刚性边界由墙体构成,只能施加速度,不能施加应力。进行模拟时,一般通过离散元中自带的伺服控制机制来对模型施加围压。加载过程中围压的变化情况如图2.13 所示。

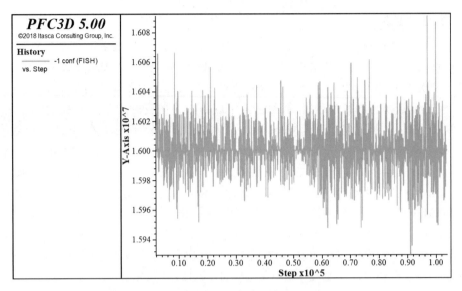

图 2.13   加载过程中围压的变化情况

对试样施加围压并稳定一段时间后,需对试样进行加载,加载方式为上下加载板同时进行加载。实验室设定含瓦斯水合物煤体加载速率为0.01 mm/s,若也对模型施加0.01 mm/s的加载速率,模拟一组数据所用时间大约为6 h,所用时间过长。实际上,只要保证加载过程中试样处于准静态,加载速率的影响是可以忽略的。因此,为了提高计算效率,在本数值模拟中采用的加载速率为0.1 mm/s。

5. 模型细观参数标定

在颗粒流模拟中,细观参数的标定是整个模拟过程的关键。目前常用试错法进行细观参数的标定,并通过室内试验结果与数值模拟结果对比以确定最终的细观参数值。即先确定出细观参数可能取值的合理范围,再在这个合理范围内进行调试,参考已有模型的细观参数,得出本试验细观参数的取值范围。模型细观参数数值范围见表2.6。

表2.6   模型细观参数数值范围

参数名称符号	数值范围	单位
法向刚度 kn	$0.5 \times 10^8 \sim 1.0 \times 10^8$	N/m
切向刚度 ks	1.0×10^8	N/m
摩擦系数 μ	$0.1 \sim 1.0$	无
法向黏结应力 cb_tenf	0.5×10^5	N
切向黏结应力 cb_shearf	$0.5 \times 10^5 \sim 1.0 \times 10^5$	N

2.2.4   数值模拟结果与室内试验结果对比

通过对比数值模拟和室内试验的应力－应变曲线、弹性模量及破坏强度,以验证离散元数值模拟的正确性。

1. 应力 — 应变曲线对比分析

基于上述细观参数的取值范围对其进一步精细化标定,得出不同饱和度及不同粒径条件下的模型细观参数取值,见表2.7。由表2.7可知,法向刚度、切向黏结应力及摩擦系数均在一定范围内变化:法向刚度在 $0.5 \times 10^8 \sim 0.85 \times 10^8$ 范围内变动;切向黏结应力在 $0.5 \times 10^5 \sim 1.0 \times 10^5$ 范围内变动;摩擦系数在 $0.35 \sim 0.85$ 范围内变动。切向刚度为 1.0×10^8,法向黏结应力为 0.5×10^5,两者均为定值。同一粒径,采用不同饱和度主要改变摩擦系数和切向黏结应力;同一饱和度,采用不同粒径主要改变摩擦系数和法向刚度。

表2.7　模型细观参数取值

粒径	饱和度 /%	kn/(N·m⁻¹)	ks/(N·m⁻¹)	cb_tenf/N	cb_shearf/N	μ
	7.72	0.5×10^8	1.0×10^8	0.5×10^5	0.5×10^5	0.85
20 ~ 40 目	9.69	0.5×10^8	1.0×10^8	0.5×10^5	0.75×10^5	0.70
	12.36	0.5×10^8	1.0×10^8	0.5×10^5	0.9×10^5	0.35
	7.72	0.7×10^8	1.0×10^8	0.5×10^5	0.5×10^5	0.75
40 ~ 60 目	9.69	0.7×10^8	1.0×10^8	0.5×10^5	0.7×10^5	0.70
	12.36	0.75×10^8	1.0×10^8	0.5×10^5	1.0×10^5	0.50
	7.72	0.85×10^8	1.0×10^8	0.5×10^5	0.5×10^5	0.70
60 ~ 80 目	9.69	0.8×10^8	1.0×10^8	0.5×10^5	0.7×10^5	0.65
	12.36	0.85×10^8	1.0×10^8	0.5×10^5	1.0×10^5	0.50

图2.14、图2.15、图2.16为不同饱和度及不同粒径条件下数值模拟结果(模拟值)与室内试验结果(试验值)对比。由于受到试验设备的限制,室内试验的轴向应变只能达到12%,因此在进行数值模拟时,将轴向应变达到12%作为数值模拟终止条件。从图中可以明显地观察到曲线分为弹性阶段、屈服阶段及强化阶段。当应力 — 应变曲线的轴向应变达到8%时,曲线开始表现出应变软化的特征,这与室内试验不同。分析认为,数值模拟与室内试验曲线后期出现偏差可能受三方面因素影响:其一是数值模拟采用的颗粒是刚体;其二是数值模拟的颗粒形状为球体,而实际的含瓦斯水合物煤体颗粒形状是不规则的;其三是常规三轴加载过程中有颗粒溢出墙体,导致应力 — 应变曲线表现出应变软化的特征。数值模拟是室内试验的一种补充手段,是对实际复杂问题的简化建模,所以模拟结果必然与实际结果存在一定差异。数值模拟的应力 — 应变曲线与室内试验结果较接近,且两者的弹性模量最大误差率不超过8%。因此,数值模拟可以较好地模拟室内试验结果。

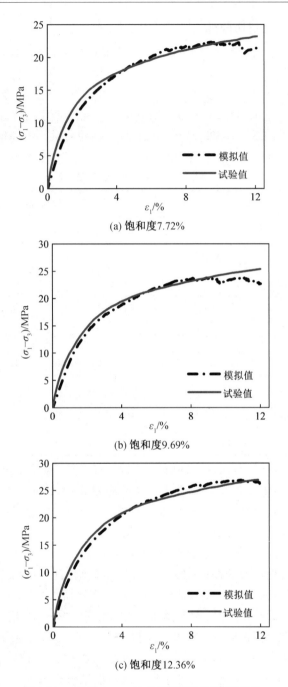

(a) 饱和度7.72%

(b) 饱和度9.69%

(c) 饱和度12.36%

图 2.14　粒径 20 ～ 40 目模拟值与试验值对比

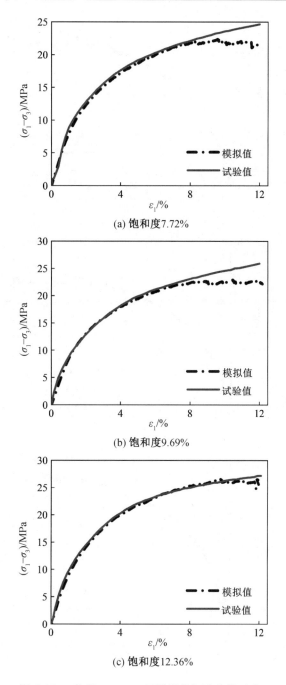

(a) 饱和度7.72%

(b) 饱和度9.69%

(c) 饱和度12.36%

图 2.15　粒径 40 ~ 60 目模拟值与试验值对比

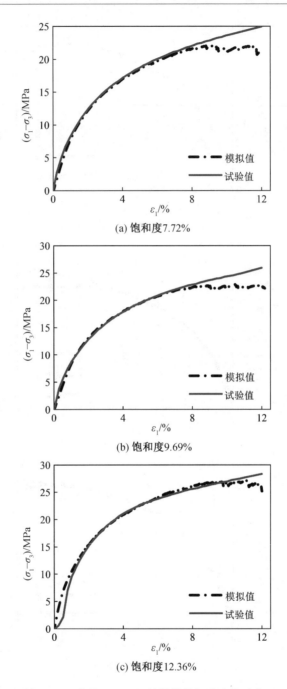

(a) 饱和度7.72%

(b) 饱和度9.69%

(c) 饱和度12.36%

图 2.16　粒径 60 ～ 80 目模拟值与试验值对比

2. 弹性模量及破坏强度对比分析

为进一步说明数值模拟与室内试验的吻合效果,本节将含瓦斯水合物煤体三轴压缩试验结果与数值模拟结果进行对比,结果如表2.8、图2.17 所示。其中$(\sigma_1 - \sigma_3)$ 为破坏强度,取轴向应变 $\varepsilon_1 = 12\%$ 所对应的偏应力;弹性模量 E 取应力 — 应变曲线近似直线段(10% ～50% 峰值强度) 斜率;误差率为模拟值和试验值的差值与试验值的比值,即误差率＝(模拟值－试验值)／试验值。由表 2.8 可知:对于弹性模量,数值模拟结果与室内试验结果的误差率绝对值均在 15% 以内;对于破坏强度,除粒径 60 ～ 80 目,饱和度7.72% 外,其余数值模拟结果与室内试验结果的误差率绝对值均在 15% 以内。通过研究发现,数值模拟的弹性模量和饱和度具有线性关系。当粒径为 20 ～ 40 目时,$E = 46.01S_h + 335.02$,相关系数 $R^2 = 0.970$;当粒径为 40 ～ 60 目时,$E = 1.72S_h + 565.01$,相关系数 $R^2 = 0.959$;当粒径为 60 ～ 80 目时,$E = 53.14S_h + 259.67$,相关系数 $R^2 = 0.978$。

表2.8　室内试验结果与数值模拟结果对比

粒径／目	饱和度／%	E/MPa			$(\sigma_1 - \sigma_3)$/MPa		
		试验值	模拟值	误差／%	试验值	模拟值	误差率／%
20 ～ 40	7.72	721.0	702.6	−2.56	23.20	21.39	−7.80
	9.69	731.3	759.2	3.80	25.39	22.72	−10.51
	12.36	945.5	912.8	−3.40	26.95	26.45	−1.85
40 ～ 60	7.72	650.3	666.6	2.50	24.65	21.77	−11.68
	9.69	672.8	705.5	4.86	25.92	22.43	−13.46
	12.36	689.5	731.4	6.07	27.20	26.47	−2.68
60 ～ 80	7.72	655.8	682.1	4.01	24.69	20.95	−15.15
	9.69	702.9	753.5	7.20	25.95	22.43	−13.57
	12.36	944.1	925.5	−1.97	28.35	25.66	−9.49

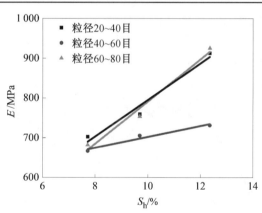

图 2.17　饱和度与弹性模量的关系

2.3　数值模拟结果的动态力学分析

2.3.1　引言

对于煤岩颗粒材料,三轴压缩试验是分析其力学性质不可或缺的手段,但受限于技术发展，难以直接从试验中获取细观力学参数演化特征。利用离散元法可以分析颗粒在受力过程中的速度、位移及接触力链的分布规律等，从而可以从细观角度分析含瓦斯水合物煤体在三轴压缩下的宏观力学特征。

散体材料中，力通过颗粒间接触从一个颗粒传递至另一个颗粒，这一传力特征在可视化后表现为链状结构，直观地称为力链。含瓦斯水合物煤体作为一种散体物质，在三轴压缩过程中，各颗粒之间的相互作用力会发生变化，力链的强弱也会随之发生变化，各颗粒的位置由于互相之间的作用力会发生移动和错位，因此研究常规三轴压缩过程中颗粒的运动方式及颗粒之间作用力的大小有助于从细观方面了解含瓦斯水合物煤体的力学性质。

2.3.2　颗粒运动分析

1. 颗粒速度分析

（1）颗粒速度分布。

以粒径20～40目，饱和度7.72％为例进行模拟。图2.18为该条件下数值模拟应力－应变曲线与应力－时间步长曲线，从图中可以看出，应力－应变曲线的变化规律与应力－时间步长曲线的变化规律大致相同，曲线可分为弹性阶段、屈服阶段及强化阶段。两条曲线在强化阶段均有明显的下降过程，分析认为，此时颗粒与颗粒之间的接触力大于墙体的刚度，致使颗粒溢出墙体，曲线明显下降。应力－时间步长曲线中，A 点（2 100时步）以前偏应力并没有明显增加，分析认为对加载板施加速度时，并不是直接施加指定速度，而是从 0 逐级施加，直至达到目标速度，如图2.19所示（以6 000时步为例）。若墙体在一开始直接达到最大加载速度，试样内部会产生惯性力，从而引起试样的破坏，因此应力－时间步长曲线在开始阶段偏应力增加不明显。

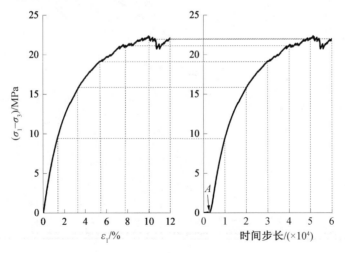

图 2.18　　数值模拟应力－应变曲线与应力－时间步长曲线

（粒径 20～40 目，饱和度7.72％）

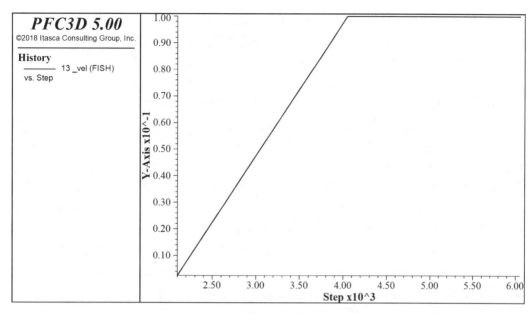

图 2.19　数值模拟过程中加载速度随时步变化规律

为观察颗粒速度的变化情况,保存程序运行第 0 时步到第 60 000 时步的模拟数据,对加载过程中颗粒的动态响应情况进行分析。图 2.20 为粒径 20 ~ 40 目、饱和度 7.72% 条件下模拟过程中颗粒速度矢量变化。

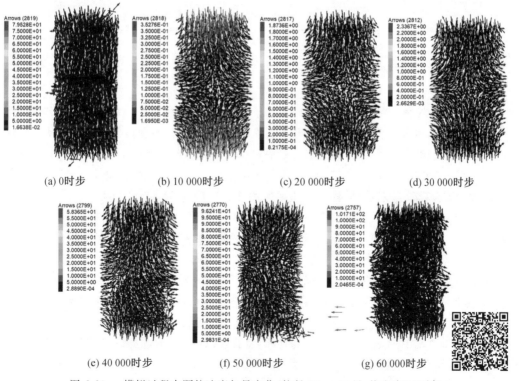

图 2.20　模拟过程中颗粒速度矢量变化(粒径 20 ~ 40 目、饱和度 7.72%)

　　第0时步,对墙体(包括上下加载板)施加伺服控制结束,未对上下加载板施加速度。此时由于已经对墙体(包括上下加载板)施加伺服控制,模型发生变化,高度由4.000 cm变为3.892 cm,直径由2.000 cm变为1.903 cm。此时颗粒速度矢量颜色为蓝色,上部颗粒向下运动,下部颗粒向上运动,边界颗粒未向两侧运动,颗粒数量为2 819个。

　　第10 000时步,对上下加载板开始施加0.1 mm/s的稳定速度,上下加载板同时开始运动,使得靠近上加载板的颗粒向下运动,靠近下加载板的颗粒向上运动,位于中间的颗粒向两侧运动,颗粒数量为2 818个。由于处于压制初期,颗粒间孔隙较大,因此位于上层的颗粒及表层的颗粒运动速度较大。由图2.20大致可以判断此时刻轴向应变为1.5%左右。

　　第20 000到40 000时步的变化规律与第10 000时步的变化规律大致相同,由于受到压缩作用,颗粒间孔隙变小,导致表层颗粒的速度大致相同。图2.20中的颗粒最大速度达到1.87 ～ 5.87 m·s^{-1},分析认为试样内部的颗粒速度比较大。

　　第50 000时步,颗粒的运动状态和之前的类似,颗粒数量为2 770个,较40 000时步减少了29个。从左侧的颗粒速度分布来看,第50 000时步的颗粒最大运行速度明显大于之前时步。分析认为,可能是由于此时有颗粒溢出墙体,导致速度增大,而此时刻对应的应力－时间步长曲线出现下降段也证明了这一原因。

　　第60 000时步,对应的轴向应变为12%左右,可以明显看到颗粒溢出墙体。此时模型的右上方颗粒向下移动,左下方颗粒向左上方移动,中部颗粒向两侧移动,形成一条由左上到右下的剪切带,印证了试样的破坏状态(压胀、剪切破坏)。模拟过程中模型高度及半径变化见表2.9。

表2.9　　模拟过程中模型高度及半径变化

时步	0	10 000	20 000	30 000	40 000	50 000	60 000
高度 /mm	3.892	3.784	3.708	3.632	3.551	3.477	3.321
半径 /mm	0.952	0.893	0.899	0.905	0.910	0.912	0.915

　　图2.21为粒径20 ～ 40目、饱和度9.69%条件下模拟过程中颗粒速度矢量变化。从图中可以看出,饱和度为9.69%的颗粒速度矢量变化情况和饱和度为7.72%的颗粒速度矢量变化情况相差不大,均为靠近上部的颗粒向下运动,靠近下部的颗粒向上运动,位于中间的颗粒向两侧运动。从第50 000时步到第60 000时步,颗粒数量由2 771个下降到2 739个,从颗粒数量来看,试样破坏主要发生在这一阶段。

　　图2.22为粒径20 ～ 40目、饱和度12.36%条件下模拟过程中颗粒速度矢量变化。从图中可以看出,除了40 000时步外,饱和度为12.36%的颗粒速度矢量变化情况与饱和度为7.72%和9.69%的颗粒速度矢量变化情况大致相同。但在第40 000时步,饱和度为12.36%的颗粒的速度矢量变化情况与其他时步明显不同,表现为靠近上部的颗粒向下运动,靠近下部的颗粒向上运动,中部颗粒向圆柱体的中心轴运动。分析认为此时模型内部的围压小于目标值,由于系统中的伺服控制机制,墙体推动颗粒向内运动。第60 000时步时,可以明显地看到从右上到左下的剪切带,如图2.22(f)所示,但剪切带的位置与室内试验所得的裂缝位置不同,如图2.23所示,分析原因是加载方式不同,数值模拟的加载方式为上下加载板同时加载,与室内试验不同。

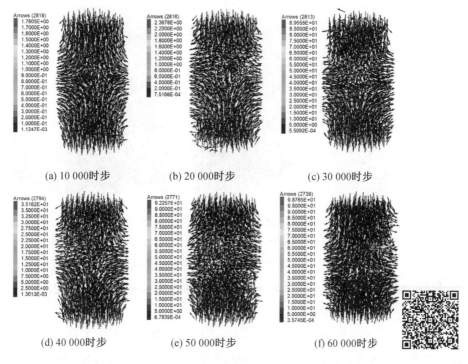

(a) 10 000时步　　　(b) 20 000时步　　　(c) 30 000时步

(d) 40 000时步　　　(e) 50 000时步　　　(f) 60 000时步

图 2.21　模拟过程中颗粒速度矢量变化（粒径 20 ~ 40 目、饱和度9.69%）

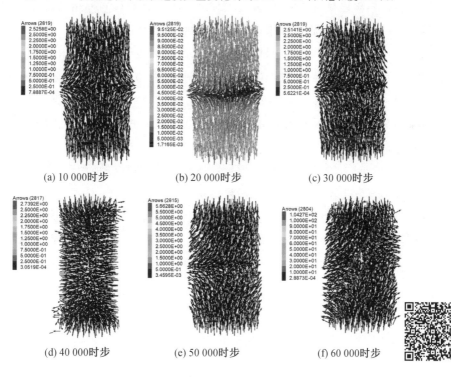

(a) 10 000时步　　　(b) 20 000时步　　　(c) 30 000时步

(d) 40 000时步　　　(e) 50 000时步　　　(f) 60 000时步

图 2.22　模拟过程中颗粒速度矢量变化（粒径 20 ~ 40 目、饱和度12.36%）

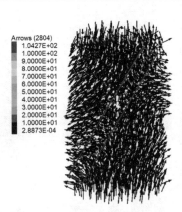

图 2.23　　数值模拟与室内试验对比(第 6 000 时步)

（2）模型内部颗粒运动方向的变化。

为了解含瓦斯水合物煤体内部颗粒的运动情况,现选取位于含瓦斯水合物煤体模型中部的纵向截面区域,宽度为 3 mm,分析区间内颗粒的速度矢量分布及变化规律,图2.24为粒径 20 ~ 40 目、饱和度7.72% 条件下颗粒速度的横向分布。

第 0 时步,上下加载板并未进行加载,但由于对墙体及上下加载板施加了伺服控制,因此靠近上加载板的颗粒向下运动,靠近下加载板的颗粒向上运动,中间的颗粒呈现杂乱无章的运动,边界颗粒并未向两侧运动。图2.24(a)中有颗粒向外运动,出现此现象原因是在对墙体及上下加载板施加伺服控制时,有颗粒从墙体溢出。

第10 000时步,从图中可以明显看出上下部颗粒的运动速度大于中部颗粒,颗粒速度大致呈现三角形分布。两侧的颗粒向外运动,越接近中部,颗粒向外运动的现象越明显。

第20 000、30 000、40 000时步的运动规律与第10 000时步类似,靠近上加载板的颗粒向下运动,靠近下加载板的颗粒向上运动,中间颗粒向两侧运动,侧面印证了三轴压缩下含瓦斯水合物煤体呈现压胀破坏。

第50 000 时步,有颗粒溢出墙体,原颗粒所在位置出现空缺,由于颗粒具有自组织特性,受到扰动后会发生流动,因此其他颗粒会向空缺位置运动。

第60 000时步,颗粒速度的横向分布呈现不完全的轴对称状态,从图中可以看出从左上到右下的剪切带,剪切带的分布位置与图2.20(g)中剪切带的分布位置相同。

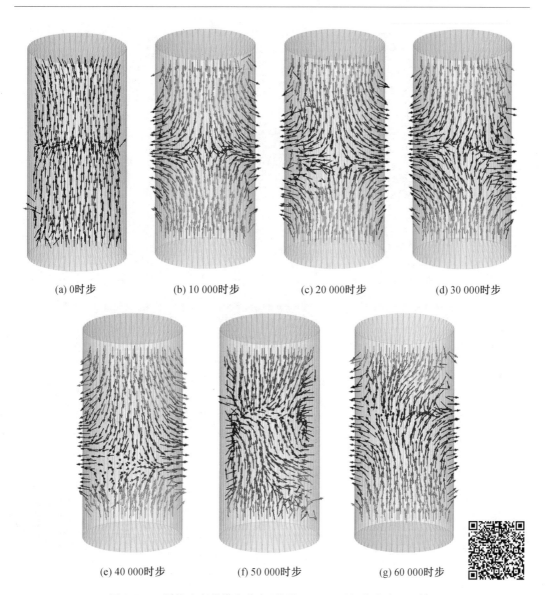

(a) 0时步　　　　　(b) 10 000时步　　　　　(c) 20 000时步　　　　　(d) 30 000时步

(e) 40 000时步　　　　　(f) 50 000时步　　　　　(g) 60 000时步

图 2.24　颗粒速度的横向分布(粒径 20 ～ 40 目、饱和度7.72％)

　　图2.25 为粒径 20 ～ 40 目、饱和度9.69％ 情况下颗粒速度的横向分布,图2.26 为粒径 20 ～ 40 目、饱和度12.36％ 情况下颗粒速度的横向分布。由图可知,两种饱和度下颗粒的横向分布规律与饱和度为7.72％ 下大体相同,颗粒速度从两端往中间逐渐减小,速度场总体保持着轴对称的特征。图2.25(a) 和(f) 及图2.26(c) 中颗粒速度分布均出现了局部混乱的现象,分析认为可能是颗粒溢出墙体的原因。

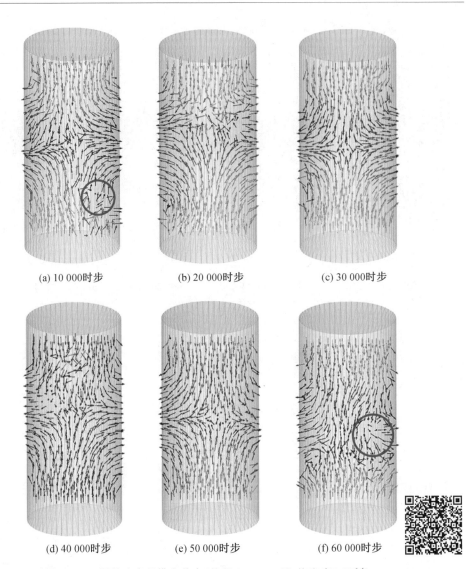

(a) 10 000时步　　　　　(b) 20 000时步　　　　　(c) 30 000时步

(d) 40 000时步　　　　　(e) 50 000时步　　　　　(f) 60 000时步

图 2.25　颗粒速度的横向分布(粒径 20 ~ 40 目、饱和度9.69%)

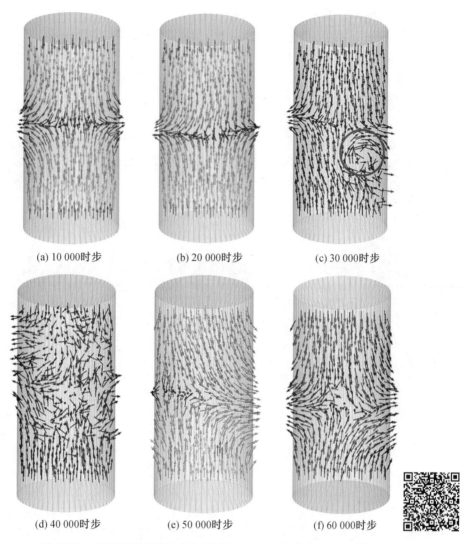

(a) 10 000时步　　　　　(b) 20 000时步　　　　　(c) 30 000时步

(d) 40 000时步　　　　　(e) 50 000时步　　　　　(f) 60 000时步

图 2.26　　颗粒速度的横向分布(粒径 20 ～ 40 目、饱和度12.36％)

2. 颗粒位移分析

图2.27 为粒径 20 ～ 40 目、饱和度7.72％ 的含瓦斯水合物煤体试样的颗粒位移场,可以看出颗粒位移场的变化规律与速度场的变化规律并不是完全一致的。在第10 000时步和第20 000 时步,颗粒位移分布较均匀,均向外侧运动。从第30 000 时步开始,靠近上加载板和下加载板的颗粒开始向内侧运动,中部颗粒仍向外侧运动,颗粒位移从两端往中间逐渐减小。在加载过程中,颗粒位移场保持轴对称特征,颗粒相对位置变化不大。在数值试验结束后,试样内部颗粒仍然维持这种运动形式,且靠近上加载板和下加载板的颗粒位移明显变大。含瓦斯水合物煤体颗粒位移场的变化情况可以解释常规三轴压缩下含瓦斯水合物煤体的破坏以压胀破坏为主的原因。

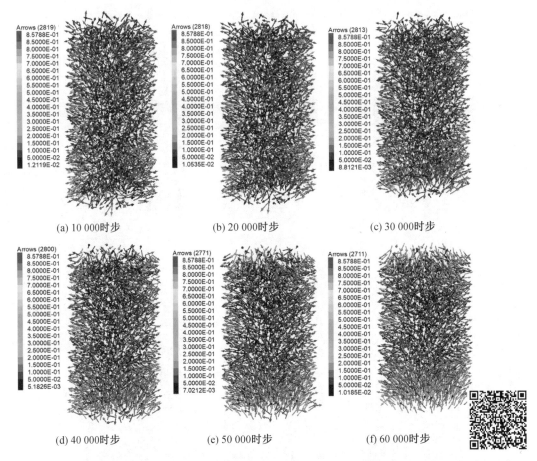

(a) 10 000时步　　　　　　(b) 20 000时步　　　　　　(c) 30 000时步

(d) 40 000时步　　　　　　(e) 50 000时步　　　　　　(f) 60 000时步

图 2.27　　颗粒位移场(粒径 20 ～ 40 目、饱和度7.72%)

　　图2.28 为粒径 20 ～ 40 目、饱和度9.69%的含瓦斯水合物煤体试样的颗粒位移场。图2.29 为粒径 20 ～ 40 目、饱和度12.36%的含瓦斯水合物煤体试样的颗粒位移场。从图中可以看出,两种饱和度下颗粒位移场的分布规律与饱和度7.72%下的分布规律类似,均保持着轴对称特征。总体来看,饱和度12.36%下的颗粒位移矢量大于饱和度7.72%和9.69%下的颗粒位移矢量,分析原因可能是摩擦系数过小。

　　当饱和度为7.72%时,从第10 000 时步到第60 000 时步,颗粒由2 819 个减少到2 711个,减少了 108 个;当饱和度为9.69%时,从第10 000 时步到第60 000 时步,颗粒由2 819个减少到2 709个,减少了 110 个;当饱和度为12.36%时,从第10 000 时步到第60 000 时步,颗粒由2 819个减少到2 805个,减少了 14 个。由此可知:饱和度越大,试样越不容易发生破坏。

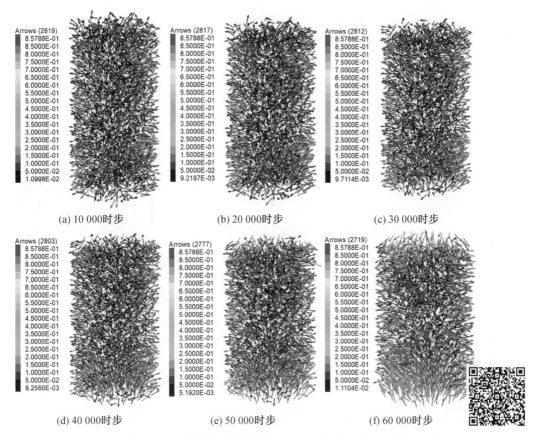

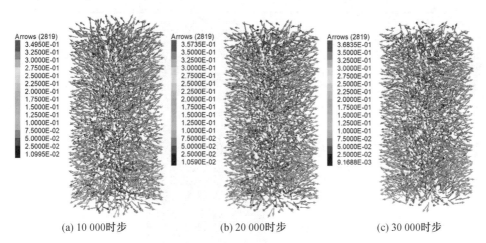

图 2.29　颗粒位移场(粒径 20 ～ 40 目、饱和度12.36%)

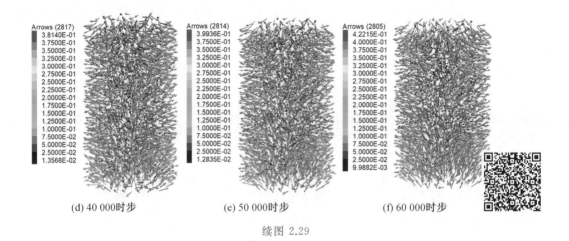

(d) 40 000时步　　　　　(e) 50 000时步　　　　　(f) 60 000时步

续图 2.29

2.3.3　颗粒受力分析

1. 力链网络分布

在自然条件下,力链分为强力链和弱力链。强力链数量较少,外部传来的荷载主要由强力链承担;弱力链数量较多,分布在强力链四周,起到支撑强力链的作用。选取粒径20~40目、饱和度7.72%为例。图2.30为加载过程中力链(已激活接触和未激活接触)网络分布结构,由于不同时步力链网络分布结构类似,仅力链数目不同,因此这里仅给出第10000时步的力链网络分布图。

从图2.30中可以看出:第10 000时步,模型的接触力大小在0~1.32 MPa范围内,总体分布在0~0.3 MPa范围内。模型的最外层力链为未激活接触,在加载过程中沿高度

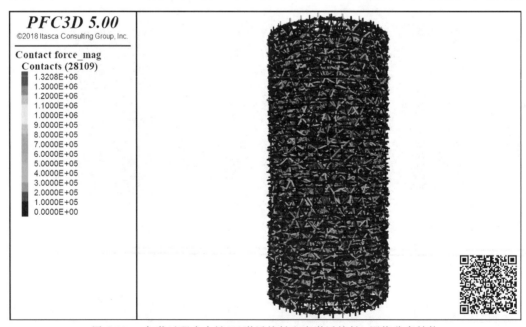

图 2.30　加载过程中力链(已激活接触和未激活接触)网络分布结构

呈均匀分布。表2.10为加载过程中力链数目,从表2.10中可以看出:时步增大,力链数目减小,从第10 000时步到第60 000时步,减小的数目分别为113个、93个、326个、335个及483个。分析认为可能有两方面原因:一方面为颗粒不断溢出墙体,颗粒总数不断减小;另一方面为试样出现裂缝,导致接触个数减少。

表2.10　加载过程中力链数目

时步	10 000	20 000	30 000	40 000	50 000	60 000
力链数目/个	28 109	27 996	27 903	27 577	27 242	26 759

图2.31为加载过程中力链(已激活接触)网络分布结构,图中绿色线代表强力链,蓝色线代表弱力链。从图中可以看出,外力主要由强力链承担,强力链周围存在大量的弱力链,用以维护强力链的稳定,起到辅助支撑作用。第10 000时步,由于处于加载初期,颗粒之间的孔隙较大,强力链均匀分布在模型的表面及中部。随着加载的进行,强力链和弱力链开始进行重分布,受上下加载板的影响,强力链主要分布在模型的上部及下部,弱力链分布在模型的中部。第60 000时步,模型直径变大,强力链和弱力链的分布情况也发生了变化,在图中可以看到两条比较明显的强力链,一条由模型的左上角延伸到模型的右下角,另一条由模型的右上角延伸到模型的左下角,分析认为这可能与模型的破坏有关。

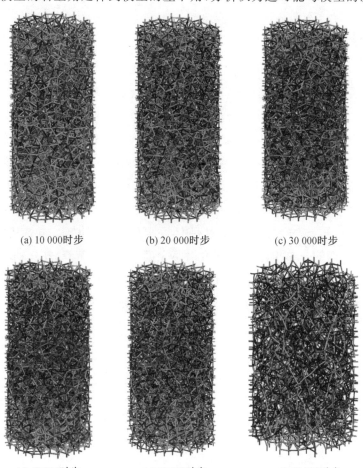

(a) 10 000时步　　　　(b) 20 000时步　　　　(c) 30 000时步

(d) 40 000时步　　　　(e) 50 000时步　　　　(f) 60 000时步

图 2.31　加载过程中力链(已激活接触)网络分布结构

图2.32为加载过程中不同接触类型(ball-ball接触、ball-facet接触)对比。由于不同时步ball-ball接触与ball-facet接触规律相同,这里仅给出第10 000时步的接触力链图。从图中可以看出ball-ball接触的接触力大小在 $5 \times 10^4 \sim 9.3 \times 10^5$ Pa范围内,ball-facet接触的接触力大小在 $1 \times 10^5 \sim 1.3 \times 10^6$ Pa范围内,总体上ball-ball接触的接触力比ball-facet接触的接触力大。

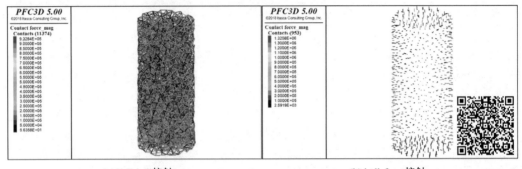

(a) ball-ball接触　　　　　　　　　　(b) ball-facet接触

图 2.32　　加载过程中不同接触类型对比

2. 颗粒间接触力分布

含瓦斯水合物煤体在三轴压缩过程中可能会受到压缩或者拉伸作用,从而影响其力学行为。以粒径 $20 \sim 40$ 目、饱和度7.72%为例,分析含瓦斯水合物煤体在三轴压缩下的应力状态。图2.33为含瓦斯水合物煤体三轴压缩应力状态,图中蓝色代表受压,绿色代表受拉。当模型建立后,第10 000时步,整个模型内部共包含8 708个处于激活状态的接触,包括7 949个压应力接触和759个拉应力接触;第30 000时步,整个模型内部共包含8 276个处于激活状态的接触,包括7 197个压应力接触和1 079个拉应力接触;第50 000时步,整个模型内部共包含8 016个处于激活状态的接触,包括7 097个压应力接触和919个拉应力接触。由此可知,试样在三轴压缩过程中,主要处于受压状态。拉应力主要分布在模型的中部,在上下两侧分布相对较少,从位移场角度对此进行解释,在三轴压缩过程中,上部颗粒向下运动,下部颗粒向上运动,中部颗粒向外运动,这种颗粒运动的模式使得模型的中间部分产生拉伸应变,模型的上下两侧产生压缩应变。

(a) 10 000时步　　　　(b) 20 000时步　　　　(c) 30 000时步

(d) 40 000时步　　　　(e) 50 000时步　　　　(f) 60 000时步

图 2.33　含瓦斯水合物煤体三轴压缩应力状态

　　图2.34 为含瓦斯水合物煤体三轴压缩应力状态横向分布。取圆柱试样的纵向截面，观察该截面上应力状态的变化情况，如图2.34 所示。第10 000 时步，共有 72 个拉应力接触，拉应力接触主要分布在截面的中部和左上方，未激活的接触均匀分布在截面内部；第 20 000 到第40 000 时步，拉应力接触明显增加，主要分布在截面的中部；第50 000 时步，共有 808 个处于激活状态的接触，包括 78 个拉应力接触，拉应力接触主要分布在截面的左上到右下的带状区域，在截面的中部到底部有较多空白区域，表明该区域的接触模型失效，颗粒已经分开，颗粒间不再有应力；第 60 000 时步，共有 795 个处于激活状态的接触，包括 63 个拉应力接触，截面的中部到底部的空白区域增多，说明试样在该位置发生破坏。由以上分析可知：拉应力在纵向截面的分布规律和在整个模型的分布规律类似，在中部分布较多，在上下两侧分布相对较少。

(a) 10 000时步　　　　　(b) 20 000时步　　　　　(c) 30 000时步

(d) 40 000时步　　　　　(e) 50 000时步　　　　　(f) 60 000时步

图 2.34　含瓦斯水合物煤体三轴压缩应力状态横向分布

2.4　含瓦斯水合物煤体宏观力学性质影响因素分析

2.4.1　引言

　　影响含瓦斯水合物煤体宏观力学性质的因素众多,主要分为内因与外因。内因主要分为含瓦斯水合物煤体颗粒的组成、结构与状态,如含瓦斯水合物煤体颗粒大小、形状,颗粒自身的密度、刚度,颗粒间的摩擦系数、黏聚力,以及颗粒体系的孔隙率等。外因主要分为应力状态、加载条件(围压、加载速率及瓦斯压力)、试样尺寸及温度等。显然,若要通过室内试验研究各个因素对含瓦斯水合物煤体强度与变形的影响,不仅要求有相应的试验设备,还会耗费科研人员的大量时间、精力与金钱。为了解决上述问题,利用离散元软件来模拟颗粒运动情况,从细观角度分析不同影响因素条件下含瓦斯水合物煤体的宏观力学行为。利用PFC^{3D}软件初步开展含瓦斯水合物煤体宏观力学性质影响因素分析,并探讨摩擦系数、法向刚度、切向刚度、切向黏结应力、法向黏结应力、加载速率和围压等对含瓦斯水合物煤体宏观强度与变形特征的影响。

2.4.2　内因对含瓦斯水合物煤体宏观力学性质的影响

1. 摩擦系数对含瓦斯水合物煤体宏观力学性质的影响

图2.35为恒定切向刚度、法向刚度、切向黏结应力和法向黏结应力条件下,改变摩擦系数 μ,得到的不同摩擦系数条件下含瓦斯水合物煤体应力－应变曲线。据此得到的弹性模量 E 和峰值强度 $(\sigma_1-\sigma_3)$(有峰值点取峰值点的偏应力作为峰值强度,无峰值点取轴向应变 ε_1 =15% 处的偏应力作为峰值强度)与摩擦系数 μ 的关系如图2.36所示。

由图2.35可知,不同摩擦系数条件下的应力－应变曲线均呈应变软化型,摩擦系数越大,峰值强度所对应的轴向应变越小。对于弹性模量,当摩擦系数在0.0~1.0范围内变化时,随着摩擦系数的增大,弹性模量呈非线性增大。分析认为随着摩擦系数的增大,颗粒之间咬合力增大,试样不易发生变形。当摩擦系数为0时,峰值强度为17.56 MPa,当摩擦系数为0.2时,峰值强度为24.45 MPa,增加了6.89 MPa;当摩擦系数在0.2~1.0范围内时,峰值强度波动范围较小。

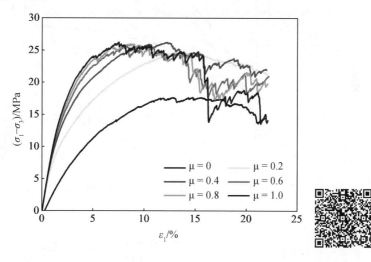

图 2.35　不同摩擦系数条件下含瓦斯水合物煤体应力－应变曲线

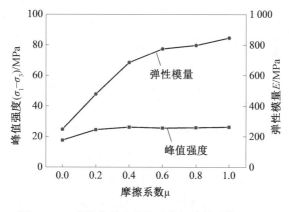

图 2.36　弹性模量和峰值强度与摩擦系数的关系

2. 法向刚度对含瓦斯水合物煤体宏观力学性质的影响

恒定切向刚度、摩擦系数、切向黏结应力和法向黏结应力条件下,改变法向刚度,得到不同法向刚度条件下含瓦斯水合物煤体应力－应变曲线,如图2.37所示。由此得到弹性模量和峰值强度与法向刚度的关系,如图2.38所示。

由图2.37可知:当黏结刚度比 kn/ks ≤ 1时,模拟出的应力－应变曲线呈应变硬化型;当 kn/ks＞1时,模拟出的应力－应变曲线呈应变软化型。分析认为曲线呈现应变硬化型还是应变软化型可能与模型的刚度比有关。

由图2.38可知,通过数值模拟得到的弹性模量和峰值强度均随着法向刚度的增大而增大,均与法向刚度呈对数函数关系。对于弹性模量,$E = 5.774\ln kn + 26.31$,相关系数 $R^2 = 0.957$;对于峰值强度,$(\sigma_1 - \sigma_3) = 206.9\ln kn + 846.83$,相关系数 $R^2 = 0.984$。

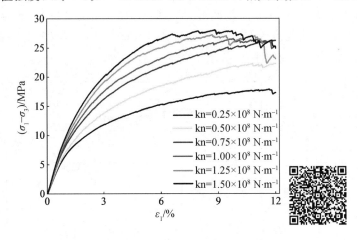

图 2.37　不同法向刚度条件下含瓦斯水合物煤体应力－应变曲线

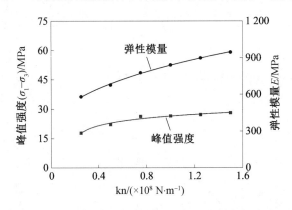

图 2.38　弹性模量和峰值强度与法向刚度的关系

3. 切向刚度对含瓦斯水合物煤体宏观力学性质的影响

恒定法向刚度、摩擦系数、切向黏结应力和法向黏结应力条件下,改变切向刚度,得到不同切向刚度条件下含瓦斯水合物煤体应力－应变曲线,如图2.39所示。图2.40为轴向应变 $0 \sim 2.5\%$ 处的局部放大图。据此得到的弹性模量和峰值强度与切向刚度的关系如

图 2.41 所示。

由图 2.39、图 2.40 可知,不同切向刚度条件下的应力－应变曲线均呈应变硬化型。随着切向刚度的增大,弹性模量增大。当切向刚度由 0.25×10^8 N·m^{-1} 增加到 1.50×10^8 N·m^{-1} 时,弹性模量由 456.5 MPa 增加到 735.1 MPa,增加了 278.6 MPa,增幅为 61.0%。对切向刚度与弹性模量关系进行拟合,如图 2.41 所示,二者具有对数函数关系,拟合公式为 $E = 157.93\ln ks + 681.55$,相关系数 $R^2 = 0.995$。对于峰值强度,当切向刚度在 $0.25 \times 10^8 \sim 1.50 \times 10^8$ N·m^{-1} 范围内变化时,通过数值模拟得到的峰值强度在 $22.18 \sim 22.62$ MPa 范围内,总体上无明显规律。

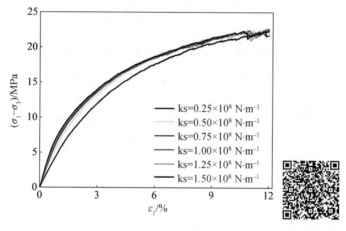

图 2.39　不同切向刚度条件下含瓦斯水合物煤体应力－应变曲线

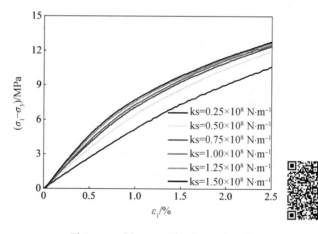

图 2.40　图 2.39 局部放大图

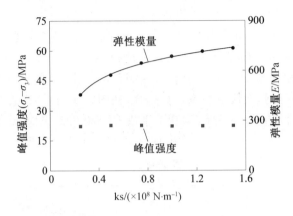

图 2.41　弹性模量和峰值强度与切向刚度的关系

4. 切向黏结应力对含瓦斯水合物煤体宏观力学性质的影响

恒定法向刚度、切向刚度、摩擦系数和法向黏结应力条件下,改变切向黏结应力,得到不同切向黏结应力条件下含瓦斯水合物煤体应力-应变曲线,如图2.42 所示。据此得到的弹性模量和峰值强度与切向黏结应力的关系如图2.43 所示。

由图2.42、图2.43 可知:不同切向黏结应力条件下含瓦斯水合物煤体的应力-应变曲线在轴向应变 $0 \sim 12\%$ 范围内均呈应变硬化型,可分为 3 个阶段:弹性阶段、屈服阶段和强化阶段。从图中可以看出,随着切向黏结应力的增大,弹性模量和峰值强度均增大。当切向黏结应力为 1.5×10^5 N 时,弹性模量为916.6 MPa,当切向黏结应力为 2.5×10^5 N 时,弹性模量为918.7 MPa,仅增加了2.1 MPa,增幅为0.2%。这说明切向黏结应力主要影响峰值强度,而对弹性模量影响不大。对弹性模量和切向黏结应力关系及峰值强度和切向黏结应力关系进行拟合,对于弹性模量,$E = -28.92\text{cb\_shearf}^2 + 133.53\text{cb\_shearf} + 768.38$,相关系数 $R^2 = 0.953$;对于峰值强度,$(\sigma_1 - \sigma_3) = 1.02\text{cb\_shearf}^2 + 0.04\text{cb\_shearf} + 26.291$,相关系数 $R^2 = 0.994$。

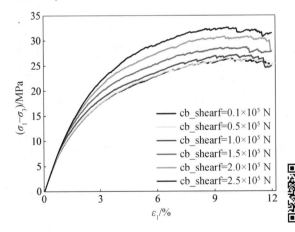

图 2.42　不同切向黏结应力条件下含瓦斯水合物煤体应力-应变曲线

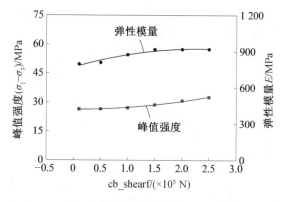

图 2.43　弹性模量和峰值强度与切向黏结应力的关系

5. 法向黏结应力对含瓦斯水合物煤体宏观力学性质的影响

恒定法向刚度、切向刚度、摩擦系数和切向黏结应力等因素,改变法向黏结应力,得到不同法向黏结应力条件下含瓦斯水合物煤体应力－应变曲线,如图2.44所示。由图可知:不同法向黏结应力条件下的应力－应变曲线呈现相同的变化规律,当轴向应变 $\varepsilon_1 \leqslant 6\%$ 时,应力－应变曲线几乎完全重合。分析图2.44可知,$cb\_tenf = 0.5 \times 10^4$ N 对应的峰值强度最小,为26.13 MPa,$cb\_tenf = 0.5 \times 10^7$ N 对应的峰值强度最大,为26.64 MPa,增加了0.51 MPa。由此可知,法向黏结应力对含瓦斯水合物煤体的峰值强度和弹性模量影响较小。

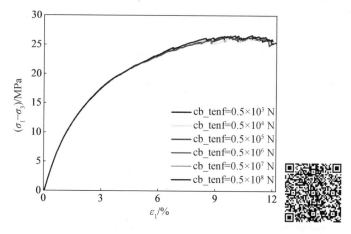

图 2.44　不同法向黏结应力条件下含瓦斯水合物煤体应力－应变曲线

2.4.3　外因对含瓦斯水合物煤体宏观力学性质的影响

1. 加载速率对含瓦斯水合物煤体宏观力学性质的影响

在含瓦斯水合物煤体常规三轴压缩试验中加载速率为0.01 mm/s,若采用相同加载速率进行数值模拟,耗时过长。金磊在做PFC²ᴰ模拟时提出,只要保证加载过程中试样处于准静态,则加载速率的影响是可以忽略的。为了验证此规律是否适用于 3D 模型,本节对加载速率进行了分析。图2.45为其他因素保持不变,改变加载速率,得到的不同加载速率条件下含瓦斯水合物煤体应力－应变曲线。

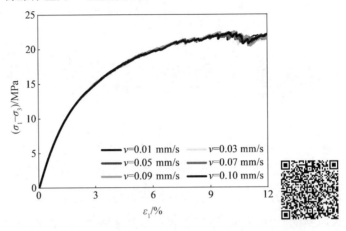

图 2.45　　不同加载速率条件下含瓦斯水合物煤体应力－应变曲线

由图 2.45 可知,不同加载速率条件下含瓦斯水合物煤体的应力－应变曲线有相同的变化趋势。轴向应变 $\varepsilon_1 \leqslant 8\%$ 时,应力－应变曲线几乎完全重合;轴向应变 $\varepsilon_1 \geqslant 8\%$ 时,不同加载速率条件下的应力－应变曲线开始出现不同程度的波动,但总体上呈现上升趋势。表2.11 为不同加载速率条件下的破坏强度,由表2.11 可知,加载速率 $v = 0.07$ mm/s 时的破坏强度最大,为22.97 MPa,加载速率 $v = 0.10$ mm/s 时的破坏强度最小,为 22.04 MPa,与 $v = 0.07$ mm/s 时相差0.93 MPa。由此可知,金磊提出的关于加载速率的结论也适用于 3D 模型。

表2.11　　不同加载速率条件下的破坏强度

编号	加载速率 /(mm · s^{-1})	破坏强度 /MPa
1	0.01	22.65
2	0.03	22.41
3	0.05	22.69
4	0.07	22.97
5	0.09	22.57
6	0.10	22.04

2. 围压对含瓦斯水合物煤体宏观力学性质的影响

在三轴压缩数值模拟中,通过离散元中自带的伺服控制机制对试样施加一个不变的围压。恒定切向刚度、法向刚度、切向黏结应力、法向黏结应力和摩擦系数条件下,改变围压,得到不同围压条件下含瓦斯水合物煤体应力－应变曲线,如图2.46所示。由图可知,当围压为 8 MPa,10 MPa,12 MPa 时,应力－应变曲线均表现为应变软化型;当围压为 14 MPa,16 MPa 时,应力－应变曲线均表现为应变硬化型,由此可知,随着围压的增大,应力－应变曲线由应变软化型向应变硬化型转化。由图2.47可知,随着围压的增大,弹性模量和峰值强度均增大,说明围压对含瓦斯水合物煤体强度有明显的强化作用。对围压和弹性模量关系进行拟合,发现二者具有线性关系,即 $E = 1.431\sigma_3 + 1.79$,相关系数 $R^2 = 0.993$。对围压和峰值强度关系进行拟合,发现二者关系可以用多项式表达,即 $(\sigma_1 - \sigma_3) = 5.64\sigma_3^2 - 97.27 + 875.27$,相关系数 $R^2 = 0.970$。由此可知,围压对含瓦斯水合物煤体的弹性模量和峰值强度影响均较大。

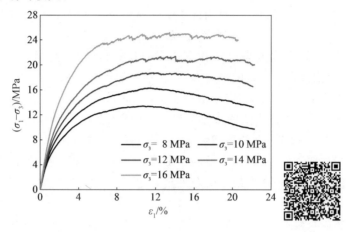

图 2.46　不同围压条件下含瓦斯水合物煤体应力－应变曲线

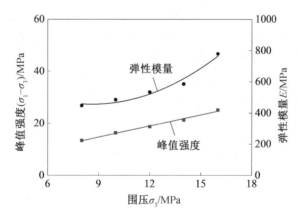

图 2.47　弹性模量和峰值强度与围压的关系

2.5　本 章 小 结

　　本章从室内试验与数值模拟两方面分析了含瓦斯水合物煤体相关力学性质(包括应力－应变曲线、弹性模量、峰值强度等)。在室内试验方面,主要分析了不同饱和度及不同粒径条件下含瓦斯水合物煤体的应力－应变曲线、弹性模量、变形模量及破坏强度;在数值模拟方面,构建了含瓦斯水合物煤体三维离散元模型,通过试错法标定了模型的细观参数,得到了能较好反映含瓦斯水合物煤体室内试验宏观力学行为的数值模拟曲线,据此分析了含瓦斯水合物煤体三轴压缩过程中颗粒的运动规律和颗粒受力情况,探讨了内因(摩擦系数、法向刚度、切向刚度、切向黏结应力、法向黏结应力)及外因(加载速率和围压）对数值模拟含瓦斯水合物煤体力学性质的影响。本章研究工作所得主要结论如下。

（1）通过常规三轴压缩试验，得到了含瓦斯水合物煤体的应力－应变曲线。结果表明：常规三轴压缩下含瓦斯水合物煤体的应力－应变曲线分为 3 个阶段，即弹性阶段、屈服阶段和强化阶段；含瓦斯水合物煤体的变形模量、破坏强度和起始屈服强度均随饱和度的增大而增大；含瓦斯水合物煤体的破坏强度和起始屈服强度随粒径的增大而增大，而变形模量随粒径的增大而减小；不同饱和度及不同粒径条件下试样的破坏形式均为压胀破坏，受围压的限制作用，试样破坏形态表现为单一的剪切破坏。

（2）利用 PFC^{3D} 软件建立了含瓦斯水合物煤体的常规三轴压缩试验三维离散元模型，通过试错法标定了模型的细观参数，从颗粒运动和颗粒受力两个方面，分析了加载过程中颗粒体系的动态力学响应。结果表明，常规三轴压缩试验数值模拟结果和室内试验结果吻合较好；应力－应变曲线较为接近，破坏强度增长趋势相同；在加载过程后期，模型形成一条由左上到右下的剪切带，印证了试样的破坏状态（压胀、剪切破坏）；强力链周围存在大量的弱力链，维护强力链的稳定，起到辅助支撑作用；在加载过程后期形成两条比较明显的强力链，一条由模型的左上角延伸到模型的右下角，另一条由模型的右上角向下延伸到模型的左下角。

（3）建立了含瓦斯水合物煤体三维离散元模型，探讨了内因（摩擦系数、法向刚度、切向刚度、切向黏结应力、法向黏结应力）及外因（加载速率和围压）对数值模拟含瓦斯水合物煤体力学性质的影响。结果表明：摩擦系数和切向刚度主要影响含瓦斯水合物煤体的弹性模量，具体表现为随着摩擦系数和切向刚度的增大，弹性模量增大；切向黏结应力主要影响含瓦斯水合物煤体的峰值强度，具体表现为随着切向黏结应力的增大，峰值强度增大；围压和法向刚度既影响含瓦斯水合物煤体的峰值强度，又影响含瓦斯水合物煤体的弹性模量，表现为随着围压和法向刚度的增大，含瓦斯水合物煤体的峰值强度和弹性模量增大。

第3章 基于平行黏结模型的含瓦斯水合物煤体宏细观力学性质研究

3.1 含瓦斯水合物煤体数值模型建立

3.1.1 引言

本章基于本书课题组前期已有的室内常规三轴压缩试验结果,利用平行黏结模型模拟瓦斯水合物的胶结作用,从而实现2种混合颗粒间的黏结作用;设定3种饱和度(20%,50%,80%)、3种围压(12 MPa,16 MPa,20 MPa)的离散元模拟试验方案;利用PFC[3D]建立含瓦斯水合物煤体常规三轴压缩试验颗粒流模型(饱和度50%、围压16 MPa工况下),设定一组细观参数初始值,并引入模型中进行常规三轴压缩试验模拟,对比数值模拟结果与室内试验结果,进而验证模型合理性。

3.1.2 常规三轴压缩试验

1. 试验方案

室内试验所用试样取自龙煤集团新安煤矿,对所取试样筛分出粒径60 ~ 80目(0.180 ~ 0.250 mm)煤粉制作成尺寸为ϕ50 mm×100 mm的试样。常规三轴压缩试验9组试样的基本特征见表3.1。在围压分别为12 MPa,16 MPa,20 MPa条件下,进行不同饱和度(20%,50%,80%)条件下含瓦斯水合物煤体变形破坏三轴压缩试验研究。

表3.1 试样基本特征

试验编号	宽度 d/mm	高度 h/mm	质量 m/g	饱和度 S_h/%	围压 σ_3/MPa
I	50.46	101.26	242.35	20	20
II	50.46	97.36	239.94	20	16
III	50.34	101.44	241.49	20	12
IV	50.71	96.96	239.65	50	20
V	50.74	97.81	240.59	50	16
VI	50.71	98.86	241.02	50	12
VII	50.77	98.55	244.31	80	20
VIII	50.50	98.85	241.35	80	16

续表3.1

试验编号	宽度 d/mm	高度 h/mm	质量 m/g	饱和度 S_h/%	围压 σ_3/MPa
IX	50.68	97.69	243.44	80	12

注：σ_3 可分为低应力（0 ～ 10 MPa）、中应力（10 ～ 18 MPa）、高应力（18 ～ 30 MPa）及超高应力（大于 30 MPa）。

2. 试验结果

（1）应力－应变曲线。

在围压分别为 12 MPa，16 MPa，20 MPa 条件下进行三轴压缩试验，得到含瓦斯水合物煤体在不同饱和度（20%，50%，80%）条件下的应力－应变曲线，如图3.1所示。

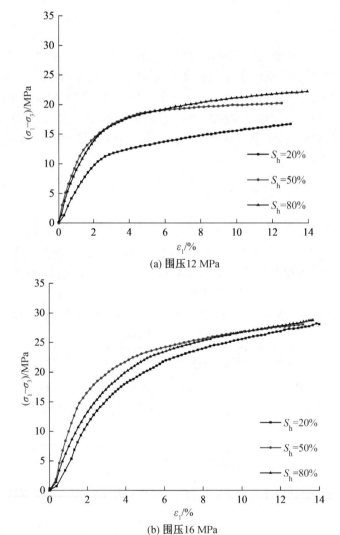

(a) 围压12 MPa

(b) 围压16 MPa

图 3.1　不同围压和饱和度条件下含瓦斯水合物煤体应力－应变曲线

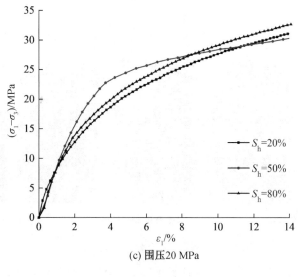

(c) 围压20 MPa

续图 3.1

由图3.1可知,含瓦斯水合物煤体应力－应变曲线呈应变硬化型,含瓦斯水合物煤体加载过程分为3个阶段:弹性阶段、屈服阶段及强化阶段。在围压12 MPa条件下,弹性模量随着饱和度的增大而增大,饱和度50％试样曲线在弹性阶段与饱和度20％试样曲线相交,最终应力值处于饱和度20％试样曲线与饱和度80％试样曲线之间。在围压16 MPa条件下,不同饱和度试样的弹性模量随着饱和度增大而增大的差距较小,在弹性阶段,饱和度50％试样弹性模量大于其他两种饱和度试样,在屈服和强化阶段分别与饱和度20％试样、饱和度80％试样曲线相交,即试样峰值强度相近;饱和度50％试样曲线先后分别与饱和度80％试样、饱和度20％试样曲线相交,最终应力值小于饱和度20％、饱和度80％试样曲线。在围压20 MPa条件下,在较高围压下,饱和度对弹性模量影响较小,随着应变的增加,饱和度50％试样曲线在弹性和强化这两个阶段均与饱和度80％试样、饱和度20％试样曲线相交,最终应力值均小于饱和度20％、饱和度80％试样曲线。

（2）黏聚力和内摩擦角。

利用 Mohr-Coulomb 强度准则,对试验结果进行分析,可得到饱和度20％,50％及80％试样在围压12 MPa,16 MPa 及 20 MPa条件下的破坏强度参数,即内摩擦角 φ 及黏聚力 c,见表3.2。分析可知,含瓦斯水合物煤体的黏聚力随着饱和度增大在强度特征点处持续增大;内摩擦角随着饱和度的增大在强度特征点处减小。

表3.2　破坏强度参数

饱和度 S_h/％	内摩擦角 φ/(°)	黏聚力 c/MPa
20	18.26	4.0
50	15.11	5.95
80	14.57	6.81

（3）破坏图。

图3.2是饱和度为20％、围压分别为 16 MPa 和 20 MPa,饱和度为50％、围压为

12 MPa,饱和度为 80%、围压分别为 16 MPa 和 20 MPa 条件下的含瓦斯水合物煤体破坏形式。

图 3.2　含瓦斯水合物煤体破坏形式

由图3.2可知,含瓦斯水合物煤体的破坏形式以环向剪胀破坏为主。图3.2 (a) 为饱和度 20%、围压 16 MPa 和 20 MPa 时煤体的破坏形式,为环向剪胀破坏,裂纹较明显;图 3.2(b) 为饱和度 50%、围压 12 MPa 时煤体的破坏形式,呈腰鼓状,无明显的裂纹。由煤体上的裂痕及变形可发现,高饱和度煤体在较高围压下的延展性较好,裂痕不明显,如图 3.2 (c) 所示。

3.1.3　接触模型选择

在颗粒流软件 PFC 中通过接触本构模型来模拟材料的本构特性。两个实体之间的接触可为 5 种:ball-ball、ball-facet、ball-pebble、pebble-pebble 及 pebble-facet。本章主要介绍线性接触模型和平行黏结模型两种接触模型。

1.线性接触模型

线性接触模型可提供摩擦效果和黏性效果。线性接触模型只传递力,并且两个分量只在极小的区域内相互作用。线性接触模型刚度由法向刚度与切向刚度描述,在 PFC 5.0 的 9 种模型当中是最基础、最简单的模型。

接触点切向刚度表达式为

$$K^s = \frac{k_s^{[A]} k_s^{[B]}}{k_s^{[A]} + k_s^{[B]}} \tag{3.1}$$

接触点法向割线刚度表达式为

$$K^n = \frac{k_n^{[A]} k_n^{[B]}}{k_n^{[A]} + k_n^{[B]}} \tag{3.2}$$

式中　　[A],[B]——代表 A,B 两相接触颗粒。

法向割线刚度与法向刚度相等,原因如下。

$$k_n = \frac{dF^n}{dU^n} = \frac{d(K^n U^n)}{dU^n} = K^n \tag{3.3}$$

式中　　F^n——法向接触力;

U^n——单元重叠量。

主要的细观参数包括法向刚度 k_n、切线刚度 k_s 及摩擦系数 $\bar{\mu}$。

2.平行黏结模型

线性接触模型增加胶结功能形成平行黏结模型,不但能传递力,而且能传递力矩,该模型中颗粒与颗粒之间所存在的黏结键若发生断裂,之后不再重新黏结起来。此外,只要其中任何一个接触键断开都会对试样整体性能进行削弱。平行黏结模型只能用于 ball 和 ball 之间,而不能用于 ball 和 wall 之间。平行黏结模型示意图如图3.3所示。图中,$\overline{F_i^n}$ 为法向接触力,$\overline{F_i^s}$ 为切向接触力,$\overline{M_i^n}$ 为法向力矩,$\overline{M_i^s}$ 为切向力矩,$\overline{R}$ 为黏结半径。

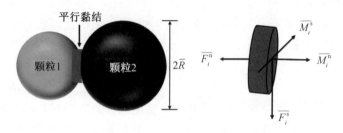

图 3.3　平行黏结模型示意图

平行黏结模型细观参数见表3.3。

表3.3　平行黏结模型细观参数

模型基本参数	线性接触模型参数	平行黏结模型参数
模型尺寸 $w \times h$,半径比 R_{max}/R_{min},密度 ρ,孔隙率 n	刚度比 k_n/k_s,摩擦系数 μ	平行黏结模量 $\overline{E}$,黏聚力 $\bar{c}$,内摩擦角 $\bar{\varphi}$,黏结刚度比 $\overline{k}_n/\overline{k}_s$,法向黏结强度 $\overline{\sigma}_c$,黏结半径系数 $\overline{\lambda}$,摩擦系数 $\overline{\mu}$

3.1.4　常规三轴压缩试验离散元模型的建立

1. 模型假设

室内试验中含瓦斯水合物煤体内部存有 4 种物质:水合物、煤,以及未完全反应的水与瓦斯。含瓦斯水合物煤体中的水合物有胶结型和填充型两种赋存形式。在离散元数值模拟中,存在细观参数标定复杂、计算机性能要求高等问题,不利于模拟的有效进行。若使模拟完全贴近于介质本身实际情况,则会降低运行效率,加大细观参数标定的难度。依据陈合龙等的试验结果,采用过量气法生成瓦斯水合物,使水和瓦斯完全参与反应,生成胶结型水合物,因此假设生成两种颗粒物质的数值模拟试样进行含瓦斯水合物煤体数值模拟研究。本章仅研究含胶结型瓦斯水合物煤体,并对模型进行 3 个假设:

(1) 不考虑瓦斯气体。

(2) 瓦斯水合物颗粒和煤颗粒为刚性球体颗粒。

(3) 瓦斯水合物以胶结型形式存在。

本章研究的水合物存在形式为胶结型,水合物胶结模式如图3.4所示。水合物在煤颗粒之间起到胶结作用,将相邻的煤颗粒黏结在一起,提高煤体整体强度和刚度。

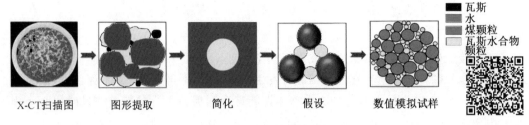

图 3.4　水合物胶结模式

2. 接触本构模型

为了提高运算效率,简化计算,煤颗粒与煤颗粒、煤颗粒与瓦斯水合物颗粒、瓦斯水合物颗粒与瓦斯水合物颗粒之间均使用平行黏结模型,墙体与煤颗粒、墙体与瓦斯水合物颗粒之间使用线性接触模型。此外,通过改变墙体的刚度来模拟室内试验中的热缩管。由于平行黏结模型中黏结键的断裂是不可逆的,黏结键断裂会立即导致宏观刚度的下降,每个接触的破坏都会削弱结构整体性能,这能更真实地表征岩石类材料的微观结构,具有很好的适用性。由于瓦斯水合物对煤体具有胶结作用,选取平行黏结模型来表征瓦斯水合物的胶结作用,并借鉴蒋明镜在水合物沉积物离散元模拟建模中通过胶结作用使水合物颗粒和沉积物颗粒结合的思想。最后,确定本章所用模型为平行黏结模型,三轴压缩三维颗粒流模型及其细观结构示意图如图3.5所示。图中,g_s 为平行键面间隙。

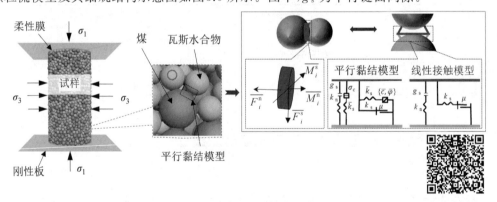

图 3.5　三轴压缩三维颗粒流模型及其细观结构示意图

对于三维离散元模拟,平行黏结力和力矩由力—位移定律更新,如图3.6所示。

（1）黏结截面特性:

$$\begin{cases} \overline{R} = \overline{\lambda}\min(R^{(1)}, R^{(2)}), & \text{ball-ball} \\ \overline{R} = \overline{\lambda}R^{(1)}, & \text{ball-facet} \end{cases} \tag{3.4}$$

$$\overline{A} = \pi\overline{R}^2; \overline{I} = \frac{1}{4}\pi\overline{R}^4; \overline{J} = \frac{1}{2}\pi\overline{R}^4 \tag{3.5}$$

式中　$\overline{R}$——键合半径;

　　　$\overline{\lambda}$——半径乘子;

$R^{(1)}$、$R^{(2)}$ —— 相接触的两个颗粒半径；

$\bar{A}$ —— 颗粒接触截面积；

$\bar{I}$ —— 平行键的转动惯量；

$\bar{J}$ —— 平行键截面的极转动惯量。

（2）法向接触力 $\bar{F}_n$ 和切向接触力 $\bar{F}_s$：

$$\bar{F}_n = \bar{F}_n + \bar{k}_n \bar{A} \Delta \delta_n \tag{3.6}$$

$$\bar{F}_s = \bar{F}_s + \bar{k}_s \bar{A} \Delta \delta_s \tag{3.7}$$

式中　$\Delta \sigma_n$ —— 相对法向位移增量；

　　　$\Delta \sigma_s$ —— 相对切向位移增量。

（3）黏结力矩的扭转分量 $\bar{M}_t$ 和黏结力矩的弯曲分量 $\bar{M}_b$：

$$\bar{M}_t = \bar{M}_t + \bar{k}_s \bar{J} \Delta \bar{\theta}_t \tag{3.8}$$

$$\bar{M}_b = \bar{M}_b + \bar{k}_n \bar{J} \Delta \bar{\theta}_b \tag{3.9}$$

式中　$\Delta \theta_t$ —— 相对扭转－旋转增量；

　　　$\Delta \theta_b$ —— 相对弯曲－旋转增量。

（4）在胶结性能有效的前提下，三维离散元模拟最大拉伸应力与最大剪切应力分别为

$$\bar{\sigma} = \frac{\bar{F}_n}{\bar{A}} + \bar{\beta} \frac{\| \bar{M}_b \| \bar{R}}{\bar{I}} \tag{3.10}$$

$$\bar{\tau} = \frac{\| \bar{F}_s \|}{\bar{A}} + \bar{\beta} \frac{\| \bar{M}_t \| \bar{R}}{\bar{J}}, \quad \bar{\beta} \in (0,1] \tag{3.11}$$

式中　$\bar{\sigma}$ —— 抗拉极限；

　　　$\bar{\tau}$ —— 抗剪强度；

　　　$\bar{\beta}$ —— 力矩贡献因子。

（5）图 3.6（e）为胶结失效包络线，如果 $\bar{\sigma} > \bar{\sigma}_c$ 或者 $\bar{\tau} > \bar{\tau}_c$，胶结就会失效。

$$\bar{\tau}_c = \bar{c} - \sigma \tan \bar{\varphi} = \bar{c} - \frac{\bar{F}_n}{\bar{A}} \tan \bar{\varphi} \tag{3.12}$$

式中　$\bar{\sigma}_c$ —— 抗拉强度极限；

　　　$\bar{\tau}_c$ —— 极限抗剪强度。

综上所述，本章对墙体和颗粒间采用线性接触模型，对瓦斯水合物颗粒和煤颗粒间采用平行黏结模型。平行黏结模型主要细观参数有：平行黏结刚度比 $\bar{k}_n / \bar{k}_s$、摩擦系数 $\bar{\mu}$、平行黏结半径系数 $\bar{\lambda}$、法向黏结强度 $\bar{\sigma}_c$ 等。

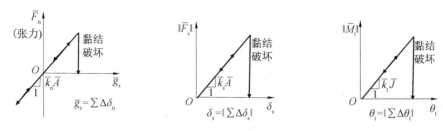

(a) 法向接触力与黏结键面间隙　(b) 切向接触力与相对剪切位移　(c) 黏结力矩的扭转分量与相对扭转旋转

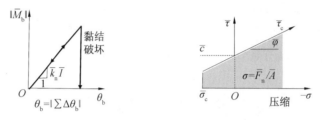

(d) 黏结力矩的弯曲分量与相对弯曲旋转　　　(e) 胶结失效包络线

图 3.6　平行黏结力和力矩的力－位移定律

3. 模型尺寸

在进行常规三轴压缩离散元模拟试验时,不同的试样尺寸会影响试验结果。按照我国水利、地质部门规定,标准试样为高径比 2∶1 的圆柱体。试样高径比为 2 左右时,其内部应力已经基本实现均匀分布,抗压强度趋于稳定。室内试验试样尺寸为 ϕ50 mm×100 mm,部分学者设定数值模拟试样尺寸为 $b×h$＝2 mm×4 mm,如:杨期君等,其对水合物沉积物进行了三轴排水试验;徐小敏等,其进行了三轴压缩试验,研究了砂土的宏细观参数相关性。基于此,本章模拟试验试样尺寸设为 $b×h$＝2 mm×4 mm,生成颗粒总数 3 475 个(饱和度 20% 试样),满足要求。

4. 模型生成

本模拟试验试样尺寸以 1/25(数值模拟／室内试验)比例缩小以提高运算效率,为更好地贴近室内试验实况,煤颗粒尺寸以相同比例缩小,粒径范围为 0.007 2～0.01 mm,采用半径扩大法生成煤颗粒(对煤颗粒尺寸扩大 10 倍),即为 0.072～0.1 mm,数值模拟样本量比室内试验实际样本量小很多,但模拟试样的尺寸范围符合 Masui 等提出的尺寸范围。颗粒形状和试样尺寸如图 3.7 所示。

在实际情况中瓦斯水合物在煤层孔隙中形成,故模拟中瓦斯水合物颗粒直径小于煤颗粒,生成的高饱和度试样颗粒数目庞大,生成颗粒的数量过多会降低计算效率,因此,本章瓦斯水合物颗粒直径取为 0.06 mm。由于煤体具有非常复杂的组织结构,在进行离散元模拟时,所设定的颗粒尺寸和形状与室内试样颗粒不能较好吻合,可通过限制颗粒生成数量(生成颗粒数量大于 3 000 个)来实现颗粒流模型力学性能的稳定,本模拟在无摩擦的圆柱形区域内生成 3 475 个颗粒(饱和度 20% 试样),满足要求。图 3.8 为不同饱和度三轴颗粒流模拟试样。表 3.4 为含瓦斯水合物煤体模拟试验基本参数。

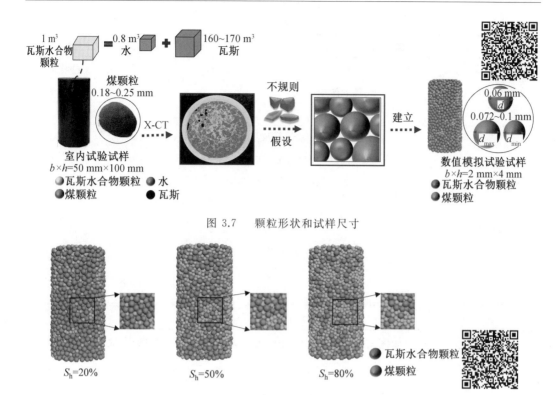

图 3.7　颗粒形状和试样尺寸

图 3.8　不同饱和度三轴颗粒流模拟试样

表3.4　含瓦斯水合物煤体模拟试验基本参数

参数		符号	取值	单位
几何参数	试样尺寸	$b \times h$	2×4	mm
	粒径	$[R_{min}, R_{max}]$	$[0.075, 0.1]$	mm
	孔隙率	n	0.4	—
物理参数	煤颗粒　密度	ρ	1 220	kg/m³
	煤颗粒　法向刚度	k_n	2×10^8	N/m
	煤颗粒　切向刚度	k_s	2×10^8	N/m
	瓦斯水合物颗粒　粒径	R	0.06	mm
	瓦斯水合物颗粒　法向刚度	k_n	2×10^8	N/m
	瓦斯水合物颗粒　切向刚度	k_s	2×10^8	N/m
	墙体　摩擦系数	μ_w	0	—
	墙体　法向刚度	k_{wn}	1×10^7	N/m
	墙体　切向刚度	k_{ws}	1×10^8	N/m

续表3.4

参数		符号	取值	单位
物理参数	围压	σ_3	16	MPa
	加载速率	v	0.1	mm/s
	饱和度	S_h	50	%
接触模型	平行黏结模型 摩擦系数	$\bar{\mu}$	0.1	—
	黏结刚度比	$\bar{k}_n/\bar{k}_s$	1.0	—
	法向黏结强度	$\bar{\sigma}_c$	1.0	MPa
	黏结半径系数	$\bar{\lambda}$	1.0	—
	内摩擦角	$\bar{\varphi}$	10	(°)
	黏聚力	$\bar{c}$	10	MPa
	线性接触模型 摩擦系数	μ	0.5	—
	法向刚度	k_n	1×10^7	N/m
	切向刚度	k_s	1×10^7	N/m

颗粒生成一般步骤如图3.9所示,采用PFC³ᴰ模拟含瓦斯水合物煤体常规三轴加载试验过程,具体生成步骤如下。

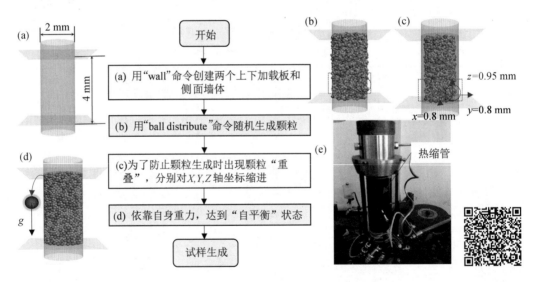

图 3.9　颗粒生成一般步骤

(1)试样尺寸的确定。

设定生成的模拟试样尺寸为 $R\times H=2\text{ mm}\times4\text{ mm}$ 圆柱体。

(2)墙体的建立。

颗粒流模拟中墙体可分为刚性和柔性两种,本试验设定刚性墙体。创建两个上下无限大的加载板(上下墙),上墙为"wall 5",下墙为"wall 6",使用关键词"Cylinder"生成圆柱形侧面墙体,与两底部接触并且完全吻合,侧墙为"wall 1",法向刚度与切向刚度均设置为 1×10^8 N/m。用"Geometry"命令生成闭合圆柱区域。

(3)定义颗粒间接触关系。

颗粒单元与墙体间为点接触,只有力的传递,因此墙体与颗粒之间接触采用线性接触模型较为合适,法向和切向刚度均为 1×10^7 N/m,摩擦系数为0.5。水合物具有胶结效应,利用平行黏结模型能较好描述实际颗粒材料的受力特征,故颗粒之间接触采用平行黏结模型。

(4)生成煤、瓦斯水合物颗粒。

采用半径扩大法生成煤颗粒,粒径范围为 $0.072 \sim 0.1$ mm;考虑瓦斯水合物在煤颗粒中生成及计算效率等原因,瓦斯水合物颗粒粒径设置为 0.06 mm;颗粒密度为 $1\ 220$ kg/m³。通过"ball distribute"命令随机生成颗粒单元,法向和切向刚度均为 2×10^8 N/m。此时颗粒尺寸只是最终颗粒尺寸的一半。

(5)颗粒初平衡。

将颗粒尺寸循环扩大,直至试样达到最终所需的孔隙率 $n = 0.40$,这样做能够确保在半径扩大过程中不会产生重叠的粒子,摩擦系数初始值为0.25。待试样达到初平衡后,将每个颗粒的 X 轴、Y 轴及 Z 轴坐标分别缩进0.8 mm、0.8 mm 及0.95 mm,以更好地消除颗粒重叠现象。

(6)试样固结。

对试样施加1 MPa固结压力以模拟含瓦斯水合物煤体初始应力状态。

(7)颗粒平衡。

颗粒单元依靠颗粒自重自由下落,从而达到"自平衡"状态。将墙体法向刚度缩小为原来的1/10以模拟室内试验中的热缩管,如图3.9(e)所示。

3.1.5　数值模拟试验方案

将所取原煤筛分出粒径为 $60 \sim 80$ 目($0.180 \sim 0.250$ mm)的煤粉,制作成尺寸为 $\phi 50$ mm $\times 100$ mm 的型煤试样。基于本书课题组前期已有的含瓦斯水合物煤体常规三轴压缩试验结果,考虑瓦斯水合物的胶结作用,选取平行黏结模型实现颗粒间的黏结作用,利用颗粒流软件 PFC³ᴰ,建立 2 种混合颗粒的含瓦斯水合物煤体常规三轴压缩颗粒流模型,探讨围压分别为 12 MPa,16 MPa,20 MPa,饱和度分别为 20%,50%,80% 的含瓦斯水合物煤体的宏细观力学行为,3 种围压、3 种饱和度的颗粒流模拟试样如图3.10所示。

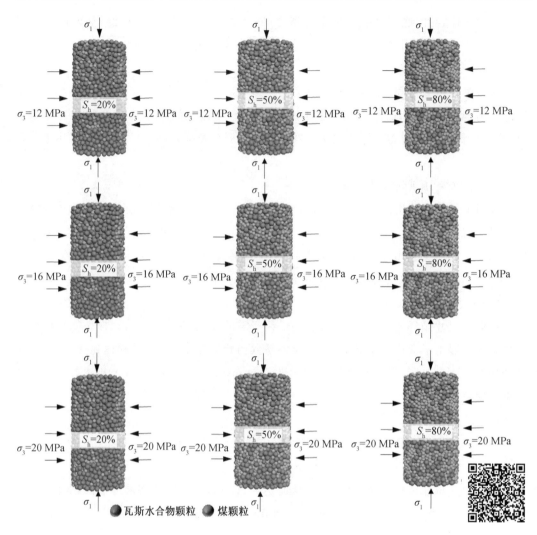

图 3.10　3 种围压、3 种饱和度的颗粒流模拟试样

3.1.6　数值模拟步骤

1. 应力初始化

在离散元模拟试验中,对试样施加围压之前,需将颗粒间接触力初始化,原因是试样颗粒半径增加会导致颗粒间接触力、系统不平衡力增大,并且模型中初始应力状态和饱和度等因素均会影响模型细观结构特性,进而宏观力学特性会受到影响。在墙体和颗粒生成后不能直接进行伺服控制,因为模型是由松散颗粒组成的集合体,存在较大的"重叠量",导致颗粒之间存在较大互斥力。因此,有必要对颗粒间接触力初始化,直到系统不平衡力减至最小。

2. 伺服控制机制

含瓦斯水合物煤体试样生成后,通过伺服控制系统使围压达到目标值后进行加载试验。加载前设置初始条件和边界条件,模型初始应力是由于对颗粒施加重力或对墙体施加速度而产生的。此时通过 PFC 中 Fish 语言编写伺服控制系统赋予墙体速度来产生预压,设定目标预压值为 1 MPa。应力—应变曲线是通过测量上下加载板的不平衡力和相对位移并进行计算得到的,再通过 Origin 软件画出曲线图。

3. 细观参数初始标定

在离散元数值模拟研究过程中,细观参数的确定是重要且困难的一个步骤。然而,颗粒流模拟中并没有确定好的细观参数。煤岩是一种典型的离散体系统,具备离散特性与流动性,且颗粒形状、颗粒大小及颗粒表面之间的接触特性较复杂,利用试验手段直接获取细观参数较为困难。采用试错法进行细观参数标定工作,通过反复调整,使离散元模拟试样的宏观力学行为较好地接近室内试验试样,使标定的细观参数具有合理性。图3.11为平行黏结模型参数初始标定流程。

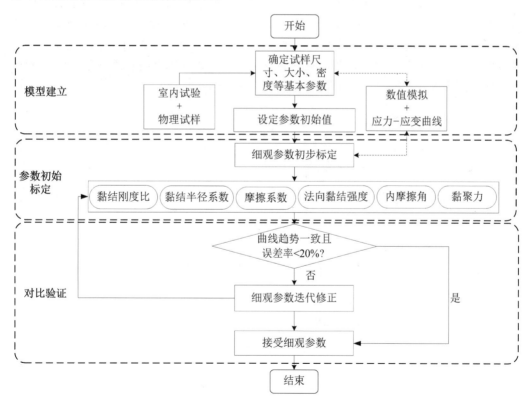

图 3.11　平行黏结模型细观参数初始标定流程

通过对文献调研,初步标定一种工况下的含瓦斯水合物煤体细观参数值(饱和度

50%、围压 16 MPa），进行常规三轴离散元模拟试验，平行黏结模型的细观参数初始值见表3.5。

表3.5 平行黏结模型的细观参数初始值

σ_3/MPa	$S_h/\%$	黏结刚度比 $\bar{k}_n/\bar{k}_s$	摩擦系数 $\bar{\mu}$	法向黏结强度 $\bar{\sigma}_c/MPa$	黏结半径系数 $\bar{\lambda}$	内摩擦角 $\bar{\varphi}/(°)$	黏聚力 $\bar{c}/MPa$
16	50	1.0	0.1	1.0	1.0	10	10

3.1.7 数值模型验证

将表3.5中的细观参数初始值代入颗粒流数值模型（工况：饱和度50%、围压16 MPa）中，通过计算得出含瓦斯水合物煤体模拟的应力－应变曲线。应力－应变曲线对比图如图3.12所示。

由图3.12可知，对比室内试验结果与数值模拟结果，可以看出两者曲线均呈应变硬化型，两条曲线斜率基本相同，但破坏强度相差很大，说明设定的细观参数合理性较差。故需要对模型的细观参数进行再次标定。

数值模型的细观参数与材料的宏观参数之间没有较明显的对应关系，并且针对细观参数的选取还未出现简便高效的方法，具有一定的人为性和不确定性。含瓦斯水合物煤体可以看作由许多颗粒集合起来组成的材料，颗粒行为影响整体性质。改变其中一个细观参数就会影响整体宏观性质，所以在进行含瓦斯水合物煤体离散元模拟之前，需要对各个参数进行敏感性分析，发现宏细观参数之间关系的普遍规律。

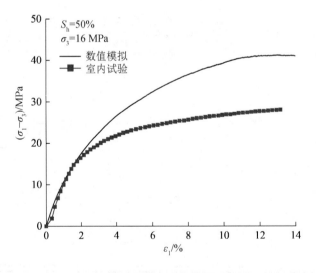

图 3.12 应力－应变曲线对比图

3.2　含瓦斯水合物煤体细观参数精细标定

3.2.1　引言

能否正确选取细观参数对颗粒流模拟是否成功至关重要。

首先,针对细观参数标定,通过归一化进行单因素影响分析,得出细观参数($\bar{k}_n / \bar{k}_s$、$\bar{\mu}$、$\bar{\sigma}_c$、$\bar{\lambda}$、$\bar{c}$、$\bar{\varphi}$)对宏观参数(E、σ_c)的影响规律及数学关系,确定出各个细观参数大致取值范围。其次,通过正交试验研究细观参数对宏观参数的敏感性大小,进一步获得精细细观参数取值。

3.2.2　模拟试验设计

平行黏结模型主要细观参数为 $\bar{k}_n / \bar{k}_s$、$\bar{\mu}$、$\bar{\lambda}$、$\bar{\sigma}_c$、$\bar{c}$ 及 $\bar{\varphi}$,材料主要宏观参数为 E 和 σ_c。若对每一种工况进行探究,则需要进行 270 组模拟试验,耗时较长,工作量大。因此,只选取一种工况进行研究,取饱和度 50%、围压 16 MPa 的颗粒流模拟试样作为基础模型,探究含瓦斯水合物煤体宏细观参数之间的相关性,共进行 30 组模拟试验,试样模型细观参数见表3.6,表内带下画线的数值为基准值。

表3.6　试样模型细观参数

σ_3/MPa	S_h/%	细观参数	符号	取值	单位
16	50	黏结刚度比	$\bar{k}_n / \bar{k}_s$	1.0,3.5,4.0,10.0,14.0	—
		摩擦系数	$\bar{\mu}$	0.1,0.3,0.5,0.7,0.9	—
		法向黏结强度	$\bar{\sigma}_c$	0.1,0.5,1.0,10.0,40.0	MPa
		黏结半径系数	$\bar{\lambda}$	0.1,0.3,0.5,0.7,1.0	—
		内摩擦角	$\bar{\varphi}$	0,10,20,30,40	(°)
		黏聚力	$\bar{c}$	1,6,10,20,30	MPa

3.2.3　单因素敏感性分析

颗粒流软件中不同的细观参数对宏观参数有着不同的影响规律,且在不同的宏观参数值域内有可能差别较大。本章引入一种简化的计算方法即"归一化"方法,将有量纲量经变换化为无量纲(纯量纲)量。把样本值域化为 0 ~ 1 范围内,将所有不同组细观参数的数据放到同一坐标系中,研究单一变量角度,探讨宏细观参数之间的相关性。在离散元模拟中,宏观参数有可能受多个细观参数的影响,同时细观参数对其影响范围及程度也是不一样的,具有差异性。本章采取"归一化"处理,使各个参数的各个指标均处于同一量级,对比分析得出哪些细观参数对宏观参数的影响效果更明显。"归一化"处理如下:

$$y = x / x_0 \tag{3.13}$$

式中　　y——归一化处理后参数值;

x——宏观参数；

x_0——初始宏观参数值。

在进行含瓦斯水合物煤体参数标定时，将其破坏强度和弹性模量等宏观参数与细观参数相对应。当曲线为应变硬化型时，破坏强度值取应变12%所对应的偏应力值；当曲线为应变软化型时，破坏强度值取曲线最高点。弹性阶段位于轴向应变0.5%～4%范围内，根据此段曲线计算出试样弹性模量。各个细观参数取值对应的宏观参数及归一化处理后值见表3.7。

表3.7　各个细观参数取值对应的宏观参数及归一化处理后值

细观参数	取值	E/MPa	σ_c/MPa	$\bar{E}$	$\bar{\sigma}_c$
$\bar{k}_n/\bar{k}_s$	1.0	831.96	43.51	1	1
	3.5	862.38	42.91	1.046 4	0.986 2
	4.0	956.93	42.99	1.150 2	0.988 0
	10.0	1 147.61	43.34	1.379 4	0.996 1
	14.0	1 315.13	43.25	1.580 8	0.994 0
$\bar{\mu}$	0.1	604.92	37.03	1	1
	0.3	685.19	41.55	1.132 7	1.122 1
	0.5	761.32	43.68	1.258 5	1.179 6
	0.7	943.58	44.58	1.559 8	1.203 9
	0.9	966.63	44.27	1.597 9	1.195 5
$\bar{\sigma}_c/\mathrm{MPa}$	0.1	858.70	41.04	1	1
	0.5	825.68	41.05	0.961 5	1.000 2
	1.0	953.17	41.88	1.110 0	1.020 5
	10.0	960.00	43.68	1.118 0	1.064 3
	40.0	960.00	44.79	1.118 0	1.091 4
$\bar{\lambda}$	0.1	638.07	41.16	1	1
	0.3	642.37	42.09	1.006 7	1.022 6
	0.5	657.40	43.72	1.030 3	1.062 2
	0.7	911.84	46.89	1.429 1	1.139 2
	1.0	954.12	55.48	1.495 3	1.347 9
$\bar{\varphi}/(°)$	0	968.06	43.59	1	1
	10	968.06	43.59	1	1
	20	968.06	43.59	1	1
	30	968.06	44.03	1	1.010 0
	40	968.06	44.03	1	1.010 0

续表3.7

细观参数	取值	E/MPa	σ_c/MPa	$\bar{E}$	$\bar{\sigma}_c$
	1	751.43	40.86	1	1
	6	873.08	41.87	1.161 9	1.024 7
$\bar{c}/\mathrm{MPa}$	10	873.08	43.52	1.161 9	1.065 1
	20	873.08	48.12	1.161 9	1.177 7
	30	873.08	51.90	1.161 9	1.270 2

注：$\bar{E}$ 和 $\bar{\sigma}_c$ 分别为 E 和 σ_c 归一化处理后值。

1. 黏结刚度比

为了研究颗粒黏结刚度比对宏观参数的影响,保持其他参数不变,改变黏结刚度比,进行 5 组模拟试验($\bar{k}_n/\bar{k}_s = 1.0, 3.5, 4.0, 10.0, 14.0$),在对材料模型进行三轴压缩离散元模拟试验后,得到不同黏结刚度比下应力—应变曲线,如图3.13所示。对黏结刚度比对宏观参数影响进行归一化处理,黏结刚度比与宏观参数关系如图3.14所示。

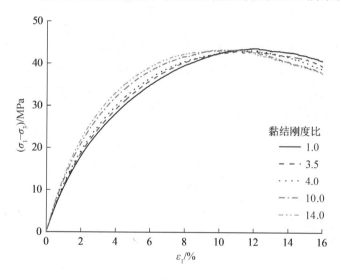

图 3.13　不同黏结刚度比下应力－应变曲线

由图3.13可知,在围压 16 MPa 下,应力—应变曲线均为应变软化型,随着黏结刚度比的增大,应力—应变曲线会出现较大的应变软化。随着黏结刚度比的增大,破坏强度逐渐减小,弹性模量逐渐增大。黏结刚度比对材料的破坏强度无明显影响,对材料的弹性模量影响较为显著。

由表3.7可以看出,黏结刚度比 $\bar{k}_n/\bar{k}_s$ 从1.0增大到14.0的过程中,材料弹性模量 E 从831.96 MPa 增加到 1 315.13 MPa,变化幅度为58.1%。材料破坏强度 σ_c 随着黏结刚度比的增加没有明显变化。归一化处理后,可发现黏结刚度比对弹性模量影响较大,弹性模量随着黏结刚度比的增大呈增大趋势,整体呈线性正相关,满足线性关系 $\bar{E} = 0.044\bar{k}_n/\bar{k}_s + 0.952(R^2 = 0.998)$；破坏强度与黏结强度无明显关系,随着黏结强度的增大破坏强度基本保持不变,波动幅度约1.0 MPa,因此可以忽略黏结刚度比对材料的破坏强度的影响。

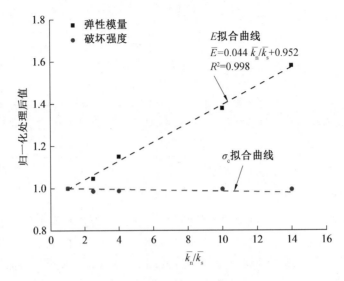

图 3.14　黏结刚度比与宏观参数关系

2. 摩擦系数

为了研究颗粒摩擦系数对宏观参数的影响,保持其他参数不变,改变摩擦系数,进行5 组模拟试验($\bar{\mu}=0.1, 0.3, 0.5, 0.7, 0.9$),在对材料模型进行三轴压缩离散元模拟试验后,得到不同摩擦系数下应力－应变曲线,如图3.15 所示。对摩擦系数对宏观参数影响进行归一化处理,摩擦系数与宏观参数关系如图3.16 所示。

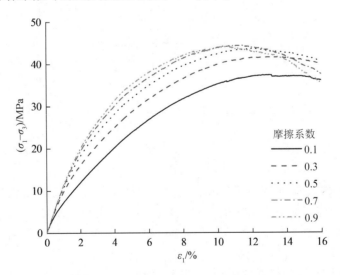

图 3.15　不同摩擦系数下应力－应变曲线

由图3.15 可知,在围压16 MPa 下,随着摩擦系数的增大,试样变形不断增大,应力－应变曲线由应变硬化型转变为应变软化型。破坏强度和弹性模量均随着摩擦系数的增大而不断增大。分析认为煤颗粒和瓦斯水合物颗粒之间摩擦系数的增大会导致两者间的摩擦咬合能力提高。当颗粒受外荷载作用时,颗粒间会发生错动、移动及相对滑动,摩擦系

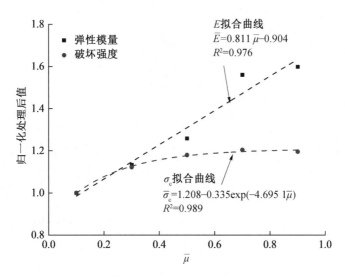

图 3.16　摩擦系数与宏观参数关系

数增大会导致颗粒间摩擦力增大,于是需要更大应力来实现颗粒移动,因此弹性模量和破坏强度不断增大。实际上,当摩擦系数较小时,试样中的颗粒更容易在系统中移动并达到稳定状态;当摩擦系数较大时,系统内部阻力会变大。当摩擦系数较大时,剪胀性更明显,体积应变更大。当摩擦系数小于0.5 时,对材料的弹性模量和破坏强度影响较大;当摩擦系数大于0.5 时,对材料的弹性模量和破坏强度影响较小。

　　由表 3.7 可以看出,摩擦系数 $\bar{\mu}$ 从0.1 增大到0.9 过程中,材料弹性模量 E 从604.92 MPa 增加到966.63 MPa,变化幅度为59.8%;破坏强度 σ_c 从37.03 MPa 增加到44.27 MPa,变化幅度为19.6%。归一化处理后,可发现弹性模量随着摩擦系数的增大基本呈线性增大,且增大速度较快,与摩擦系数相关性系数接近于 1;破坏强度与摩擦系数呈一定的正相关系,根据其变化趋势,使用指数函数进行拟合。虽然破坏强度与摩擦系数呈一定的正相关关系,但当摩擦系数发生数量级的改变(由0.1 增大至0.5)时,对应的破坏强度由37.03 MPa 增大至43.68 MPa,变化幅度为18.0%,且随着摩擦系数继续增大(由0.5 增大至0.9),对应的破坏强度仅由43.68 MPa 增大至44.27 MPa,变化幅度为1.4%,其对破坏强度的影响相对较小。弹性模量和破坏强度与摩擦系数关系分别为线性正相关和指数正相关: $\bar{E} = 0.811\bar{\mu} - 0.904(R^2 = 0.976)$ 和 $\bar{\sigma}_c = 1.208 - 0.335 \exp(- 4.695 \ 1\bar{\mu})$ $(R^2 = 0.989)$ 。

3. 法向黏结强度

　　为了研究颗粒法向黏结强度对宏观参数的影响,保持其他参数不变,改变法向黏结强度,进行 5 组模拟试验($\bar{\sigma}_c = 0.1$ MPa,0.5 MPa,1.0 MPa,10.0 MPa,40.0 MPa),在对材料模型进行三轴压缩离散元模拟试验后,得到不同法向黏结强度下应力－应变曲线,如图3.17 所示。对法向黏结强度对宏观参数影响进行归一化处理,法向黏结强度与宏观参数关系如图3.18 所示。

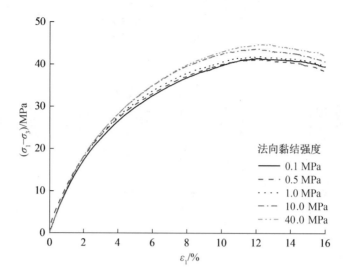

图 3.17　不同法向黏结强度下应力－应变曲线

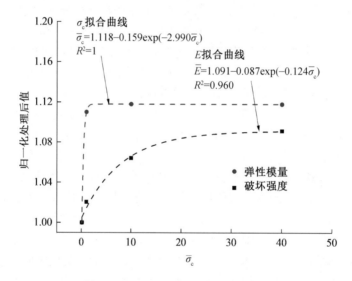

图 3.18　法向黏结强度与宏观参数关系

由图3.17可知,在围压16 MPa下,应力－应变曲线均为应变软化型。颗粒法向黏结强度对材料弹性模量的影响较小,破坏强度随着法向黏结强度增大而增大。分析认为法向黏结强度增大,提高了颗粒间黏结强度,使得颗粒间黏结键需要更大的作用力才能断裂,致使含瓦斯水合物煤体发生破坏的难度增大,此外,颗粒间黏结强度的增大也会增强材料的软化特性。

从图3.18中可以看出,法向黏结强度对弹性模量和破坏强度影响均较大。除去异常点$\bar{\sigma}_c=0.5$(对应$\bar{E}=0.961\,5$和$\bar{\sigma}_c=1.000\,2$),破坏强度和弹性模量均与法向黏结强度呈一定的正相关。根据其变化趋势,使用指数函数分别进行拟合。当法向黏结强度发生数量级的改变(由0.1 MPa增大至10.0 MPa),对应的破坏强度由858.70 MPa增大至

960.00 MPa,变化幅度为11.8 %;且随着法向黏结强度继续增大(由 10.0 MPa 增大至
40.0 MPa),对应的破坏强度保持不变,可以得出结论:法向黏结强度在小于10.0 MPa 范
围内对破坏强度的影响较大。法向黏结强度由0.1 MPa 增大至0.5 MPa,对应的弹性模量
仅由41.04 MPa 增大至41.05 MPa;法向黏结强度由0.5 MPa 增大至 40 MPa,对应的弹性
模量由41.05 MPa 增大至44.79 MPa,变化幅度为9.1%,可以得出结论:法向黏结强度在
大于0.5 MPa 范围内对弹性模量的影响较大。弹性模量和破坏强度与法向黏结强度关系
为 指 数 正 相 关:$\overline{E} = 1.091 - 0.087\exp(- 0.124\overline{\sigma}_c)(R^2 = 0.960)$,$\overline{\sigma}_c = 1.118 -$
$0.159\exp(-2.990\overline{\sigma}_c)$ $(R^2 = 1)$。

4. 黏结半径系数

为了研究颗粒黏结半径系数对宏观参数的影响,保持其他参数不变,改变黏结半径系
数,进行 5 组模拟试验($\overline{\lambda} = 0.1, 0.3, 0.5, 0.7, 1.0$),在对材料模型进行三轴压缩离散元模拟
试验后,得到不同黏结半径系数下应力—应变曲线,如图3.19 所示。对黏结半径系数对宏
观参数影响进行归一化处理,黏结半径系数与宏观参数关系如图3.20 所示。

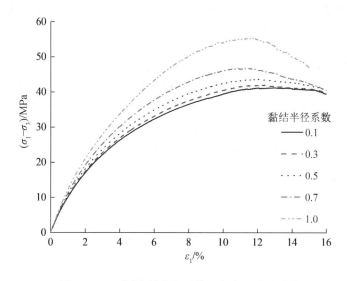

图 3.19　不同黏结半径系数下应力—应变曲线

由图3.19 可知,在围压 16 MPa 下,应力—应变曲线均为应变软化型,随着黏结半径
系数的增大,材料展现出更大的破坏强度,会出现较大的应变软化。当黏结半径系数小于
0.5 时,对材料的弹性模量和破坏强度影响不明显;当黏结半径系数大于0.5 时,对材料的
弹性模量和破坏强度影响较明显。

从图3.20 中可以看出,破坏强度和弹性模量与黏结半径系数呈一定的正相关。根据
其变化趋势,使用指数函数分别进行拟合。当黏结半径系数发生数量级的改变(由0.1 增
大至1.0)时,对应的破坏强度由41.16 MPa 增大至55.48 MPa,变化幅度为25.8%,对应的
弹性模量由638.07 MPa 增大至954.12 MPa,变化幅度为33.1%,可以得出结论:黏结半径
系数对破坏强度和弹性模量的影响均显著。在弹性模量与黏结半径系数关系曲线中除去

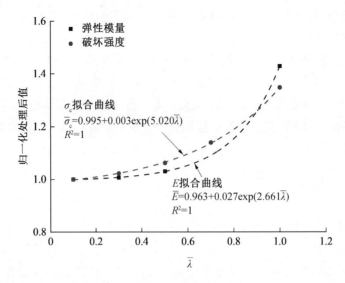

图 3.20　黏结半径系数与宏观参数关系

异常点 $\bar{\lambda}=0.7$（对应 $\bar{E}=1.429\ 1$），弹性模量和破坏强度与黏结半径系数关系均为指数正相关：$\bar{E}=0.963+0.027\exp(2.661\bar{\lambda})(R^2=1)$，$\bar{\sigma}_c=0.995+0.003\exp(5.020\bar{\lambda})(R^2=1)$。

5. 内摩擦角

为了研究颗粒内摩擦角对宏观参数的影响，保持其他参数不变，改变内摩擦角，进行 5 组模拟试验（$\bar{\varphi}=0°,10°,20°,30°,40°$），在对材料模型进行三轴压缩离散元模拟试验后，得到不同内摩擦角下应力－应变曲线，如图3.21所示。对内摩擦角对宏观参数影响进行归一化处理，内摩擦角与宏观参数关系如图3.22所示。

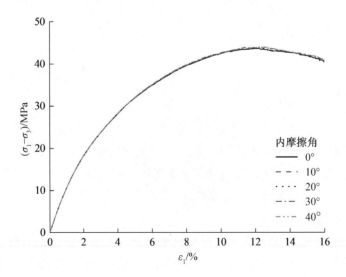

图 3.21　不同内摩擦角下应力－应变曲线

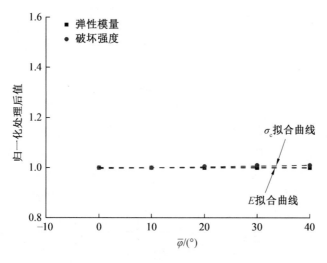

图 3.22　内摩擦角与宏观参数关系

由图3.21可知,在围压 16 MPa 下,应力－应变曲线均为应变软化型,曲线斜率基本一致,偏应力值比较接近。因此,内摩擦角对材料的弹性模量几乎无影响,对材料的破坏强度影响不太显著,只有内摩擦角足够大时才会对破坏强度有较大影响。

从图3.22中可以看出,内摩擦角 $\bar{\varphi}$ 从 $0°$ 增大到 $40°$ 过程中,材料的弹性模量 E 和破坏强度 σ_c 基本保持不变,内摩擦角与两者关系均无规律性变化。因此,可以忽略内摩擦角对材料的破坏强度和弹性模量的影响。

6. 黏聚力

为了研究颗粒黏聚力对宏观参数的影响,保持其他参数不变,改变黏聚力,进行 5 组模拟试验($\bar{c}=1$ MPa,6 MPa,10 MPa,20 MPa,30 MPa),在对模型进行三轴压缩离散元模拟试验后,得到不同黏聚力下应力－应变曲线,如图3.23所示。对黏聚力对宏观参数影响进行归一化处理,黏聚力与宏观参数关系如图3.24 所示。

由图3.23可知,在围压 16 MPa 下,应力－应变曲线均为应变软化型,随着黏聚力的增大,试样展现出更大的破坏强度,出现较大的应变软化。黏聚力对材料的弹性模量影响不明显,对材料的破坏强度影响较明显。

由表 3.7 可以看出,当黏聚力发生数量级改变时(由 1 MPa 增大至 6 MPa),对应的弹性模量由751.43 MPa 增大至873.08 MPa,变化幅度为16.2%,且随着黏聚力继续增大(由 6 MPa 增大至 30 MPa),对应的弹性模量保持不变,因此,可以忽略黏聚力对材料的弹性模量的影响。黏聚力 $\bar{c}$ 从1.0 MPa 增大至 30 MPa,破坏强度 σ_c 从40.86 MPa 增加到 51.90 MPa,变化幅度为27.0%,说明黏聚力对破坏强度影响较大。破坏强度随着黏聚力增加, 近似呈线性增加趋势, 与黏聚力关系满足线性关系:$\bar{\sigma_c} = 0.010\bar{c} + 0.977$ ($R^2 = 0.996$)。

综上所述,把宏细观参数拟合关系式汇总为表3.8,可以看出 R^2 均大于0.95,拟合效

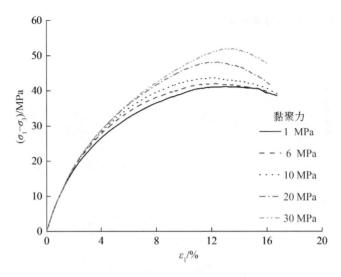

图 3.23 不同黏聚力下应力－应变曲线

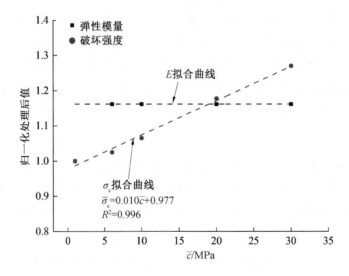

图 3.24 黏聚力与宏观参数关系

果较好,说明宏细观参数间的线性关系良好。确定 $\bar{k}_n / \bar{k}_s$,$\bar{\mu}$,$\bar{\sigma}_c$,$\bar{\lambda}$,$\bar{\varphi}$,$\bar{c}$ 等 6 个细观参数的取值范围:$\bar{k}_n / \bar{k}_s = 1 \sim 10$,$\bar{\mu} = 0.1 \sim 0.9$,$\bar{\sigma}_c = 0.1 \sim 40$ MPa,$\bar{\lambda} = 0.1 \sim 1$,$\bar{\varphi} = 0 \sim 30°$,$\bar{c} = 1 \sim 30$ MPa。其中有 5 个细观参数是独立的。宏细观参数的相关性研究进一步缩小了参数的标定范围,缩短了后期标定的时间,提高了参数选取的正确性,使数值模拟能更好地反映材料的真实力学性能。

表3.8　含瓦斯水合物煤体宏细观参数拟合关系式

序号	拟合曲线	R^2
1	$\bar{E} = 0.044\bar{k}_n/\bar{k}_s + 0.952$	0.998
2	$\bar{E} = 0.811\bar{\mu} - 0.904$	0.976
3	$\bar{E} = 1.091 - 0.087\exp(-0.124\bar{\sigma}_c)$	0.960
4	$\bar{E} = 0.963 + 0.027\exp(2.661\bar{\lambda})$	1
5	$\bar{\sigma}_c = 1.208 - 0.335\exp(-4.695\,1\bar{\mu})$	0.989
6	$\bar{\sigma}_c = 1.118 - 0.159\exp(-2.990\bar{\sigma}_c)$	1
7	$\bar{\sigma}_c = 0.995 + 0.003\exp(5.020\bar{\lambda})$	1
8	$\bar{\sigma}_c = 0.010\bar{c} + 0.977$	0.996

3.2.4　多因素敏感性分析

宏观力学特性受细观参数的影响,不仅受单一因素的影响,还受多因素的影响。为了更好地拟合出数值模拟与室内试验应力－应变相吻合的应力－应变曲线,并能较快得出细观参数对宏观力学特性影响规律,利用正交试验极差分析法进行研究。正交试验设计是进行多因素试验、找到最优水平组合的一种高效率试验设计方法。在正交试验结果分析中极差分析法为最常用方法,该方法具有计算简便、高效、直观且简单易懂等优点。各因素的极差是分析因素敏感性的评价标准,极差(均值最大值－均值最小值)越大,因素影响越大,即因素的敏感性越大;反之,极差越小,因素影响越小,即因素的敏感性越小。

本章进行含瓦斯水合物煤体宏细观参数正交试验研究前,需要进行正交表设计。采用 6 个因素、3 个水平,在各个细观参数互相独立、互不影响的情况下进行试验,选取 L27(3⁶) 正交表。正交试验方案见表3.9。在此正交试验方案下进行弹性模量与破坏强度的正交优化设计。

表3.9　正交试验方案

试验方案编号	因素					
	$\bar{k}_n/\bar{k}_s$	$\bar{\mu}$	$\bar{\sigma}_c/\text{MPa}$	$\bar{\lambda}$	$\bar{\varphi}/(°)$	$\bar{c}/\text{MPa}$
1	1.0	0.1	1.0	0.1	0.0	1.0
2	1.0	0.1	1.0	0.1	20.0	10.0
3	1.0	0.1	1.0	0.1	40.0	20.0
4	1.0	0.5	10.0	0.5	0.0	1.0
5	1.0	0.5	10.0	0.5	20.0	10.0
6	1.0	0.5	10.0	0.5	40.0	20.0

续表3.9

试验方案编号	因素					
	$\bar{k}_n/\bar{k}_s$	$\bar{\mu}$	$\bar{\sigma}_c/MPa$	$\bar{\lambda}$	$\bar{\varphi}/(°)$	$\bar{c}/MPa$
7	1.0	0.9	40.0	1.0	0.0	1.0
8	1.0	0.9	40.0	1.0	20.0	10.0
9	1.0	0.9	40.0	1.0	40.0	20.0
10	4.0	0.1	10.0	1.0	0.0	10.0
11	4.0	0.1	10.0	1.0	20.0	20.0
12	4.0	0.1	10.0	1.0	40.0	1.0
13	4.0	0.5	40.0	0.1	0.0	10.0
14	4.0	0.5	40.0	0.1	20.0	20.0
15	4.0	0.5	40.0	0.1	40.0	1.0
16	4.0	0.9	1.0	0.5	0.0	10.0
17	4.0	0.9	1.0	0.5	20.0	20.0
18	4.0	0.9	1.0	0.5	40.0	1.0
19	14.0	0.1	40.0	0.5	0.0	20.0
20	14.0	0.1	40.0	0.5	20.0	1.0
21	14.0	0.1	40.0	0.5	40.0	10.0
22	14.0	0.5	1.0	1.0	0.0	20.0
23	14.0	0.5	1.0	1.0	20.0	1.0
24	14.0	0.5	1.0	1.0	40.0	10.0
25	14.0	0.9	10.0	0.1	0.0	20.0
26	14.0	0.9	10.0	0.1	20.0	1.0
27	14.0	0.9	10.0	0.1	40.0	10.0

1. 弹性模量正交设计

弹性模量正交设计结果见表3.10。根据表3.10绘制各因素与指标（弹性模量）趋势图，如图3.25所示。

表3.10　弹性模量正交设计结果

项目		因素						
		$\bar{k}_n/\bar{k}_s$	$\bar{\mu}$	$\bar{\sigma}_c$/MPa	$\bar{\lambda}$	$\bar{\varphi}$/(°)	$\bar{c}$/MPa	E/MPa
试验方案编号	1	1.0	0.1	1.0	0.1	0.0	1.0	475
	2	1.0	0.1	1.0	0.1	20.0	10.0	475
	3	1.0	0.1	1.0	0.1	40.0	20.0	475
	4	1.0	0.5	10.0	0.5	0.0	1.0	853
	5	1.0	0.5	10.0	0.5	20.0	10.0	853
	6	1.0	0.5	10.0	0.5	40.0	20.0	725
	7	1.0	0.9	40.0	1.0	0.0	1.0	836
	8	1.0	0.9	40.0	1.0	20.0	10.0	884
	9	1.0	0.9	40.0	1.0	40.0	20.0	884
	10	4.0	0.1	10.0	1.0	0.0	10.0	625
	11	4.0	0.1	10.0	1.0	20.0	20.0	541
	12	4.0	0.1	10.0	1.0	40.0	1.0	625
	13	4.0	0.5	40.0	0.1	0.0	10.0	779
	14	4.0	0.5	40.0	0.1	20.0	20.0	779
	15	4.0	0.5	40.0	0.1	40.0	1.0	779
	16	4.0	0.9	1.0	0.5	0.0	10.0	841
	17	4.0	0.9	1.0	0.5	20.0	20.0	841
	18	4.0	0.9	1.0	0.5	40.0	1.0	841
	19	14.0	0.1	40.0	0.5	0.0	20.0	640
	20	14.0	0.1	40.0	0.5	20.0	1.0	640
	21	14.0	0.1	40.0	0.5	40.0	10.0	643
	22	14.0	0.5	1.0	1.0	0.0	20.0	903
	23	14.0	0.5	1.0	1.0	20.0	1.0	903
	24	14.0	0.5	1.0	1.0	40.0	10.0	903
	25	14.0	0.9	10.0	0.1	0.0	20.0	807
	26	14.0	0.9	10.0	0.1	20.0	1.0	807
	27	14.0	0.9	10.0	0.1	40.0	10.0	807
均值 1		717.8	571.0	739.7	687.0	751.0	751.0	
均值 2		739.0	830.8	738.1	764.1	747.0	756.7	
均值 3		783.7	838.7	762.7	789.3	742.4	732.8	
极差		65.9	267.7	24.6	102.3	8.6	23.9	
敏感度		C	A	D	B	F	E	
最优方案		C_3	A_3	D_3	B_3	F_1	E_2	

注：A ～ F 指正交试验参数对于试样弹性模量影响的敏感度排序，A 表示该参数对弹性模量影响较大。A_i 表示敏感度排序为 A 的细观参数中取第 i 个值，其中 i 为某个细观参数值的水平排序。

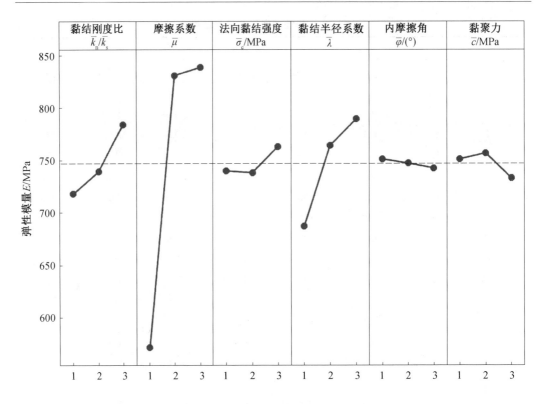

图 3.25　各因素与弹性模量趋势图

注：1,2,3 代表正交实验的 3 个水平。

分析表 3.10 和图 3.25 可得出以下结论：摩擦系数是影响弹性模量的主要因素，极差为 267.7，大于其他因素的极差；其次为黏结半径系数、黏结刚度比，极差分别为 102.3 和 65.9；摩擦系数、法向黏结强度、黏结半径系数及黏结刚度比对弹性模量的影响随其增大均呈逐渐增加趋势；内摩擦角和黏聚力对弹性模量的影响随其增大呈逐渐减小趋势；内摩擦角对弹性模量影响较小，极差值为 8.6。

由表 3.10 可以得出影响弹性模量最优的一组细观参数值：黏结刚度比 $\bar{k}_n/\bar{k}_s = 1.0$、摩擦系数 $\bar{\mu} = 0.9$，法向黏结强度 $\bar{\sigma}_c = 40.0$ MPa，黏结半径系数 $\bar{\lambda} = 1.0$，黏聚力 $\bar{c} = 10$ MPa，内摩擦角 $\bar{\varphi} = 0°$。细观参数对弹性模量的敏感性大小排序为：摩擦系数 ＞ 黏结半径系数 ＞ 黏结刚度比 ＞ 法向黏结强度 ＞ 黏聚力 ＞ 内摩擦角。

2. 破坏强度正交设计

破坏强度正交设计结果见表 3.11。根据表 3.11 绘制各因素与指标（破坏强度）趋势图，如图 3.26 所示。

分析表 3.11 和图 3.26 可知，摩擦系数对破坏强度的影响较大，极差为 4.37，大于其他因素的极差，即摩擦系数是影响破坏强度的主要因素；摩擦系数、法向黏结强度和内摩擦角对破坏强度的影响随其值的增大呈逐渐增大的趋势，破坏强度随摩擦系数的增大呈线性增大；黏结刚度比、黏结半径系数及黏聚力对破坏强度的影响随其值的增大呈先增大后减小的趋势。从表 3.11 中可以得出影响破坏强度最优的一组细观参数值：刚度比 $\bar{k}_n/\bar{k}_s =$

4.0、摩擦系数 $\bar{\mu}=0.9$，黏结强度 $\bar{\sigma}_c=10.0$ MPa，黏结半径系数 $\bar{\lambda}=0.1,0.5$，内摩擦角 $\bar{\varphi}=40°$，黏聚力 $\bar{c}=10$ MPa，20 MPa。细观参数对破坏强度的敏感性大小排序为：摩擦系数 $>$ 法向黏结强度 $>$ 黏结半径系数 $>$ 黏结刚度比 $>$ 黏聚力 $>$ 内摩擦角。

表3.11　破坏强度正交设计结果

项目	因素						
	$\bar{k}_n/\bar{k}_s$	$\bar{\mu}$	$\bar{\sigma}_c$/MPa	$\bar{\lambda}$	$\bar{\varphi}$/(°)	$\bar{c}$/MPa	σ_c/MPa
1	1.0	0.1	1.0	0.1	0.0	1.0	16.52
2	1.0	0.1	1.0	0.1	20.0	10.0	16.52
3	1.0	0.1	1.0	0.1	40.0	20.0	16.52
4	1.0	0.5	10.0	0.5	0.0	1.0	19.77
5	1.0	0.5	10.0	0.5	20.0	10.0	19.77
6	1.0	0.5	10.0	0.5	40.0	20.0	19.74
7	1.0	0.9	40.0	1.0	0.0	1.0	20.90
8	1.0	0.9	40.0	1.0	20.0	10.0	20.94
9	1.0	0.9	40.0	1.0	40.0	20.0	20.94
10	4.0	0.1	10.0	1.0	0.0	10.0	16.55
11	4.0	0.1	10.0	1.0	20.0	20.0	16.60
12	4.0	0.1	10.0	1.0	40.0	1.0	16.65
13	4.0	0.5	40.0	0.1	0.0	10.0	19.75
14	4.0	0.5	40.0	0.1	20.0	20.0	19.75
15	4.0	0.5	40.0	0.1	40.0	1.0	19.75
16	4.0	0.9	1.0	0.5	0.0	10.0	20.90
17	4.0	0.9	1.0	0.5	20.0	20.0	20.90
18	4.0	0.9	1.0	0.5	40.0	1.0	20.90
19	14.0	0.1	40.0	0.5	0.0	20.0	16.55
20	14.0	0.1	40.0	0.5	20.0	1.0	16.55
21	14.0	0.1	40.0	0.5	40.0	10.0	16.61
22	14.0	0.5	1.0	1.0	0.0	20.0	16.51
23	14.0	0.5	1.0	1.0	20.0	1.0	16.51
24	14.0	0.5	1.0	1.0	40.0	10.0	16.51
25	14.0	0.9	10.0	0.1	0.0	20.0	20.98
26	14.0	0.9	10.0	0.1	20.0	1.0	20.98
27	14.0	0.9	10.0	0.1	40.0	10.0	20.98

试验方案编号

续表3.11

项目	因素						
	$\bar{k}_n / \bar{k}_s$	$\bar{\mu}$	$\bar{\sigma}_c$/MPa	$\bar{\lambda}$	$\bar{\varphi}$/(°)	$\bar{c}$/MPa	σ_c/MPa
均值1	19.07	16.56	17.98	19.08	18.71	18.73	
均值2	19.08	18.67	19.11	19.08	18.72	18.73	
均值3	18.02	20.94	19.08	18.01	19.13	18.72	
极差	1.06	4.37	1.14	1.07	0.02	0.01	
敏感度	D	A	B	C	F	E	
最优方案	D_2	A_3	B_2	C_1、C_2	F_3	E_1、E_2	

注:A－F指正交试验参数对于试样弹性模量影响的敏感度排序,A表示该参数对弹性模量影响较大。A_i表示敏感度排序为A的细观参数中取第i个值,其中i为某个细观参数值的水平排序。

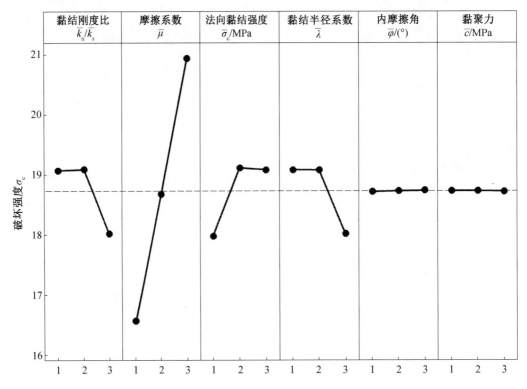

图 3.26　　各因素破坏强度趋势图

注:1,2,3 代表正交实验的 3 个水平。

通过正交试验可得,摩擦系数对含瓦斯水合物煤体弹性模量和破坏强度敏感性最大,影响最为显著。

3.3.5　细观参数调整原则

探讨宏细观参数相关性以饱和度 50%、围压 16 MPa 模型的细观参数为样本基础模型。其他工况下参数研究以基础模型的细观参数为调整的初始参数值,每完成一次标定,更换其他工况,继续用上述方法进行调试,调试步骤如下。

（1）根据单因素和多因素分析,可知内摩擦角和黏聚力对宏观参数无明显影响。可通过与室内试验结果对比分析,确定出 9 组工况下模拟试验的内摩擦角和黏聚力固定值,后续调整时始终保持不变,使后续标定的其他参数值贴近于室内试验真实参数值。

（2）通过敏感性分析可知,摩擦系数和黏结半径系数对宏观参数影响较为显著,可先对两者进行调试。黏结刚度比和法向黏结强度可固定为原先的基础值,这大大减少了工作量。

（3）因摩擦系数对宏观参数的敏感性较大,进行相同围压条件下细观参数调试时保持黏结半径系数不变,以 0.01 为调试幅度增大或减小摩擦系数。

（4）在相同饱和度条件下,若摩擦系数变化不明显,则改变黏结半径系数、黏结刚度比或法向黏结强度。

3.2.6　细观参数精细标定思路及结果

模拟研究的材料是颗粒组成的复合材料。

（1）摩擦系数与弹性模量呈正相关,与破坏强度呈指数关系,两者均随着摩擦系数的增大而增大。应力－应变曲线呈应变软化型,但随着摩擦系数的增大会出现较大的应变软化。

（2）内摩擦角对弹性模量和破坏强度均无明显影响规律和对应关系。

（3）黏聚力与弹性模量和破坏强度均呈线性正相关。应力－应变曲线呈应变软化型,但随着黏聚力的增大会出现较大的应变软化。

（4）黏结刚度比对弹性模量影响较大,弹性模量随着黏结刚度比的增大而整体呈线性增大;黏结刚度比对破坏强度的影响不显著。

（5）法向黏结强度对弹性模量和破坏强度影响较为显著,两者均随法向黏结强度增大呈指数函数增大。

（6）黏结半径系数对弹性模量和破坏强度影响均较为明显。应力－应变曲线呈现为应变软化型,随着黏结半径系数的增大,材料展现出更大的破坏强度,会出现较大的应变软化。

（7）摩擦系数、法向黏结强度、黏结半径系数、内摩擦角及黏聚力对破坏强度影响较大;黏结刚度比、摩擦系数及黏结半径系数对弹性模量影响较大。

将在围压分别为 12 MPa,16 MPa,20 MPa 条件下对 3 种饱和度分别为 20%,50%,80% 试样标定的平行黏结模型细观参数列入表 3.12。

由表 3.12 可知,围压 12 MPa 下,黏结刚度比为 1.0,摩擦系数在 0.1 ~ 0.6 范围内变动,法向黏结强度均为 1.0 MPa,黏结半径系数均为 1.0;围压 16 MPa 下,黏结刚度比均为 1.0,摩擦系数在 0.3 ~ 0.4 范围内变动,法向黏结强度均为 1.0 MPa,黏结半径系数均为

0.1;围压 20 MPa 下,黏结刚度比均为 1.0,摩擦系数在0.17～0.25 范围内变动,法向黏结强度均为 1.0 MPa,黏结半径系数均为0.5。内摩擦角和黏聚力的取值分别为 15°～18°、4～7 MPa。

表3.12　平行黏结模型的细观参数

σ_3/MPa	S_h/%	$\bar{k}_n/\bar{k}_s$	$\bar{\mu}$	$\bar{\sigma}_c$/MPa	$\bar{\lambda}$	$\bar{\varphi}$/(°)	$\bar{c}$/MPa
	80	1.0	0.6	1.0	1.0	15	7
12	50	1.0	0.5	1.0	1.0	15	6
	20	1.0	0.1	1.0	1.0	18	4
	80	1.0	0.35	1.0	0.1	15	7
16	50	1.0	0.4	1.0	0.1	15	6
	20	1.0	0.3	1.0	0.1	18	4
	80	1.0	0.23	1.0	0.5	15	7
20	50	1.0	0.25	1.0	0.5	15	6
	20	1.0	0.17	1.0	0.5	18	4

基于此,可得出含瓦斯水合物煤体的各个细观参数取值范围:黏结刚度比为 1.0,摩擦系数为0.1～0.6,法向黏结强度为 1.0 MPa,黏结半径系数为0.1～1,内摩擦角为15°～18°,黏聚力为 4～7 MPa。其可为今后含瓦斯水合物煤体的细观参数标定提供参考。

3.2.7　数值模型验证

通过上述对细观参数的精细标定,得出 9 组工况下的细观参数取值,并引入 9 组工况下颗粒流模型中,进行模拟常规三轴压缩试验,得出并分析应力－应变曲线、体积应变－轴向应变曲线、强度参数及局部破坏过程等离散元模拟结果。

1. 应力－应变曲线

含瓦斯水合物煤体三轴压缩试验表明,含瓦斯水合物煤体的应力－应变曲线可表现出应变硬化和应变软化两大特性。为解释含瓦斯水合物煤体的力学性质,可以将其理解为由煤和瓦斯水合物颗粒构成的两相复合材料,瓦斯水合物对煤具有黏结作用,黏结作用随着应变的增加逐渐减弱甚至消失,即宏观表现出应变软化特性。基于上述细观参数进行数值模拟,得出 3 种围压、3 种饱和度下数值模拟与室内试验应力－应变曲线对比图,如图3.27 所示(图中量的下标"模拟"和"试验"分别对应数值模拟和室内试验。当应力－应变曲线为应变硬化型时,破坏强度取应变 12% 所对应的偏应力值;应力－应变曲线为应变软化型时,破坏强度为曲线最高点所对应的偏应力值。根据弹性阶段轴向应变0.5%～4% 范围内的应力－应变曲线计算出试样所对应的弹性模量。

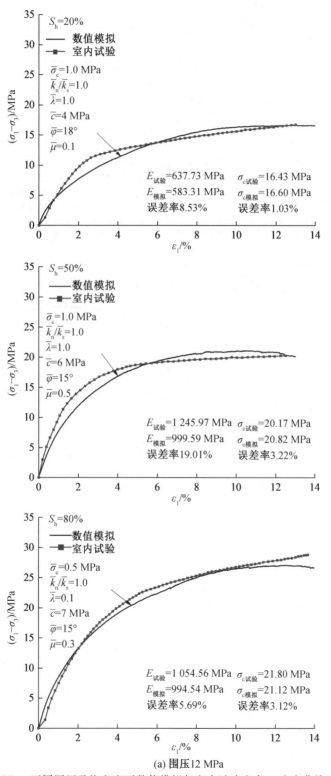

图 3.27　不同围压及饱和度下数值模拟与室内试验应力－应变曲线对比图

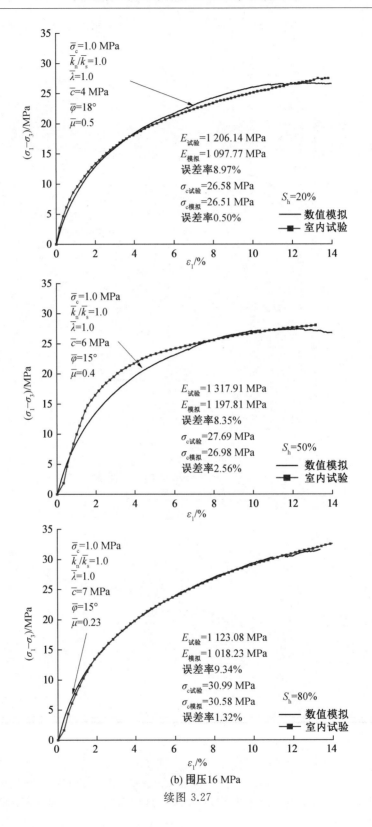

(b) 围压16 MPa

续图 3.27

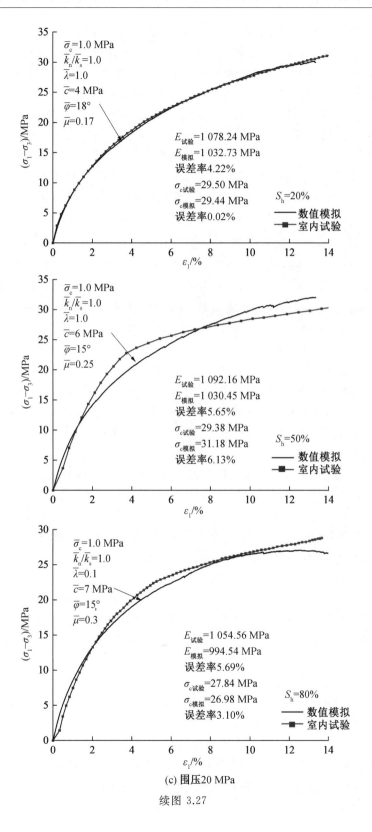

(c) 围压20 MPa

续图 3.27

由应力－应变曲线可以看出,含瓦斯水合物煤体变形破坏大致可分为弹性阶段、屈服阶段及破坏阶段 3 个阶段,数值模拟所得应力－应变曲线与室内试验所得曲线形状吻合,变化趋势较为一致,弹性模量与破坏强度误差率均在 10% 以内。从图3.27 中可以发现,在围压12 MPa(饱和度 20%,50%,80%)、16 MPa(饱和度 50%,80%)、20 MPa(饱和度 50%)下数值模拟达到偏应力($\sigma_1 - \sigma_3$)峰值时对应的轴向应变大于室内试验,这是由于颗粒流模型中的材料刚度小于实际材料,但不影响模拟结果的准确性。当轴向应变大于 12% 时,数值模拟曲线逐渐由应变硬化型变为应变软化型,原因为颗粒接触本构关系与含瓦斯水合物煤体的实际本构关系不同;试样在加载过程中,刚度较小的颗粒会溢出墙体,使得试样内部颗粒发生偏移或错动,原先相对稳定状态被打破,接触力链发生重组或断裂,细观表现为试样内部形成破坏面,宏观表现为应变软化。

2. 体积应变－轴向应变曲线

试验中不同围压和不同饱和度下含瓦斯水合物煤体的体积应变－轴向应变曲线如图3.28 至图3.30 所示。图中正值表示体积发生剪缩,负值表示体积发生剪胀。结合杨期君等和蒋明镜等有关体积应变模型的验证思路,关于模型的体积应变不追求量上与实际完全一致,追求变化趋势相似。由图3.28 至图2.30 可以看出,数值模拟结果与室内试验结果的规律基本一致:试样剪缩程度先增大后减小,同围压条件下,饱和度越大试样体积剪缩量越小,即高饱和度试样剪胀量大,模拟试验结果与 Brugada 等及 Jung 等的结论相同,水合物的存在能够增强试样剪胀作用。围压较低(围压 12 MPa)时,试样先剪缩后剪胀,原因为在较低围压下,瓦斯水合物对煤颗粒具有胶结作用,从而对其有所强化。在高围压(围压16 MPa,20 MPa)下,试样均表现出剪缩特征,原因为在高围压作用下,大部分颗粒间瓦斯水合物被破坏,胶结失效。

当应变$\varepsilon_1 < 6\%$时,室内试验与数值模拟的体积应变－轴向应变曲线变化趋势基本一致,但存在量的差距。出现这种现象可能与模型简化或模型参数设定有关,具体分析如下。

(1)实际煤体颗粒形状不规则,复杂多样化,容易发生破碎,颗粒与颗粒之间存在一定摩擦力和咬合力,其作用是增加煤体强度;煤中瓦斯水合物赋存形式、颗粒形状是多种多样的,试样没有考虑实际颗粒状况的影响。

(2)试样尺寸大小影响数值模拟结果精确性,尺寸过大或过小均会造成与室内试验不一样的结果,需要进一步研究尺寸效应等问题,尽可能避免或减少该因素的影响。本章将试样尺寸设定为 2 mm × 4 mm,提高了计算效率,但同室内试验状况存在差异。

(3)已有研究表明,当水合物的赋存形式主要是填充型时(水合物饱和度低于30% 左右),其应力－应变特性与无胶结材料类似。当水合物的赋存形式转化为胶结型时(水合物饱和度超过 30%),可增强煤体强度,改变煤体的力学特性。试样假设饱和度 20%、饱和度 50% 及饱和度 80% 的试样中水合物均为胶结型存在于煤体孔隙中且煤体的孔隙被水合物充分填充,未考虑其他赋存形式的影响。

(4)细观参数是借鉴前人研究结果和反复试错获得的,并且前人进行水合物的赋存形式分析时所得结果与实际水合物存在模式存在差异,使得标定出的细观参数与实际情况存在一些偏差。

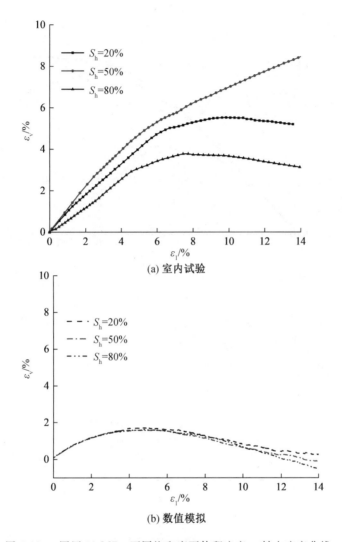

图 3.28　围压 12 MPa、不同饱和度下体积应变 − 轴向应变曲线

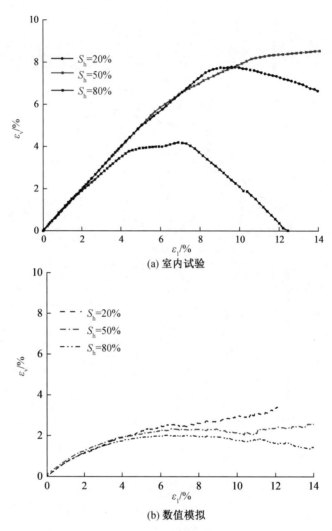

图 3.29　围压 16 MPa、不同饱和度下体积应变－轴向应变曲线

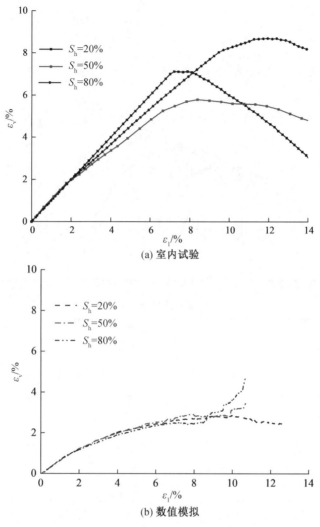

图 3.30　围压 20 MPa、不同饱和度下体积应变－轴向应变曲线

3. 离散元模拟 —— 摩尔圆

基于离散元模拟试验和室内试验的应力－应变曲线相吻合,取轴向应变为 12% 时的偏应力为破坏值,绘出在 12 MPa,16 MPa,20 MPa 三种围压条件下模拟试验的摩尔圆,如图3.31所示。求得黏聚力 c 和内摩擦角 φ,最后列表对比室内试验与数值模拟得到的黏聚力和内摩擦角,见表3.13。

由表3.13可知,c 的误差率分别为0.02%,8.05%,5.87%,φ 的误差率分别为0.00%,3.51%,0.48%,c 和 φ 误差均小于 10%,表明标定的细观参数值合格,能够满足数值模拟试验的精确度要求。

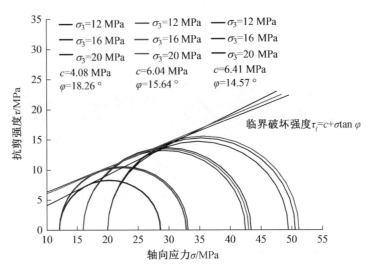

图 3.31　数值模拟三轴压缩试验摩尔圆

表3.13　数值和室内试验的 c 和 φ

试验类别		饱和度 /%	围压 σ_3/MPa			黏聚力 c/MPa	内摩擦角 φ/(°)
			12	16	20		
最大主应力差 /MPa	室内试验	20	16.43	26.58	29.50	4.00	18.26
		50	20.17	27.69	29.38	5.59	15.11
		80	21.80	27.95	27.87	6.81	14.57
	数值模拟	20	16.60	27.38	29.44	4.08	18.26
		50	20.82	26.98	31.18	6.04	15.64
		80	21.12	26.46	26.98	6.41	14.50
误差率 /%		20	1.03	0.30	0.02	0.02	0.00
		50	3.22	3.56	6.13	8.05	3.51
		80	3.12	5.33	3.10	5.87	0.48

4. 局部破坏过程

　　工程岩体大多数处于受压状态,前人研究证明了岩体的破坏是从局部受拉开始的。在外荷载作用下,颗粒材料由局部区域的急剧变形逐渐发展到整体失稳破坏。可通过观察颗粒平动或转动的速度来观察破坏面的形成,进而观察材料的变形破坏规律。张兴发现颗粒材料在加载过程发生剪切破坏时局部颗粒会显示较大转动。Oda 等发现在局部化砂土破坏形成过程中局部颗粒出现较大的颗粒旋转。图3.32(b) ～ (d) 分别为图 3.32(a) 所示三阶段中某时刻应变所对应的颗粒破坏过程中角速度变化情况。

　　在加载初期,对上下加载板施加力,由图3.32(b) 可以看出,弹性阶段内(轴向应变2.5%),试样中仅有顶端和底端较少颗粒受力发生移动或错动,产生较小旋转角速度,说明试样两端颗粒最先开始受力发生较小剪胀变形。由图3.32 (c) 可以看出,屈服阶段内

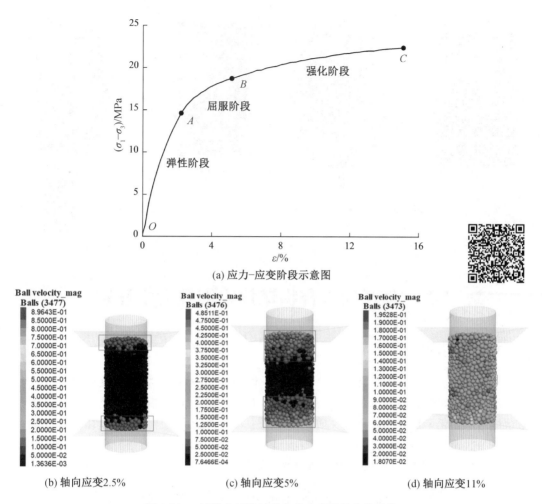

(a) 应力-应变阶段示意图

(b) 轴向应变2.5%　　　(c) 轴向应变5%　　　(d) 轴向应变11%

图 3.32　　试样在压缩过程中角速度场的变化规律

（轴向应变 5%），试样中受力发生旋转的颗粒逐渐增多，并逐渐向中分线区域传递，这时试样顶端和底端剪胀现象较明显。由图3.32(d) 可以看出，强化阶段内（轴向应变 11%），随着继续加载，试样内部颗粒几乎都产生了角速度，试样两端颗粒角速度大于试样中分线区域颗粒角速度，且内部颗粒旋转角速度大小不一致，试样中分线区域最有可能发生体积剪胀或已有裂缝产生，试样两端发生破坏，因为破裂面自然发生在试样最薄弱处。从整个模拟加载过程来看，试样很大可能发生体积剪胀破坏，这与室内试验结果相符合。

由图3.33可知，数值模拟试样内部颗粒速度的方向混乱，且大小不同，原因为试样内部颗粒发生错动、相对滑移和翻滚，宏观表现为试样发生体积剪胀变形破坏。对比室内试验和数值模拟结果可以看出二者破坏模式相近，据此，可认为在研究含瓦斯水合物煤体破坏机制上构建的模型和标定的细观参数具有合理性。

由应力－应变、体积应变、强度参数及局部破坏过程研究可以得出，本章构建的模型和细观参数能够较好地模拟和预测含瓦斯水合物煤体细观力学特性，通过含瓦斯水合物煤体的细观模拟进行宏观试验研究是可行的。

(a) 饱和度20%　　　　　　　　　　　　　(b) 饱和度80%

图 3.33　室内试验破坏模式与数值模拟试验结果的对比

3.3　含瓦斯水合物煤体宏细观力学性质

3.3.1　引言

从含瓦斯水合物煤体细观角度来说,围压、饱和度、颗粒运动状态及颗粒分布情况这些因素的不同均会影响到宏观试验现象,因此,需要探究不同影响因素对含瓦斯水合物煤体试样内部变化影响规律。在前文研究基础之上,进行围压和饱和度对含瓦斯水合物煤体宏观参数影响规律的研究,并基于颗粒流软件 PFC[3D] 中的接触力链分布、速度场、位移场、配位数及孔隙率等进行试样细观结构变化规律的研究。

3.3.2　围压和饱和度对含瓦斯水合物煤体宏观参数影响规律

选取围压 16 MPa 条件下 3 种饱和度、饱和度 50% 条件下 3 种围压的 6 组数值模拟工况,进行三轴压缩离散元模拟试验研究,模拟得出 6 组应力－应变曲线,如图3.34所示,探究围压、饱和度对含瓦斯水合物煤体宏观参数的影响规律。

由图3.34(a)可知,围压相同时,高饱和度(S_h＝80%)试样数值模拟应力－应变曲线呈应变硬化型,而饱和度 20% 与饱和度 50% 的试样,应力－应变曲线呈应变软化型。由图3.34 (b)可知,饱和度相同时,围压 20 MPa 下试样的应力－应变曲线呈应变硬化型,而围压 12 MPa 和 16 MPa 下试样的应力－应变曲线呈应变软化型。基于上述试验现象,可以得出结论:随着饱和度、围压的增大,试样应力－应变曲线由应变软化型向应变硬化型转化。

表3.14 为不同围压、不同饱和度条件下含瓦斯水合物煤体数值模拟弹性模量和破坏强度。当曲线为应变硬化型时,破坏强度取轴向应变 12% 所对应的偏应力值;曲线为应变软化型时,破坏强度取曲线最高点所对应的偏应力值。

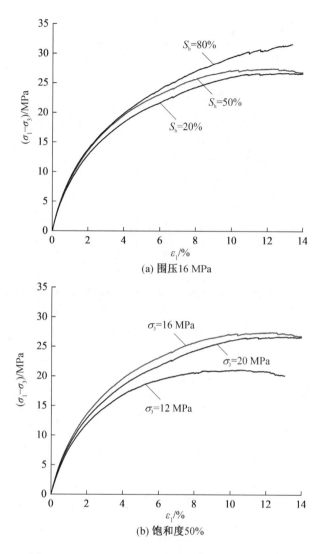

(a) 围压16 MPa

(b) 饱和度50%

图 3.34　含瓦斯水合物煤体数值模拟应力－应变曲线

表3.14　含瓦斯水合物煤体数值模拟弹性模量和破坏强度

数值模拟工况			弹性模量 E/MPa	破坏强度 /MPa
饱和度 50%	围压 /MPa	12	999.59	20.82
		16	1 197.81	26.98
		20	1 030.45	31.18
围压 16 MPa	饱和度 /%	20	1 097.77	26.51
		50	1 197.81	26.98
		80	1 018.23	30.58

　　由表3.14和图3.35可知,相同围压下,随着饱和度的增大,模拟试样的破坏强度呈增大趋势,弹性模量呈先增大后减小趋势。相同饱和度下,随着围压的增大,模拟试样的破

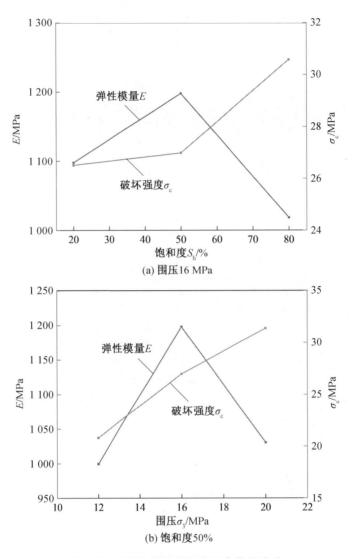

图 3.35　围压、饱和度与宏观参数的关系

坏强度增大,弹性模量呈先增大后减小趋势。基于上述试验现象,可以得出结论:随着饱和度、围压的增大,试样应力－应变曲线由应变软化型向应变硬化型转化。基于上述试验现象,可以得出结论:随着围压的增大,模拟试样弹性模量和破坏强度呈增大趋势,说明围压对含瓦斯水合物煤体强度具有强化作用。其宏观原因解释为,煤中瓦斯水合物的存在,较好地填充了煤颗粒间的孔隙,增大了煤颗粒间的黏结力,增强了其承载能力,此外,围压的增大抑制了试样裂缝的发育,增加了其内部的滑动阻力,从而提高了煤体强度。其微细观原因解释为,围压的增大约束了试样内部颗粒的错动、滑动及相对运动,使得试样密集程度更高,试样内部配位数增大,孔隙率减小,反映在宏观变形上即为试样体积剪缩愈加明显。

3.3.3　含瓦斯水合物煤体细观力学分析

1. 颗粒间网络分析

（1）力链网络分析。

力链是颗粒材料传力和承载力的主体,它连接颗粒和颗粒,通过它可直接观察到颗粒之间接触力的分布与方向,是宏观颗粒与细观颗粒相联系的桥梁。接触力链的大小受颗粒形状、颗粒大小、颗粒分布情况、接触力的影响,并且会受到外部荷载的影响,颗粒物质力学研究框架如图3.36 所示。

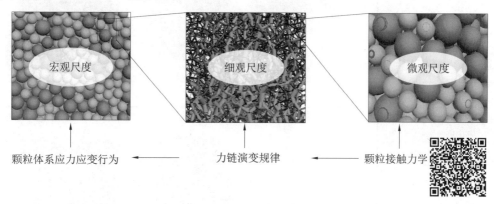

图 3.36　颗粒物质力学研究框架

本章选取饱和度50％、围压16 MPa 下的颗粒流模型进行力链网络分析,进一步从细观角度理解含瓦斯水合物煤体强度问题。试样中 ball-wall 接触为线性接触(linear),ball-ball 接触为平行黏结接触(linearpbond),在围压的作用下,力链结构在整个加载过程中会发生一定的变化,试样接触模型的破坏过程如图3.37 所示。

试样加载前内部力链的分布不均匀且没有形成连通,试样没有形成较为稳定的体系,线性接触力链数目为1 175 个,平行黏结接触力链数目为11 080 个,两种接触力链总数为12 255 个。在加载过程中,线性接触力链数目逐渐增多,部分平行黏结接触力链转变为线性接触力链。加载结束后,线性接触力链数目为2 543 个,平行黏结接触力链数目为9 162 个,两种接触力链总数为11 705 个。在整个加载过程中,线性接触力链个数增加了116.42％,平行黏结力链个数减少了17.31％,总体力链个数减少了4.49％。产生这一现象的原因为在对模型试样进行加载时,部分颗粒的刚度值大于墙体刚度值,使部分颗粒跑出墙体;或模型试样被破坏,颗粒之间不能形成接触,使得接触个数减少。细观表现为试样内部颗粒发生错动或移动,原先相对稳定的状态被打破,使得平行黏结接触力链个数减少,黏结键发生断裂,反映到宏观可理解为试样发生破裂,产生了裂纹。

在离散元数值模拟中,力链的粗细程度代表着接触力的大小,力链形状越粗,接触力越大;反之,力链形状越细,接触力越小。图中蓝色为弱力链,红色为强力链(力链强弱是相对来说的)。强力链是用来支撑试样受力系统稳定的,弱力链是用来稳定并支撑强力链的。当外界环境影响到颗粒系统时,颗粒内部连接方式和力链的分布方式可能会受到影响而发生改变。当外界作用力较小时,颗粒之间接触力链连接方式的变化不太明显,此现

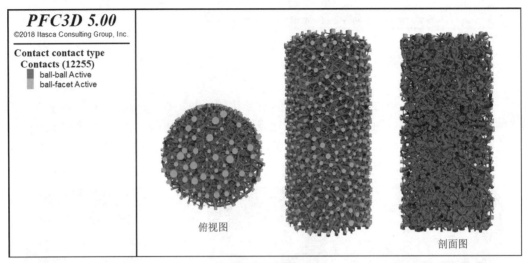

(a) 加载前试样

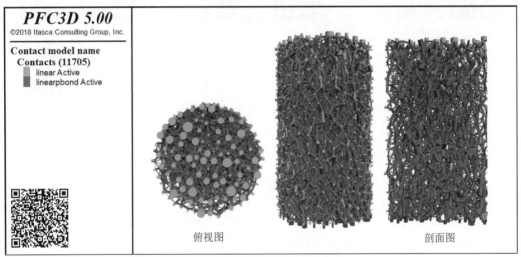

(b) 加载后试样

图 3.37　试样接触模型的破坏过程

象主要由颗粒表面的微小变形引起,此时,基本上可以认为颗粒材料处于弹性阶段。试样内部接触力分布如图3.38 所示。

　　从图3.38 中可以看出:随着加载试验的进行,接触力主力链方向逐渐与试样的加载方向平行,并贯穿整个体系;接触力链网络分布呈各向异性,接触力大小沿竖向对称轴附近分别向左右两侧逐渐减小;破坏处,接触力链形态形成较好的准直线力链;力链增长以竖向分布为主,水平分布为辅。在初始状态(轴向应变为 0) 时,试样处于静水压力状态,力链网络中强弱力链分布不均匀,规律性不强。在加载结束(轴向应变为 14%) 时,强力链主要集中于试样上端、下端及中间的连续区域,支撑整体受力系统的稳定;而左右两侧强力链则分布较少,试样周边形成了较少弱力链,接触力较弱,仅仅能承受较小的切向力。

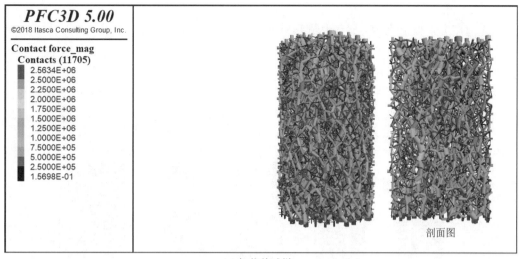

(a) 加载前试样

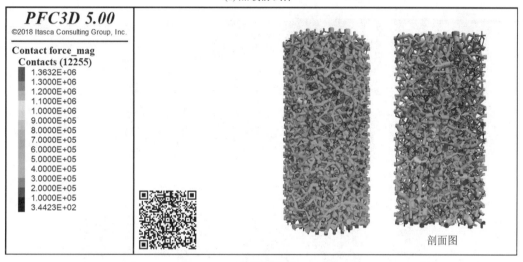

(b) 加载后试样

图 3.38 试样内部接触力分布

对比加载前后接触力链可以看出,力链由两端向中间传递,传递路径主要沿加载方向,强力链主要集中于试样中间及上下两端的连续区域,承担大部分轴向荷载施加的作用力,而强力链周边的力链可能将最先发生破裂,引起颗粒破碎、碰撞与填充,整体力链又开始重新演化,从而引起颗粒间力链大量断开;弱力链主要集中分布于试样周边区域,说明在加载过程中试样遭到破坏导致其强度降低。分析认为随着围压的增大,试样被挤压得更加密实,低围压条件下试样更容易发生剪切破坏,而高围压条件下试样不易发生剪切破坏。

综上所述,试样发生体积剪胀、软化和大变形时,均会涉及一定数量力链的断裂和重构。试样加载过程中,力链在颗粒系统中是具有重要作用的结构。它不仅能较好地反映力链网络的结构特征,还能够较好地反映系统的受力变形特征,而物理概念上的体积剪胀实际是力学结构变化的结果,说明宏观上的体积变化来源于细观力学结构的变化。因此,可以更深入地从细观力学角度来探讨含瓦斯水合物煤体内部组织结构和力学特性。

（2）接触力链。

在围压分别为 12 MPa,16 MPa,20 MPa 条件下,进行了饱和度分别为 20％,50％,80％ 的接触力链变化规律的研究,共进行 9 组模拟试验。通过分析不同饱和度、不同围压下试样内部颗粒间力链演化的过程,揭示含瓦斯水合物煤体在破坏过程中内部颗粒间接触力的传递规律。研究离散元试样在轴向应变分别为 0％,3％,6％,9％,12％ 时力链网络的变化规律。模拟试验结果如图3.39、图3.41 及图3.43 所示,图中绿色为强力链,蓝色为弱力链(相对)。

① 围压 12 MPa 下接触力链变化分析。

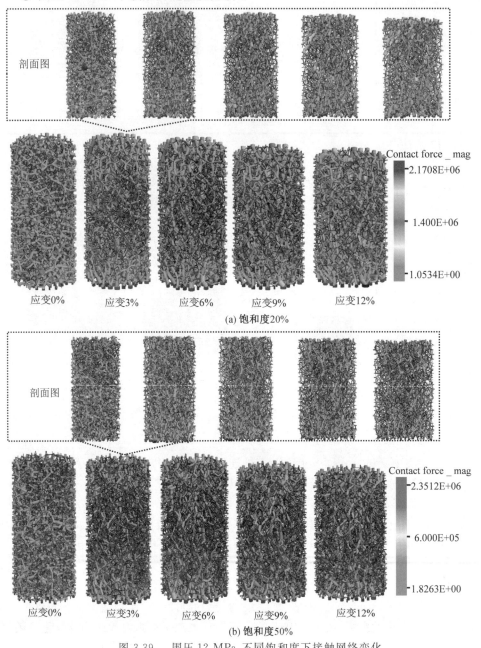

图 3.39　围压 12 MPa、不同饱和度下接触网络变化

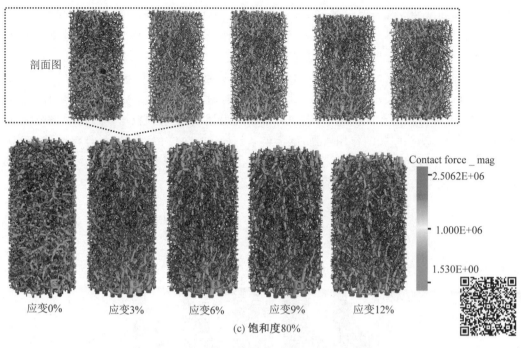

剖面图

Contact force _ mag

2.5062E+06

1.000E+06

1.530E+00

应变0%　　　应变3%　　　应变6%　　　应变9%　　　应变12%

(c) 饱和度80%

续图 3.39

由图3.39可以看出,3种饱和度下颗粒与加载板接触部位应力比较集中,且接触力都比较大。纵观整个加载过程,在外部荷载作用下,轴向压力并未均匀作用在每个颗粒上。加载初期,由于颗粒分布较为离散,强弱力链分布不均匀,颗粒内力最初呈各向同性分布,接触力较小。随着轴向压力的增加,试样内部力链均发生明显的变化,强力链骨架逐渐出现。当颗粒达到破坏强度 $\varepsilon_1 \geqslant 12\%$ 时,沿着加载方向形成强力链,代表了力的传递模式,力链形态更加完整,准直性增强,力链稳定性好。

对于饱和度 20% 的试样(图3.39(a)、图3.40):试样加载初期($\varepsilon_1 = 3\%$),接触力较大的颗粒主要集中在加载板附近,力链较粗,说明接触力较大;试样中心轴附近区域力链相对较细且分布较为杂乱,说明接触力较小,试样无法形成较为稳定的承载结构,试样强度较小。在后期密实阶段($\varepsilon_1 = 6\% \sim 12\%$),较大的颗粒周围承担较多的强力链,从而形成了骨架力链,该骨架承受着大部分轴向荷载施加的压力,力链较粗,说明接触力较大。虽然在加载过程中试样接触个数减少许多,但由于形成了若干条从试样上端到下端的强力链,即使接触个数减少了,试样强度反而增大了。随着颗粒被进一步压实,试样内部形成较多且较粗的强力链,形成稳定的试样体系。

对于饱和度 50% 的试样(图3.39(b)、图3.40):试样加载初期($\varepsilon_1 = 3\%$),强弱力链分布情况与饱和度 20% 试样基本相似,施加的作用力并不是均匀地作用在每个颗粒上,强力链多集中于加载板附近。在后期密实阶段($\varepsilon_1 = 6\% \sim 12\%$),可以明显看出力链粗细程度明显小于饱和度 20% 试样,但其接触个数和接触力却高于饱和度 20% 试样,分析认为瓦斯水合物颗粒相对增多会更好地填充于煤颗粒间,增强煤颗粒间的胶结作用,从而增强试样密集程度,接触个数增多说明饱和度 50% 试样可以抵抗更大的外部荷载,使试样强度增强。

　　对于饱和度80%的试样(图3.39(c)、图3.40):模型内部接触个数及接触力较饱和度20%和50%试样有了大幅度增加,原因为小粒径颗粒能较好地填充大粒径颗粒间的孔隙,此外,存在的大量瓦斯水合物包裹着煤颗粒,使得试样抵抗变形能力增强,接触个数、接触力增加。加载后期($\varepsilon_1 = 12\%$)试样中间及上下两端的连续区域出现强力链,且呈竖向分布于试样内部。关于接触个数可以发现,加载过程中饱和度80%试样减少的接触个数相对较少,分析认为在低围压下,随饱和度增大,瓦斯水合物颗粒增多,煤颗粒被更多瓦斯水合物包围,颗粒间胶结作用增强,试样体系越稳定。试样内部形成了贯穿试样的强力链,其倾向于平行加载方向分布,表明颗粒之间的有效接触随着饱和度的增大而增大,形成了更多的强力链,使得试样体系结构更加稳定,强度更高。

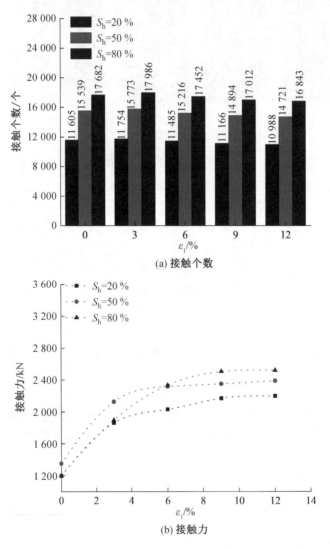

(a) 接触个数

(b) 接触力

图 3.40　围压 12 MPa、不同应变阶段下接触个数与接触力变化

　　如图 3.40 所示,随着饱和度的增大,接触力和接触个数不断增大。饱和度 80% 试样接触力及接触个数要高于饱和度 20% 和 50% 试样。从颗粒角度分析,饱和度 80% 试样中,小粒径颗粒较多,能较好填充大粒径颗粒间的孔隙,试样的密实度变大,增加了颗粒之间的有效接触,接触数量增多,内部结构较为稳定,强度提高;从接触角度分析,饱和度 80% 试样中瓦斯水合物颗粒较多,瓦斯水合物颗粒会胶结于煤骨架上,成为骨架的一部分,帮助阻止试样变形。可以理解为试样整体刚度由颗粒间接触刚度和接触数量来决定。

　　② 围压 16 MPa 下接触力链变化分析。

　　由图 3.41 可知,围压 16 MPa 下不同饱和度试样在加载过程中,力链演化过程与围压 12 MPa 下基本相似。不同饱和度试样在加载初期,由于试样处于静水压力阶段,颗粒分布比较杂乱,导致力链分布较为稀疏且不均,在加载板附近的力链较粗且接触力较大,横向中分线处力链较细且接触力较小。随着轴向荷载不断增大,试样被压缩,刚度较小的颗粒会被挤压出去,颗粒位置重新排列、孔隙进一步被填充,有效接触增大,较大的颗粒处接触力链增粗,说明接触力变大,试样内部形成稳定的结构体系。

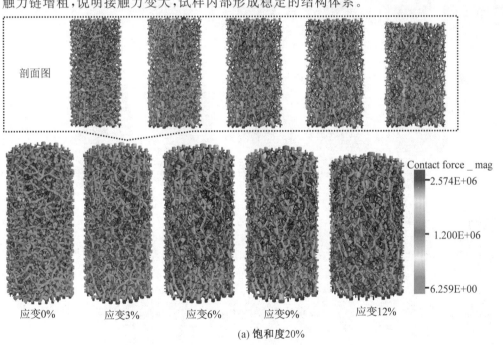

图 3.41　16 MPa、不同饱和度下接触网络变化

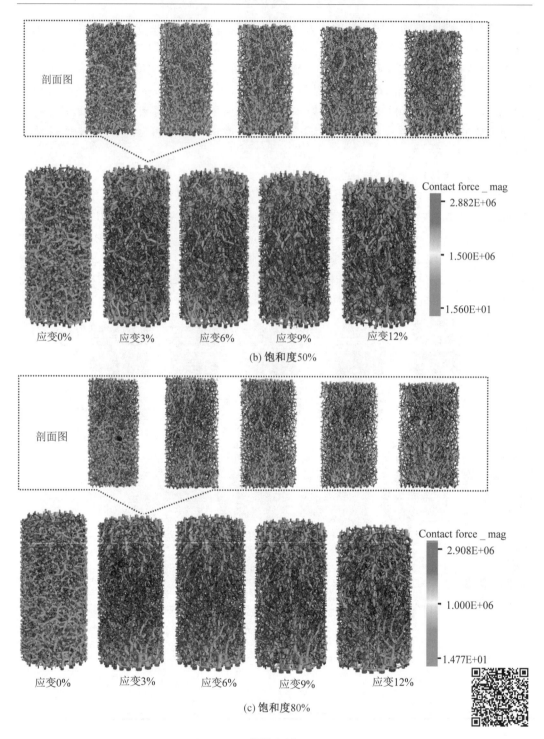

续图 3.41

　　由图3.42可知,随着饱和度的增大,接触力和接触个数均呈增大趋势,更多的强力链使得内部结构更加稳定,强度提高。其宏观原因为,同围压条件下高饱和度试样中瓦斯水合物颗粒较多,较好地填充于煤颗粒之间,使得试样体系密实度增强,含瓦斯水合物煤体的破坏强度因而提高了。

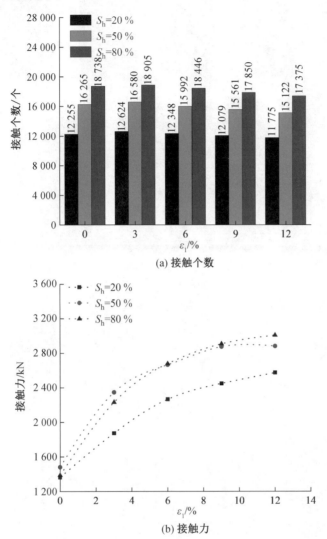

(a) 接触个数

(b) 接触力

图 3.42　16 MPa、不同应变阶段下接触个数与接触力变化

③ 围压 20 MPa 下接触力链变化分析。

由图3.43可知,高围压(围压20 MPa)下,从初始加载到加载结束过程中,试样的强弱力链分布形式及变化规律,与围压 12 MPa 和 16 MPa 下相近。此外,从图中可以发现,围压20 MPa 下的力链相对较细,分析接触力和接触个数变化得出结论:围压 20 MPa 下试样体系更为稳定,原因是在高围压作用下,试样被压实,密集程度增大,存在于煤颗粒间的瓦斯水合物颗粒的胶结作用虽然随加载进行逐渐减弱,但颗粒间摩擦力的存在使得试样力学体系维持稳定,颗粒间的摩擦是系统内部接触力链形成的必要因素。

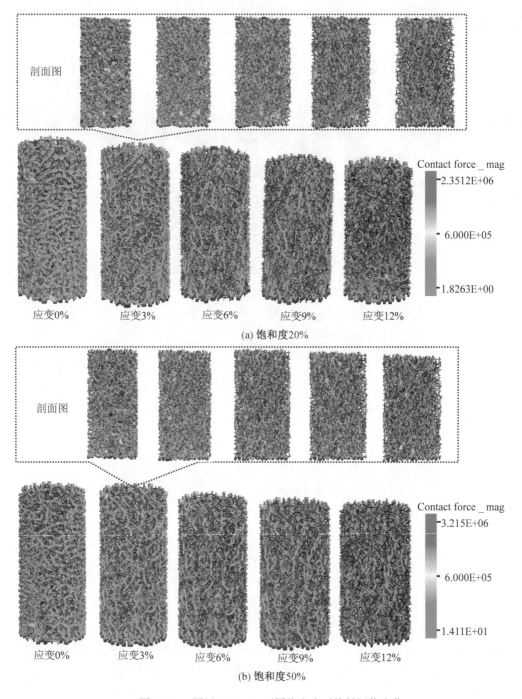

图 3.43　围压 20 MPa、不同饱和度下接触网络变化

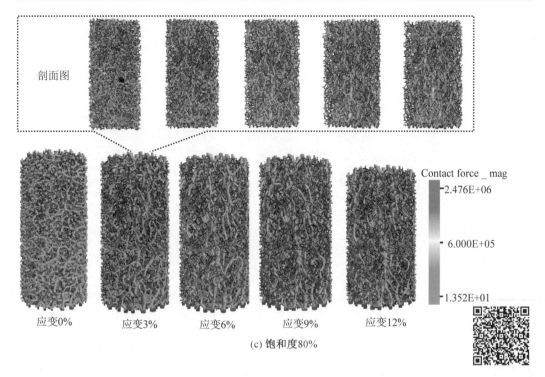

剖面图

Contact force _ mag
2.476E+06

6.000E+05

1.352E+01

应变0%　　应变3%　　应变6%　　应变9%　　应变12%

(c) 饱和度80%

续图 3.43

由图3.44 可知,保持围压不变,随着饱和度的增大,接触个数及接触力不断增大,说明随饱和度增大,瓦斯水合物颗粒增多,煤骨架周围基本上被瓦斯水合物颗粒所包围,并胶结于煤骨架上,成为骨架的一部分,帮助阻止试样变形,提高了试样承载强度,体系内部结构更加趋于稳定,试样强度增强。

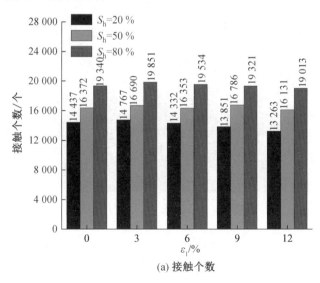

(a) 接触个数

图 3.44　围压 20 MPa、不同应变阶段下接触个数与接触力变化

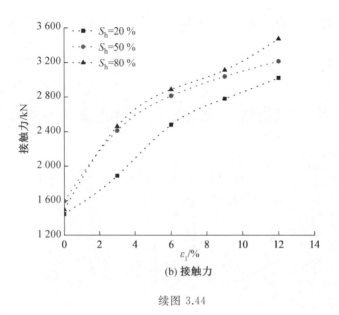

(b) 接触力

续图 3.44

④ 不同围压下接触力链变化分析。

由图 3.45 可以明显看出,保持饱和度不变,随着围压的增大,接触个数及接触力均呈不断增大趋势,说明围压的增大会约束试样内部颗粒的运动,使得试样颗粒密实度增大,颗粒间接触更紧密,宏观表现为试样体积剪胀程度降低,体积发生剪缩。分析认为饱和度不变,随着围压的增大,存在于煤颗粒间的瓦斯水合物颗粒逐渐失去胶结作用,同时高围压会抑制试样体积发生径向变形,阻碍试样裂缝的发育。

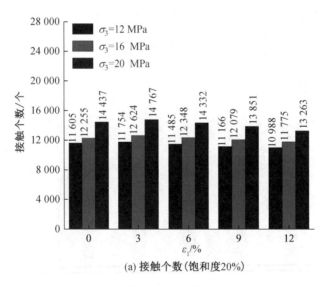

(a) 接触个数(饱和度20%)

图 3.45　不同围压下接触个数与接触力变化

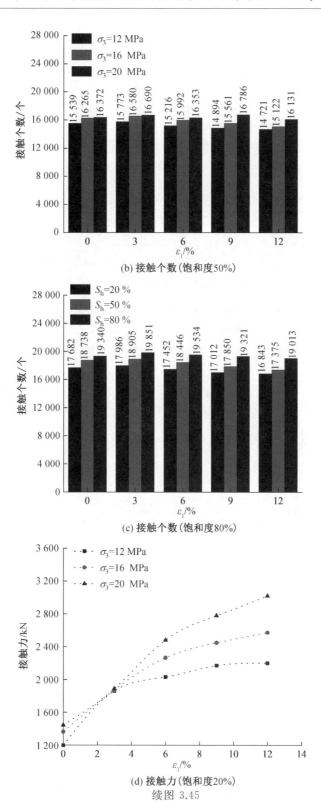

(b) 接触个数 (饱和度 50%)

(c) 接触个数 (饱和度 80%)

(d) 接触力 (饱和度 20%)

续图 3.45

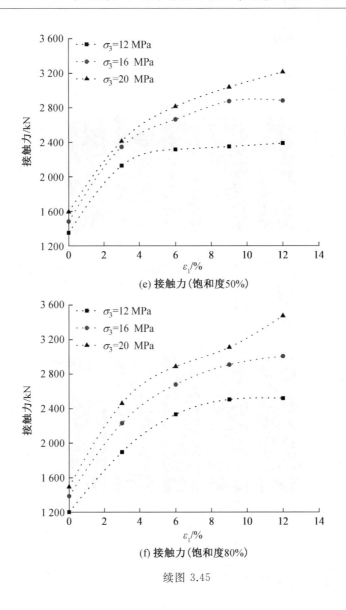

(e) 接触力(饱和度50%)

(f) 接触力(饱和度80%)

续图 3.45

2. 应变局部破坏过程分析

含瓦斯水合物煤体室内常规三轴压缩试验中,低围压条件下试样容易发生剪切破坏,高围压条件下试样较难发生剪切破坏。在轴向应变 2% ～ 12% 范围内发生了从弹性变形到塑性变形的过渡。颗粒离散元可以记录不同轴向应变下的速度场、位移场、平均配位数及孔隙率,便于了解每个阶段试样内部变化情况,更好地揭示含瓦斯水合物煤体变形破坏过程的变化规律。

（1）速度场。

加载过程中,试样内部颗粒不断调整自身空间位置,细观结构也随之变化。为了揭示压缩过程中瓦斯水合物颗粒和煤颗粒在模型内的变形特征,对加载过程中瞬时速度进行分析。选取不同阶段轴向应变(3%,6%,9%,12%)所对应的速度场进行细观力学分析。图3.46～图3.48为不同饱和度试样在不同围压下的颗粒速度场。图中箭头方向表示速度矢量的方向,其长短(颜色深浅)表示速度矢量的大小(相对)。

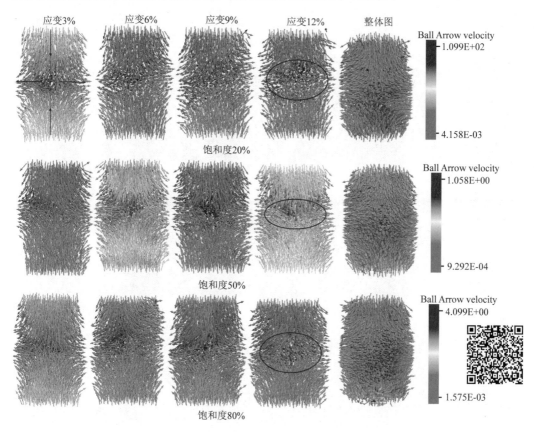

图 3.46　围压 12 MPa 下不同饱和度试样的颗粒速度场

由图3.46 可以看出,在整个加载过程中(围压 12 MPa),由于上下加载板同时相向运动,不同饱和度试样颗粒的速度特征主要表现为上端颗粒向下移动,下端颗粒向上移动,两侧颗粒背向竖向中分线移动,这是试样体积发生剪胀的表现。在加载初期($\varepsilon_1 = 3\% \sim 6\%$),饱和度较小时,颗粒之间孔隙相对较大,不紧密;随着饱和度增大,颗粒之间孔隙变小。较小的颗粒由于墙体作用被迫进入周边孔隙中去,较多小颗粒能较好填充在大颗粒之间,从而造成试样体积减小,即试样体积发生剪缩现象。随着轴向应变加大($\varepsilon_1 = 12\%$),粒径小的颗粒会被挤压出去,之后周边颗粒就会发生位移,重新调整位置来获得新的平衡,从而使试样颗粒运动方向分布错乱,由图3.46 红色圆圈内部分可以看出,试样中分线附近颗粒之间孔隙变大,反映到宏观上即试样体积发生剪胀现象。

如图3.47 所示,在整个加载过程中(围压 16 MPa),由于上下加载板同时相向运动,不同饱和度试样颗粒的速度特征主要表现为上端颗粒向下移动,下端颗粒向上移动,两侧颗粒背向竖向中分线移动。加载初期($\varepsilon_1 = 3\% \sim 6\%$),围压 16 MPa 下不同饱和度的速度场变化规律大体与围压 12 MPa 下相似。当轴向应变达到 12% 时,较多小颗粒被挤压出去,颗粒重新调整位置,颗粒运动方向分布错乱,在此过程中试样体积是变大的,但由于围压较大,限制了试样内部颗粒运动,约束了试样体积变化,使得试样依旧处于体积剪缩状态。

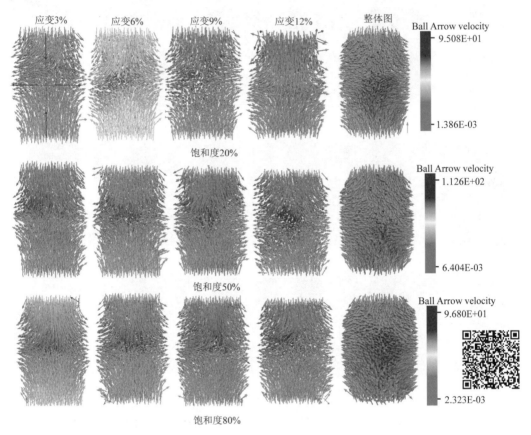

图 3.47　　围压 16 MPa 下不同饱和度试样的颗粒速度场

由图3.48 可以看出,在高围压(围压 20 MPa)作用下,颗粒相互密实的过程更加明显。在加载初期($\varepsilon_1 = 3\% \sim 6\%$),由于上部加载板向下运动,下部加载板向上运动,模型上下颗粒集中向中间运动,方向趋势重合在中分线处,形成一条较为明显的从左至右的水平破坏面。随着轴向应变增加($\varepsilon_1 = 9\% \sim 12\%$),不同饱和度试样内部颗粒进行无定向运动,使得试样体积变大,由于较高围压的存在约束了试样内部颗粒的运动,从而使试样体积处于剪缩状态。

通过对 9 组工况下颗粒速度场的分析可知,颗粒速度场从试样两端呈对称压缩,导致上下端颗粒以向中分线的轴向运动为主,而中分线附近颗粒以向试样外侧的径向运动为主;不同围压下速度场变化规律不同,较低围压(12 MPa、16 MPa)下颗粒的运动趋势整

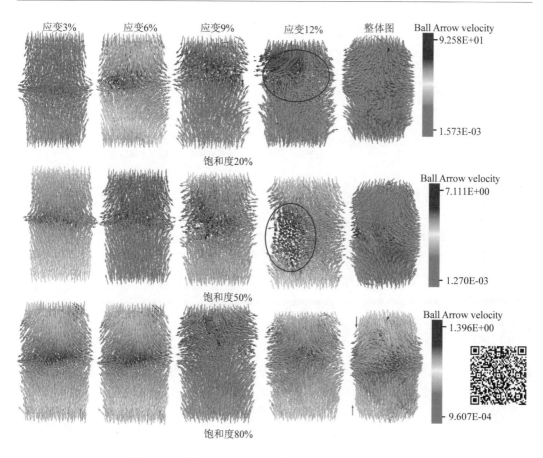

图 3.48　　围压 20 MPa 下不同饱和度试样的颗粒速度场

体是有规律可循的,上部颗粒向下运动,下部颗粒向上运动,中间颗粒背向竖向中分线运动;高围压(20 MPa)下试样内部颗粒运动趋势则无定向。分析认为较小围压作用下,试样内部颗粒间的摩擦作用对颗粒间相对运动影响较弱,使得试样内部颗粒的速度矢量场表现出较好的运动规律。当试样受到高围压作用时,试样内部颗粒间的摩擦作用较强,颗粒的相对运动受到较强摩擦作用的影响,从而表现出略显混乱的运动规律,试样体积剪缩程度较高。此外,颗粒间的摩擦是系统内部接触力链形成的必要因素,可维持试样力学体系的稳定。在试样加载初期($\varepsilon_1 = 3\% \sim 6\%$),可以明显观察到,大部分试样上下加载板附近的颗粒速度大,中分线处颗粒速度小,存在明显的三角带,这可能是因为试样制作初期颗粒间孔隙较大,进行加载时颗粒受压产生错动或移动,从而产生速度。

(2) 位移场。

位移场的不规律分布意味着颗粒之间重新排列。研究颗粒的瞬时运动情况,从而判定颗粒整体或局部的变化趋势,可对含瓦斯水合物煤体三轴压缩破坏机制有更进一步的认识。图3.49~图3.51中箭头表示颗粒位移方向,线段长短代表位移大小,绿色表示位移量较大,蓝色表示位移量较小(相对)。

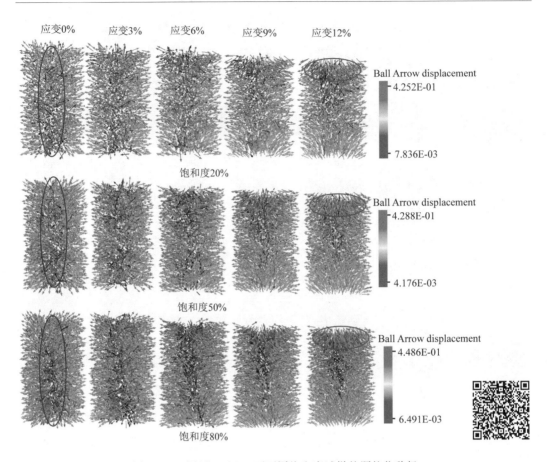

图 3.49 围压 12 MPa 下不同饱和度试样的颗粒位移场

由图3.49～图3.51可知,不同围压、不同饱和度下位移场变化规律基本一致。可以明显看出试样逐渐被压缩,当加载结束后,试样体积变化趋势为竖向压缩,横向剪胀,这与煤体破坏呈环向剪胀破坏的特征相符。因假设墙体为刚性体,不能从颗粒位移场看出试样横向是否发生剪胀,但可以通过颗粒位移移动量和体积应变－轴向应变曲线来阐述试样在加载过程中的变形现象。在加载初期($\varepsilon_1 = 0\% \sim 6\%$),试样内部颗粒位移场整体呈上下、左右对称分布,且上部颗粒向上运动,下部颗粒向下运动,中分线附近颗粒向外侧移动,这和速度场运动方向趋势有些区别,试样颗粒随机分布,运动无明显定向,外侧颗粒移动位移量大于内部颗粒。随着轴向应变的增大($\varepsilon_1 = 6\% \sim 12\%$),达到强化阶段时,上部颗粒向下移动,下部颗粒向上移动,中分线附近颗粒依旧向外侧移动,靠近加载板颗粒位移量增大,试样四周颗粒位移量大,中间颗粒位移量小,这和速度场运动方向趋势相似。

选取一种饱和度(饱和度50%)分析围压对位移场的影响。在围压 12 MPa(轴向应变为 $\varepsilon_1 = 12\%$)下,由图3.49可以看出靠近加载板区域颗粒位移量增大,形成了三角区域,说明存在潜在破坏面或已经形成了破坏面。由图3.51可以看出在围压20 MPa(轴向应变为 $\varepsilon_1 = 12\%$)下,三角区域表现不明显。可以得出结论,围压越大,试样破坏面宽度越小或

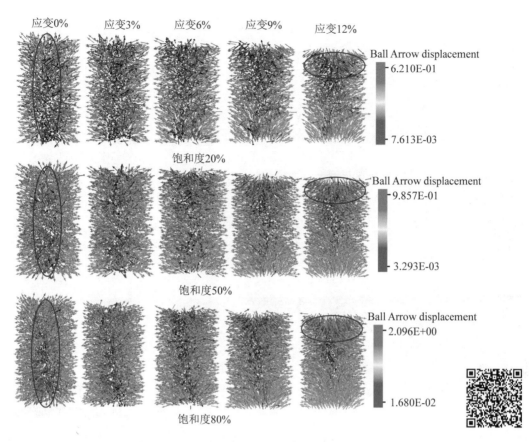

图 3.50　围压 16 MPa 下不同饱和度试样的颗粒位移场

者不存在,宏观表现为试样随着围压的增大不易发生破坏。分析认为围压越大,试样内部颗粒因受到的边界约束力较大,导致重排列较困难,试样体积剪胀程度较低。同理,选取一种围压(围压 16 MPa)并结合体积应变—轴向应变曲线,分析饱和度对位移场的影响,得出结论:随着饱和度的增大,颗粒位移数量增多,内外颗粒位移移动量明显变小,试样体积剪胀程度较低。分析认为水合物生成数量较多,造成体积剪胀,提高了试样抵抗变形破坏的能力。

由以上现象可以得出,位移场变化与速度场有明显区别,进行速度场和位移场分析有利于建立因果关系,更好地从微观角度说明问题。速度场与位移场之间可能存在直接关系,证明了分析模型内部速度与位移变化规律的必要性。

(3)平均配位数。

对于颗粒材料而言,其力学特性主要受密度影响,反映到微观层面,则受到颗粒间接触点密度的影响,可以采用颗粒的力学配位数来描述。平均配位数是指目标颗粒与周边颗粒发生接触的数目,它是用来反映颗粒集合体内部结构特征的重要参数之一,也是评价一个颗粒体系接触是否良好、密实的重要指标,平均配位数计算式为

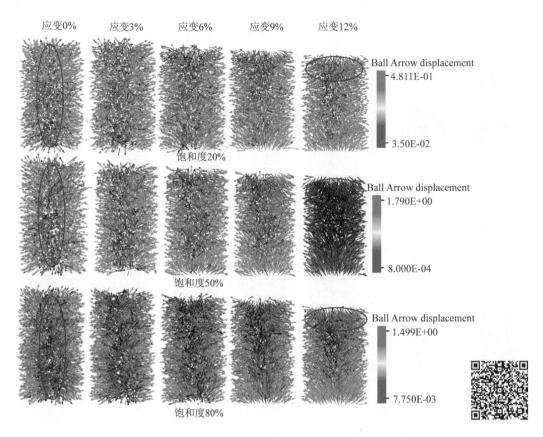

图 3.51　围压 20 MPa 下不同饱和度试样的颗粒位移场

$$A_c = N_c / N_p \tag{3.14}$$

式中　　N_c——颗粒之间接触个数；

　　　　N_p——颗粒总数。

　　通过在含瓦斯水合物煤体试样内设置测量球并基于 Fish 语言编写平均配位数检测函数,检测含瓦斯水合物煤体试样在加载过程中的内部平均配位数的变化,得到不同饱和度、不同围压下含瓦斯水合物煤体试样内部平均配位数的变化曲线。在加载过程中,试样被压缩(压缩后试样高度变化范围:3.41～3.52 mm),因为设定测量球是不能随着试样高度变化而变化的,若测量球超出边界,则测量结果无效,所以为了能在加载过程中检测到较多的试样内部颗粒,在距离上下加载板各0.5 mm 处,布置一个半径为 1 mm 测量球,命名为球 2,如图3.52 所示。

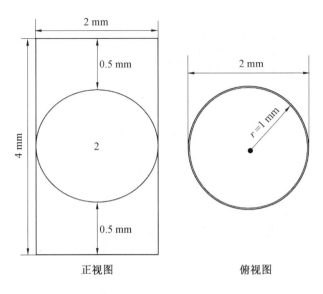

正视图　　　　　　　　　　俯视图

图 3.52　测量球布置示意图

　　图3.53为不同围压下饱和度对平均配位数的影响。探究围压、饱和度对平均配位数的影响规律，进而揭示宏细观力学破坏现象的内在联系。

　　由图3.53可知，不同饱和度试样对应的曲线变化趋势相同，随着轴向应变的增大，平均配位数呈先增大后减小的趋势。在平均配位数随着轴向应变的增大逐渐增大的这一阶段，水合物的胶结作用开始失效，试样内部颗粒发生较大范围的重新排列，颗粒之间接触逐渐充分，使得平均配位数相应增大，试样密实程度高，试样体系稳定。平均配位数的增大对应着试样的剪缩阶段，之后平均配位数出现减小，说明试样体积开始出现剪胀现象。对比图3.28～图3.30可以看出含瓦斯水合物煤体平均配位数随着轴向应变变化的曲线与含瓦斯水合物煤体的体积应变－轴向应变曲线变化趋势相同，两者均呈先增大后减小的趋势，说明含瓦斯水合物煤体体积表现出的剪胀特性与剪缩特性是煤体平均配位数演化的宏观表现。

　　在围压12 MPa和16 MPa条件下，从加载开始至加载结束，3种饱和度试样的平均配位数大小接近；在围压20 MPa条件下3种饱和度试样的平均配位数大小相差相对较大。分析认为随着围压的增大，对试样内部颗粒约束增大，使颗粒之间接触更加密实，接触个数增多，平均配位数增大，试样体系更加稳定。相同饱和度试样随着围压的增大平均配位数明显增大，也较好验证了围压可以强化试样强度这一宏观现象。综上所述，围压增大，颗粒接触更充分，平均配位数增大；饱和度增大，颗粒数量增大，平均配位数增大。

　　（4）孔隙率。

　　通过在含瓦斯水合物煤体试样内设置测量球并基于Fish语言编写孔隙率检测函数，检测含瓦斯水合物煤体试样在加载过程中的内部孔隙率的变化，得到不同饱和度、不同围压下含瓦斯水合物煤体试样内部孔隙率的变化曲线，不同围压下饱和度对孔隙率的影响如图3.54所示。

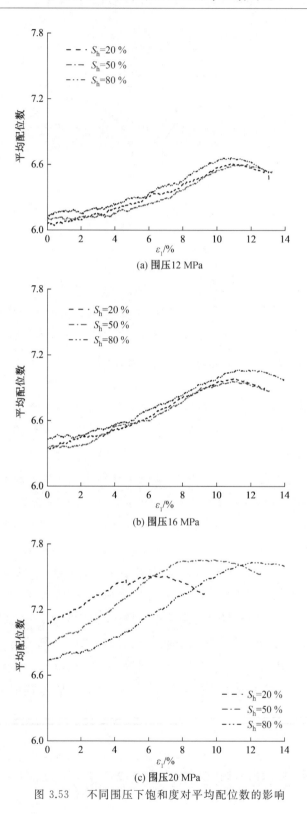

(a) 围压12 MPa

(b) 围压16 MPa

(c) 围压20 MPa

图 3.53　不同围压下饱和度对平均配位数的影响

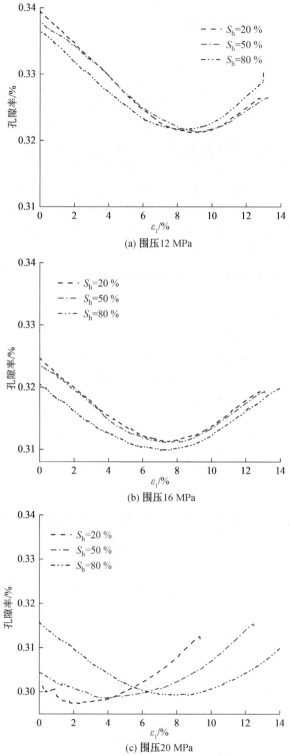

图 3.54　不同围压下饱和度对孔隙率的影响

由图3.54可知,不同饱和度试样对应的曲线变化趋势相同,随着轴向应变的增大,3种饱和度试样的孔隙率均呈先减小后增大趋势,且随着围压的增大,3种饱和度试样的孔隙率呈逐渐减小趋势。

在围压为12 MPa条件下,不同饱和度试样在轴向应变为0时所对应的孔隙率较为接近;当轴向应变小于8%时,饱和度20%试样的孔隙率明显大于其他两种饱和度试样;当轴向应变大于8%时,饱和度80%试样的孔隙率大于其他两种饱和度试样。其原因为在进行轴向加载时,由于上下加载板的作用,上下两端颗粒最先受力发生移动,使得颗粒间接触更加紧密,顶部至底部的孔隙率逐渐减小,即试样密实性逐渐提高,当对试样继续施加外部荷载时,原先相对稳定和密实的状态被打破,试样颗粒发生移动,较小颗粒有可能溢出墙体,最终导致试样孔隙填充程度降低,孔隙率变大。

在围压为16 MPa条件下,饱和度20%试样在轴向应变为0时所对应的孔隙率较大。从颗粒粒径角度分析原因:饱和度20%试样颗粒粒径较大,颗粒稀疏分布,密实性差,平均配位数小,孔隙率大;饱和度80%试样颗粒粒径较小,颗粒密集分布,密实性好,平均配位数大,孔隙率小;饱和度50%试样颗粒粒径居中。从外荷载角度分析原因:外荷载越大,试样密实度越好,颗粒间接触越紧密,颗粒间孔隙越小。

在围压为20 MPa条件下,3种不同饱和度试样在轴向应变为0时所对应的孔隙率相差较大。在轴向应变2%左右处,饱和度20%试样孔隙率呈增大趋势;在轴向应变4%左右处,饱和度50%试样孔隙率呈增大趋势;在轴向应变8%左右处,饱和度80%试样孔隙率呈增大趋势。其原因为在高围压作用下,在加载初期,低饱和度试样颗粒快速被压缩体积,因颗粒间作用力较小,会发生颗粒大量溢出现象。高饱和度试样中水合物颗粒较多,水合物颗粒的存在相当于黏结剂,有利于维持试样体系内部颗粒稳定,并且小颗粒能较好填充试样孔隙,使得颗粒间接触更紧密,接触力链个数增多,使得试样强度增强。

通过对比图3.53、图3.54可以得出结论:平均配位数越大,孔隙率越小,配位数与孔隙率呈反函数关系,但并非一一对应。

3.4 柔性边界条件下含瓦斯水合物煤体宏细观力学特性

上述研究中将包裹沉积物试样的橡胶膜设置为刚性边界条件,忽略了其弹性变形对含水合物沉积物力学性质的影响。事实上,对于含水合物多孔介质力学性质来说,橡胶膜的弹性行为对试样的强度特性和变形破坏形式有较大影响。因此,为更好地模拟室内三轴压缩试验条件,开展柔性边界条件下的含瓦斯水合物煤体宏细观力学性质研究十分必要。

在考虑柔性边界的岩土材料离散元数值模拟方面:周世琛等采用Wall-Zone耦合方法模拟侧向柔性边界,研究了胶结型水合沉积物试样的强度和变形特性。Wang等通过双轴试验研究了胶结砂土的强度和变形特性,发现团簇的存在不仅有助于维持整体的体积膨胀,还可以防止力链屈曲,增加试样强度。Cheung等研究了颗粒材料的柔性横向边界,张强等以土石混合体为研究对象进行了数值模拟试验,两者均进行了刚性和柔性边界双轴试验的应力－应变曲线的对比,均发现在初始阶段两者基本一致,但在峰前曲线出现差异,柔性边界的峰值强度更低,同时柔性边界的剪切带发育更完整,说明刚性边界限制了试样局部变形和剪切带的发展。Qu 等提出用鲁棒算法重现柔性膜边界的三轴压缩试验,蒋成龙等对砾质土进行了数值模拟试验研究,两者均利用三轴压缩试验侧向柔性边界与三维刚性边界进行对比研究,发现不同边界条件下试样的变形、破坏模式、接触力链分布存在较大差异,认为柔性边界更能真实地模拟室内试验。Binesh 等发现颗粒材料中三维刚性边界试样在内部容易出现应力集中现象。因此,相较于刚性边界,柔性颗粒边界能更好地反映试样的轴向应变－偏应力特征、剪胀特性及强度特性。

上述研究表明,三轴压缩试验结合离散元法是研究含水合物多孔介质力学性质有效的技术手段,对于水合物的模拟多采用平行黏结模型,考虑其水合物的黏结行为。尽管有关考虑柔性边界的土体力学性质研究已经取得一些基本认识,然而目前对于柔性边界条件下含瓦斯水合物宏细观破坏特征的研究却鲜见报道。鉴于此,以含瓦斯水合物煤体为研究对象,考虑水合物对煤体的胶结作用,通过离散元 PFC^{2D} 构建不同围压下柔性边界含瓦斯水合物煤体的双轴试验数值模型,分析不同围压(12 MPa,16 MPa,20 MPa)下试样内部位移场、力学平均配位数、平均孔隙率、接触力链及水合物黏结破坏等变化规律,揭示围压和边界条件对含瓦斯水合物煤体宏细观力学性质的影响规律。研究成果可为含瓦斯水合物煤体及含水合物多孔介质三轴压缩试验离散元建模提供理论基础,为进一步揭示水合物对煤体力学性质的强化机理提供理论依据。

3.4.1　离散元 PFC^{2D} 数值模型建立

1. 柔性边界构建

为了研究不同边界条件对含瓦斯水合物煤体变形破坏的影响规律,分别建立柔性边界和刚性边界离散元数值模型进行双轴离散元试验。刚性边界由上下左右四面刚性墙组成。柔性边界构建思路及流程如下。

(1) 在刚性侧墙边界外生成两条颗粒链。

(2) 颗粒间采用接触黏结模型,以保证颗粒间只传递力而不传递力矩,从而达到室内三轴压缩试验中橡皮膜柔性加压的作用。

(3) 在组成柔性膜的颗粒上采用施加等效集中力(图3.55)的方式,来施加和保持围压稳定。施加在颗粒上的等效集中力,按下式计算。

$$\begin{cases} F_x = 0.5(l_{12}\cos\theta + l_{23}\cos\beta)\sigma_3 \\ F_y = 0.5(l_{12}\sin\theta + l_{23}\sin\beta)\sigma_3 \end{cases} \tag{3.15}$$

图中 F_x、F_y 分别为施加到颗粒 2 上 x、y 方向的等效集中力;l_{12} 为颗粒 1 球心与颗粒 2 球心间的距离;l_{23} 为颗粒 2 球心与颗粒 3 球心间的距离;θ、β 均为颗粒间接触力分布主方向角度。

2. 接触模型设置

含瓦斯水合物煤体是一种复杂多元多相复合体系,包括煤、水合物、瓦斯及水,其力学性质十分复杂。在室内试验中,通过气饱和法生成水合物,理论上水全部参加反应,因此,

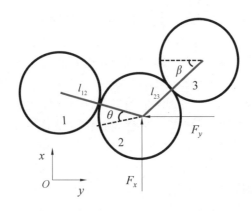

图 3.55 柔性颗粒施加等效集中力计算示意图

体系中除煤与水合物外,还有部分瓦斯。数值模型只考虑固相煤和水合物,并进行以下假设:

(1)试样内部只存在煤颗粒和水合物颗粒;

(2)瓦斯水合物颗粒和煤颗粒为刚性圆盘颗粒;

(3)瓦斯水合物以胶结形式存在。

在该体系中,主要存在煤颗粒间的相互作用及水合物黏结作用。研究表明颗粒形状特征对试样强度、体积变化及接触力链等有重要影响,为较好地模拟煤颗粒形状特征对试样的影响,在煤颗粒间设置抗滚动阻力线性接触模型。此外,水合物对周围相邻沉积物颗粒有黏结作用,从而形成团簇,故在水合物颗粒间及水合物与煤颗粒间添加平行黏结模型,实现水合物的黏结作用。接触模型介绍如下。

(1)平行黏结模型。

平行黏结模型常用来表征颗粒之间具有胶结特征的介质。拉应力大于最大法向应力或者剪应力大于最大剪切强度时,黏结部分就会破坏。此时,平行黏结模型退化为线性接触模型,如图3.56所示。

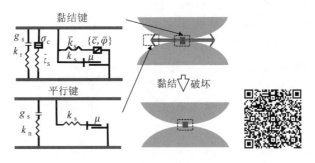

图 3.56 平行黏结模型破坏示意图

作用于平行黏结上的合力和合力矩可以用 $\overline{F}_i$ 和 $\overline{M}_i$ 表示。合力和合力矩又由法向和切向方向的分量组成,可表示为

$$\overline{F}_i = \overline{F}^n n_i + \overline{F}^s t_i \tag{3.16}$$

$$\overline{M}_i = \overline{M}^n n_i + \overline{M}^s t_i \tag{3.17}$$

式中　$\overline{F}^{\mathrm{n}}$ 和 $\overline{F}^{\mathrm{s}}$ —— 作用在黏结上的轴向力和切向力；

　　　$\overline{M}^{\mathrm{n}}$ 和 $\overline{M}^{\mathrm{s}}$ —— 作用在黏结上的轴向弯矩和切向弯矩；

　　　n_{i} —— 法向方向的分量；

　　　t_{i} —— 切向方向的分量；

　　　g_{s} —— 粒子间隙。

（2）抗滚动阻力线性接触模型。

抗滚动阻力线性接触模型由法向接触部分、切向接触部分和滚动阻力部分组成，能用于模拟不规则颗粒间的抗滚动效应，如图3.57 所示。

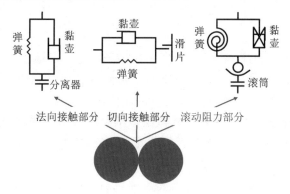

图 3.57　抗滚动阻力线性接触模型

在扭矩达到最大值前，其与扭转角增量呈线性正相关，其后保持扭矩不变。

$$M^{\mathrm{r}} = \begin{cases} M^{\mathrm{r}} = M^{\mathrm{r}} - k_{\mathrm{s}}\overline{R}^{2}\Delta\theta_{\mathrm{b}}, & \|M^{\mathrm{r}}\| M^{*} \\ M^{*}(M^{\mathrm{r}}/\|M^{\mathrm{r}}\|) = u_{\mathrm{r}}\overline{R}F_{\mathrm{n}}^{\mathrm{l}}(M^{\mathrm{r}}/\|M^{\mathrm{r}}\|), & \text{其他} \end{cases} \tag{3.18}$$

式中　M^{r} —— 滚动阻力矩；

　　　M^{*} —— 最大滚动阻力矩；

　　　k_{s} —— 切向刚度；

　　　$\overline{R}$ —— 接触有效半径；

　　　$\Delta\theta_{\mathrm{b}}$ —— 相对弯曲旋转增量；

　　　$F_{\mathrm{n}}^{\mathrm{l}}$ —— 初始线性法向力；

　　　u_{r} —— 滚动阻力系数。

3. 试样制备

含瓦斯水合物煤体离散元试样制备以课题组前期试验数据为基础。室内试验中原煤取自黑龙江龙煤集团新安煤矿 8♯ 煤层，破碎筛分出粒径范围0.250 ～ 0.180 mm（60 ～ 80 目）的煤，制作试样尺寸 $\phi50$ mm×100 mm 型煤试样，试样饱和度80％，围压 12 MPa，16 MPa，20 MPa，水合物生成温度0.5 ℃，初始瓦斯压力6.0 MPa。试验内容包括煤体中瓦斯水合物生成试验及含瓦斯水合物煤体原位三轴压缩试验，饱和度确定方法及具体试验流程详见文献。利用离散元手段构建的双轴离散元数值模型如图3.58 所示。

模拟试样生成步骤主要参照文献的做法，形成17 513 个刚性圆盘颗粒构成的直径50 mm、高100 mm 及饱和度80％的圆柱体离散元试样，如图3.58 所示。模拟试样物理参

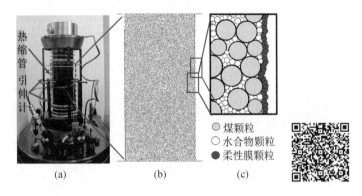

图 3.58　双轴离散元数值模型

数主要包括试样半径 R 和高度 H、煤颗粒最小半径 $R_{c(min)}$、煤颗粒半径比 $R_{c(max)}/R_{c(min)}$、水合物颗粒半径 R_h、水合物密度 ρ_h、煤密度 ρ_c、初始孔隙率 n，具体见表3.15。本章粒径满足内尺比小于0.01 的要求（材料最小颗粒与试样尺寸的比为0.2/50），可以忽略尺寸效应的影响。图3.59 为含瓦斯水合物煤体数值模拟试验流程图，包括试样制备、设置接触模型、标定细观参数、各向同性固结及试样加载等 5 部分，具体步骤如下。

表3.15　模拟试样物理参数

$[R \times H]$/mm	$R_{c(min)}$/mm	$R_{c(max)}/R_{c(min)}$	R_h/mm	ρ_h/(kg·m^{-3})	ρ_c/(kg·m^{-3})	n
50×100	0.4	1.66	0.1	900	2 650	0.4

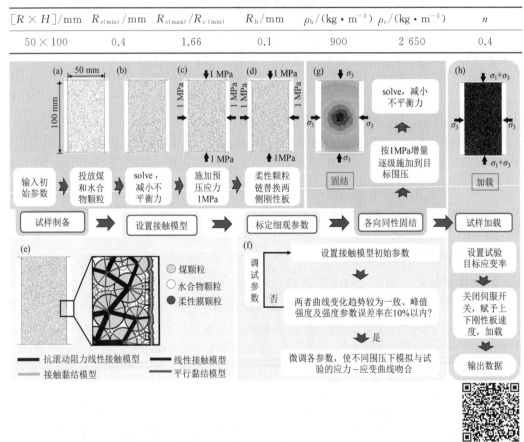

图 3.59　含瓦斯水合物煤体数值模拟试验流程图

（1）试样制备：首先生成煤颗粒和水合物颗粒：根据假设初步尝试确定煤颗粒的大小和体积，按照水合物饱和度计算水合物体积，求出两者体积分数、试样初始孔隙率。使用"ball distribute"命令在墙内同时生成随机分布的煤和水合物颗粒，通过循环求解减小颗粒间重叠及试验内部颗粒间不平衡力。生成的二维离散元模型，如图3.59(a)和(b)所示。其次预压：通过刚性墙施加固结应力1 MPa，如图3.59(c)所示。然后生成颗粒边界及施加预加力：针对刚性边界条件，保持刚性边界不变，进行加载；针对柔性边界条件，在紧贴左右刚性墙外部生成模拟柔性膜的颗粒，施加径向力以模拟围压，上下加载板由刚性墙组成，以实现轴向加载，最后删除侧向刚性墙，如图3.59(d)所示。

（2）设置接触模型及标定细观参数：在煤颗粒间设置抗滚动阻力线性接触模型，水合物颗粒之间、水合物颗粒与煤颗粒之间设置平行黏结模型，试样与柔性膜颗粒和刚性上下板间采用线性接触模型，膜颗粒之间采用接触黏结模型，如图3.59(e)所示。细观参数标定流程如图3.59(f)所示。

（3）各向同性固结：刚性边界对刚性墙体施加速度以达到施压作用；柔性边界采用柔性膜颗粒和上下刚性墙逐级施加围压，最终达到试验所需要目标围压条件，如图3.59(g)所示。

（4）试样加载：在轴向加载过程中，关闭上下加载板的伺服开关，采用cycle 20 000时步逐渐增加到目标加载速度，以防止加载板对试样产生冲击作用，在每个时步下更新一次膜颗粒等效集中力及方向，以维持围压稳定，如图3.59(h)所示。

3.4.2　含瓦斯水合物煤体数值模型验证

细观参数标定是离散元数值模拟的关键。按照离散元常用手段"试错法"进行含瓦斯水合物煤体细观参数标定。表3.16给出了煤颗粒－煤颗粒、水合物－水合物、水合物－煤颗粒、柔性膜及柔性膜－试样接触类型的细观参数。

表3.16　接触模型细观参数

接触类型	参数	数值
煤颗粒－煤颗粒	有效模量 /Pa	2.0×10^9
	法切向刚度比	0.1
	滚动阻力系数	7.0
	接触间摩擦系数	0.2

续表3.16

接触类型	参数	数值
水合物－水合物、 水合物－煤颗粒	线性有效模量 /Pa	2.5×10^8
	线性刚度比	0.1
	黏结有效模量 /Pa	2.5×10^8
	黏结刚度比	0.1
	抗拉强度 /Pa	8.0×10^6
	黏结力 /Pa	4.5×10^6
	摩擦角 /(°)	20.0
	接触间摩擦系数	0.1
柔性膜	黏结刚度比	1
	法向黏结强度 /Pa	1.0×10^{300}
	切向黏结强度 /Pa	1.0×10^{300}
柔性膜－试样	有效模量 /Pa	1.0×10^8

1. 应力－应变曲线

基于表3.16标定的细观参数进行围压 12 MPa,16 MPa,20 MPa 下的双轴压缩数值模拟试验,得到了不同边界条件下试样的应力－应变曲线,并与室内试验曲线进行对比,如图3.60所示。从图中可以发现:

(1)不同边界、围压条件下,试样的应力－应变曲线的变化趋势大体上是一致的,均呈现应变硬化型。

(2)室内试验中围压 12 MPa,16 MPa,20 MPa 所对应的峰值强度($\varepsilon_1 = 14\%$)分别为 22.26 MPa, 33.07 MPa, 33.06 MPa,柔性边界条件下峰值强度分别为 22.26 MPa, 35.02 MPa,34.76 MPa,误差率分别为 0,5.9%,5.1%,均在 10% 以内;刚性边界条件下峰值强度分别为 25.44 MPa,30.68 MPa,37.45 MPa,误差率分别为 14.29%,7.2%,13.3%,误差率最大为 13.28%。不同边界条件下峰值强度误差率均在 15% 以下。

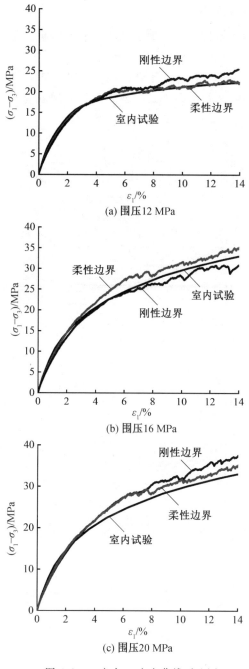

(a) 围压 12 MPa

(b) 围压 16 MPa

(c) 围压 20 MPa

图 3.60　应力－应变曲线对比图

2. 体积应变－轴向应变曲线

图3.61给出了不同边界条件下试样剪切破坏过程的体积应变－轴向应变曲线,并与室内试验曲线进行了对比。从图中可以发现:不同边界条件下,在轴向应变 4% 以内,数值模拟结果与室内试验结果较为吻合;随着轴向应变的增加,柔性边界和刚性边界条件下,体积均由剪缩向剪胀转变,均与室内试验剪胀破坏趋势相符合,柔性边界剪胀趋势更为显著。

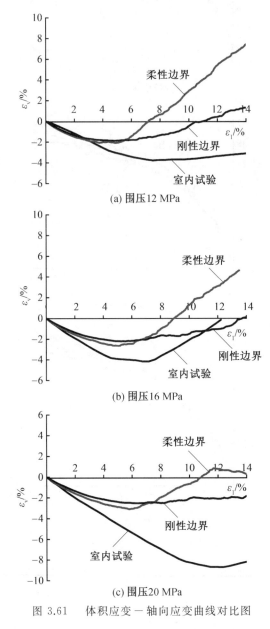

(a) 围压12 MPa

(b) 围压16 MPa

(c) 围压20 MPa

图 3.61　体积应变－轴向应变曲线对比图

体积应变－轴向应变曲线数值模拟结果与室内试验结果偏差较大,其可能原因如下。

(1)体积应变的监测和计算原理不同。室内试验监测径向应变位置是在试样中部,随着加载的继续,测量位置会上移。同含瓦斯煤类似,含瓦斯水合物煤不仅具有各向异性,也具有非均质性,含瓦斯煤内的孔、裂隙发育不均,这些均是导致试验测量值与理论计算值之间产生偏差的重要原因。数值模拟是对整体进行监测,其检测方法为:利用测量圆,测量得到试样应变率张量,并乘时间步长累积得到应变,最后根据体积应变换算公式得到体积应变。

(2)颗粒破碎的影响。在室内试验中,随着围压的增大,试样内的颗粒有可能发生破碎,破碎的颗粒填充空隙,体积进一步密实。而在数值模拟中,随着围压的增大,体系空隙变小,颗粒间接触力增大并逐渐超过颗粒间黏结力,直至"连接键"断裂。当达到峰值应力后,在克服摩擦力后,由于圆盘颗粒排列方式不如实际煤颗粒紧密,导致颗粒间咬合力较弱,造成体积迅速膨胀。分析认为采用圆盘颗粒且没有考虑颗粒破碎是数值模拟体积应变与室内试验结果偏差较大的主要原因。

3. 强度参数

在围压 12 MPa,16 MPa,20 MPa 下,通过数值模拟和室内试验的应力莫尔圆和强度包络线,计算出室内试验中黏聚力和内摩擦角分别为 2.24 MPa 和 24.83°,柔性边界条件下的黏聚力和内摩擦角分别为 2.11 MPa 和 23.33°,误差率分别为 5.8% 和 6.0%,均在 10% 以下;刚性边界条件下的黏聚力和内摩擦角分别为 2.55 MPa 和 22.33°,误差率分别为 13.8% 和 10.1%。不同边界条件下内摩擦角和黏聚力误差率均在 15% 以下。

4. 破坏模式

图 3.62 为试样破坏对比图,可以得出在柔性边界条件下,试样破坏后,竖向表现出不均匀鼓胀,横向膨胀现象明显,这与室内试验基本吻合;刚性边界条件限制了试样局部变形和剪切带的发展,体现不出室内试验的鼓胀现象。

综上所述,不同边界条件下离散元数值模型均能够有效地模拟出室内试验的应力－应变曲线。刚性边界峰值强度误差率最大不超过 13.28%;柔性边界峰值强度误差率最大不超过 5.9%。刚性边界和柔性边界的体积应变－轴向应变曲线变化趋势均能体现出室内试验的剪胀破坏趋势;柔性边界内摩擦角和黏聚力误差率不超过 6%;刚性边界内摩擦角和黏聚力误差率均在 15% 以下。相比于刚性边界,柔性边界变形破坏模式更与室内试验吻合。以上研究结果验证了柔性模型能更好地反映应力－应变特征、剪胀特性及强度特性,也验证了细观参数标定的合理性和离散元数值模型构建的可靠性。

3.4.3　含瓦斯水合物煤体宏细观力学性质

1. 剪切破坏特性

在围压 12 MPa,16 MPa,20 MPa 作用下,对两种边界进行试样剪切破坏特征与变形规律分析,即分析试样破坏后形成的剪切带。颗粒位移场云图如图 3.63 所示。

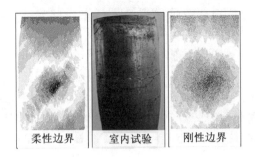

(a) 围压16 MPa

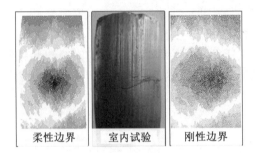

(b) 围压20 MPa

图 3.62　试样破坏对比图

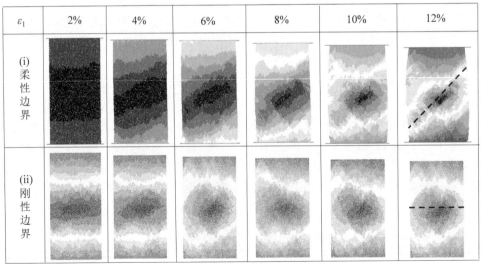

(a) 围压12 MPa

图 3.63　颗粒位移场云图

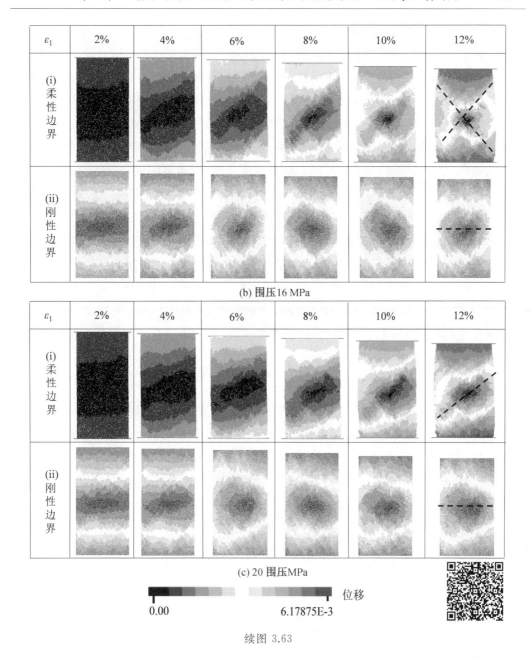

续图 3.63

由图 3.63 可知，两种边界试样内部的颗粒在加载过程中发生不均匀位移，均体现出三轴压缩过程中剪切带的形成，说明两种边界均能体现出三轴加载过程中试样的剪切破坏特征，并得出以下结论。

（1）在轴向应变 $\varepsilon_1 = 2\%$ 时，两种边界两端均出现颗粒移动现象。在轴向应变 $\varepsilon_1 = 4\%$ 时，柔性边界表面并未发生剪胀现象，但颗粒内部微观尺度上已发生相应的颗粒移动集中行为，可以视为剪切带的雏形；刚性边界上下端颗粒移动现象较为明显，剪切带逐渐形成。在轴向应变 $\varepsilon_1 = 6\%$ 时，柔性边界开始发生剪胀现象，剪切带继续加大；刚性边界内部剪切带附近颗粒间孔隙加大,试样剪胀,由体积应变－轴向应变曲线也可以得出,在轴向应变 $\varepsilon_1 = 6\%$ 时,不同边界试样体积由剪缩向剪胀转变,说明剪切带逐渐形成,试样开始发生破坏。在轴向应变 $\varepsilon_1 = 8\%$ 时,柔性边界剪切带范围进一步扩大,试样发生相应的剪胀变形,这与室内试样在加载过程中的破坏形态相吻合;刚性边界试样上下端颗粒位移加大,中间颗粒位移减小,剪切带形成,试样发生剪胀现象。在轴向应变 $\varepsilon_1 = 10\%$ 时,柔性边界试样变形更加明显,而且剪切带厚度收缩,颗粒移动更加集中;刚性边界上下端颗粒位移继续加大,中间颗粒位移继续减小,剪切带厚度收缩,试样剪胀现象减弱。在轴向应变 $\varepsilon_1 = 12\%$ 时,不同边界顶部和底部附近形成剪切面,并在其中间形成一个剪切区,剪切区域随轴向应变的增大逐渐呈减小趋势,试样强度增强,试样体系更稳定。

(2) 随着围压的增大,在轴向应变 $\varepsilon_1 = 12\%$ 时,柔性边界的上下端位移量较大的颗粒数量呈逐渐减小趋势,试样中间区域位移量较小的颗粒数量呈逐渐增大趋势,剪切区域逐渐减小,破坏方式由单叉形剪切破坏向单斜面剪切破坏转变(剪切带在 12 MPa 下为非对称 X 形;16 MPa 和 20 MPa 下为由右上至左下约 45°角),试样呈现出剪切破坏模式;刚性边界的顶部和底部的颗粒位移加大,中间颗粒位移减小,在轴向中间区域形成一个剪切区,且剪切区逐渐呈减小趋势,试样强度增强。

2. 力学平均配位数

对于颗粒材料而言,其力学特性主要受密度影响,反映到微观层面,则受到颗粒间接触点密度的影响,可以采用颗粒的力学平均配位数来描述(试样中平均每个颗粒所含有的接触数目,不包含接触数小于或等于 1 的悬浮颗粒)。Tornton 认为在加载过程中,某些颗粒周围仅有一个接触,甚至没接触,它们对整个试样维持稳定的应力状态没有影响,故提出了力学平均配位数,计算方法如下。

$$Z_m = \frac{2C - N_1}{N - N_0 - N_1} \tag{3.19}$$

式中　　Z_m——力学平均配位数;

　　　　C——颗粒体系内总的接触数目;

　　　　N——颗粒体系内总的颗粒数目;

　　　　N_1 和 N_0——只有一个接触和没有接触的颗粒数。

图 3.64 给出了两种边界在围压 12 MPa,16 MPa,20 MPa 下的力学平均配位数与轴向应变曲线,可得出如下结论。

(1) 两种边界的力学平均配位数随着轴向应变的增大均呈先增大后减小的趋势。当轴向应变 $\varepsilon_1 < 2\%$ 时,力学平均配位数随轴向应变的增大而增加,分析认为试样在外荷载作用下,细颗粒在挤压过程中会填充剩余的孔隙,使试样更密实,使得力学平均配位数相应增大,试样强度增强,试样体系更稳定;当轴向应变 $\varepsilon_1 = 2\%$ 时,力学平均配位数曲线出现转变,即试样内部剪切带开始形成;当轴向应变 $\varepsilon_1 > 2\%$ 时,力学平均配位数随轴向应

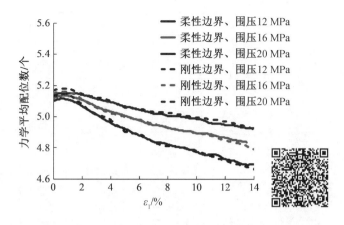

图 3.64　力学平均配位数与轴向应变曲线

变的增大出现减小趋势,说明试样体积开始出现剪胀现象。

（2）随着围压增大,力学平均配位数增大,试样密实程度加大,试样体系更加稳定,剪胀现象不明显,也较好验证了围压可以强化试样强度这一宏观现象。随着加载的进行,围压 12 MPa 下,两种边界的力学平均配位数减少率较大,分别为柔性边界减少率7.96％、刚性边界减少率9.07％。

图3.65 为在围压 12 MPa,16 MPa,20 MPa 作用下,两种边界在加载过程中力学平均配位数云图,试样中部白色区域表示测量的力学平均配位数小于4.2 个,可得出如下结论。

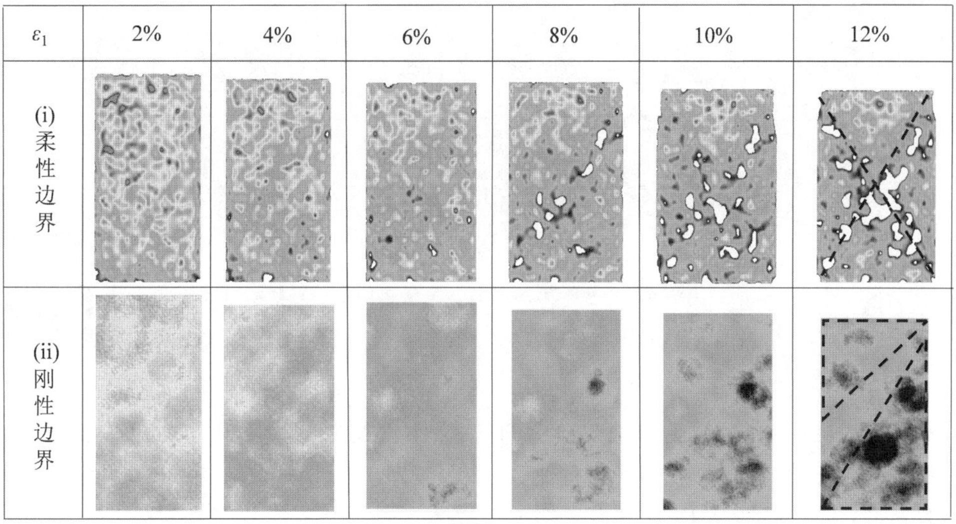

ε_1	2%	4%	6%	8%	10%	12%
(i) 柔性 边界						
(ii) 刚性 边界						

(a) 围压12 MPa

图 3.65　力学平均配位数云图

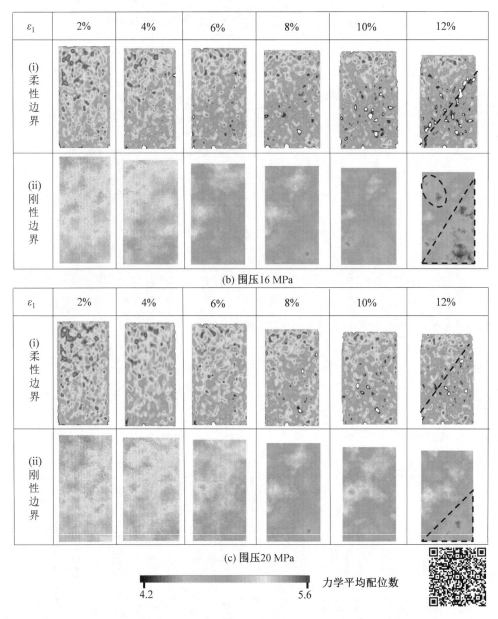

(b) 围压16 MPa

(c) 围压20 MPa

力学平均配位数

4.2　　　　　　　　　5.6

续图 3.65

（1）相同围压条件下，随着轴向应变的增大，柔性边界的力学平均配位数云图中红色区域减少，白色区域增多，剪切带有 2 种破坏方式，即单叉形剪切破坏（12 MPa）和单斜面剪切破坏（16 MPa，20 MPa），力学平均配位数减小，试样剪胀，这与图3.63所示位移场云图变化规律一致。分析认为试样内部颗粒发生错动、重排，局部区域内会出现剪切滑动，导致剪切带内的力学平均配位数减小，形成明显的单叉形剪切带，反映到宏观上试样体积发生剪胀现象；刚性边界的左上角及右下角区域的力学平均配位数小于斜 45° 区域的，剪切带呈单斜面分布，说明试样破坏从两端开始，这与柔性边界存在区别，原因为刚性边界限制了试样局部变形和剪切带的发展。

（2）相同应变条件下，结合图3.64、图3.65可知，两种边界在围压 12 MPa 作用下力学平均配位数减小速度较快，柔性边界表现出明显的非对称 X 形剪切带，试样剪胀现象显著；刚性边界左上角及右下角区域力学平均配位数减小，形成明显的斜 45° 剪切带，试样破坏明显。

3. 平均孔隙率

在试样中部矩形区域 44 mm×80 mm 内布置测量圆，布置方式为：x 方向生成数量设为 100 个，y 方向生成数量设为 200 个，测量圆半径为 5 mm，并循环生成测量圆，直至达到矩形区域范围，最后计算求得所有测量孔隙率的平均值。

图3.66 为两种边界在不同围压（12 MPa，16 MPa，20 MPa）、不同应变条件下平均孔隙率与轴向应变曲线，可得出如下结论。

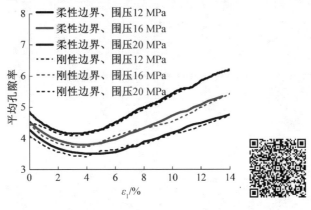

图 3.66　平均孔隙率与轴向应变曲线

（1）两种边界的平均孔隙率随着轴向应变的增大均呈先减小后增大的趋势。当轴向应变 $\varepsilon_1 < 4\%$ 时，平均孔隙率随轴向应变的增大而减小，分析认为试样在外荷载作用下，细颗粒在挤压过程中会填充剩余的孔隙，使试样更密实；轴向应变 $\varepsilon_1 > 5\%$ 时，平均孔隙率随轴向应变的增大而增大，分析认为试样内部局部出现剪切滑动，进行错位移动，颗粒间距加大，导致试样平均孔隙率增加。这表明，试样内部平均孔隙率与轴向应变曲线同体积应变－轴向应变曲线相似，说明体积应变－轴向应变曲线表现出的剪缩与剪胀特性是试样内部平均孔隙率变化的宏观表现。其中，随着加载的进行，围压 12 MPa 下，两种边界的平均孔隙率增大趋势较快，增加率分别为柔性边界31.16%、刚性边界36.38%。

（2）随着围压增大，平均孔隙率整体均呈减小趋势，原因为试样体系受力被挤压，颗粒内部空间减小，颗粒间距减小，平均孔隙率减小。

图3.67 为在围压 12 MPa，16 MPa，20 MPa 下，不同边界试样在加载过程中平均孔隙率云图，可得出如下结论。

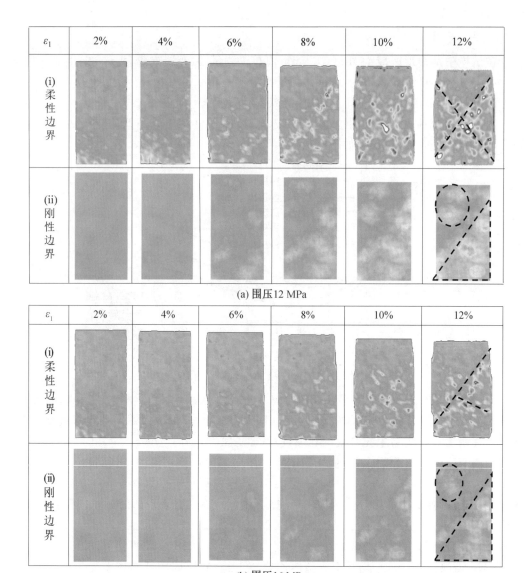

图 3.67　平均孔隙率云图

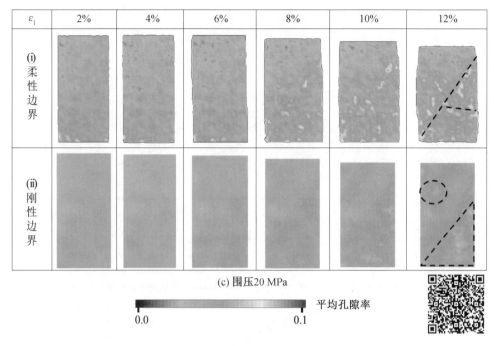

ε_1	2%	4%	6%	8%	10%	12%
(i)柔性边界						
(ii)刚性边界						

(c) 围压20 MPa

平均孔隙率
0.0　　　　　　0.1

续图 3.67

　　(1) 相同围压条件下,随着轴向应变的增大,柔性边界的平均孔隙率云图中出现较多数量的红色区域,剪切带附近颗粒孔隙变大,并呈单叉形分布;刚性边界的左上角及右下角区域的平均孔隙率大于斜 45° 区域的,剪切带呈单斜面分布,平均孔隙率增大,试样剪胀。分析认为试样达到轴向应变 $\varepsilon_1 = 12\%$ 时,水合物胶结性能失效,整体力链开始重新演化,引起颗粒间力链大量断开,导致平均孔隙率增大,试样出现剪胀现象。

　　(2) 相同应变条件下,随着围压增大,两种边界的平均孔隙率云图中红色区域数量逐渐减少。平均孔隙率减小,试样剪胀现象弱化,这是由于在较高围压 20 MPa 作用下,体系内部颗粒运动受到约束,试样被压实,密实程度提高,导致剪胀现象减弱。

4. 接触力链

　　力链是体系传递应力的基本路径,用来度量颗粒材料内部颗粒间相互作用程度。可通过分析接触力链的变化规律来描述细观结构的变化对宏观力学特性的影响。

　　图3.68 为围压 12 MPa,16 MPa,20 MPa 下两种边界内部颗粒间接触个数、平行黏结接触个数与轴向应变曲线。由图可知,随着轴向应变的增大,两种边界的颗粒间接触个数及平行黏结接触个数变化趋势一致,均呈减小趋势。试样在加载过程中和加载结束时,针对颗粒间接触个数,刚性边界明显高于柔性边界(图3.68(a)),分析原因为假设的墙体为刚性边界,在加载过程中,试样轴向不发生膨胀变形,导致试样体系内部颗粒间距缩小,试样更密实,颗粒间接触个数增大。随着围压的增大,两种边界的颗粒间接触个数逐渐增大,而两种边界的平行黏结接触个没有明显变化,说明围压作用能够限制颗粒间接触的断裂。

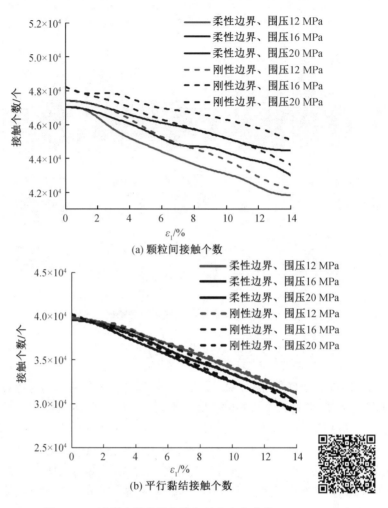

图 3.68　试样内部接触个数与轴向应变曲线

　　为了定量描述试样在加载过程中接触力链的演化情况,将 360° 平分为 72 个角度区间,统计两种边界在不同围压(12 MPa,16 MPa,20 MPa)、不同应变(0,2%,5%,12%)条件下试样内部颗粒间的接触法向分布和法向接触力分布,如图3.69、图3.70 所示。其中,接触法向分布中的实线表示接触法向落在某个角度区间内的接触个数占试样总接触个数的百分比,法向接触力分布中实线表示接触法向落在某个角度区间内所有接触的法向接触力。

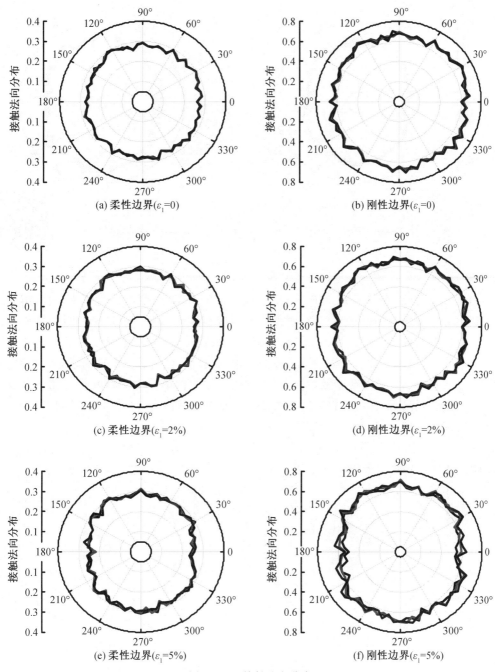

图 3.69 接触法向分布

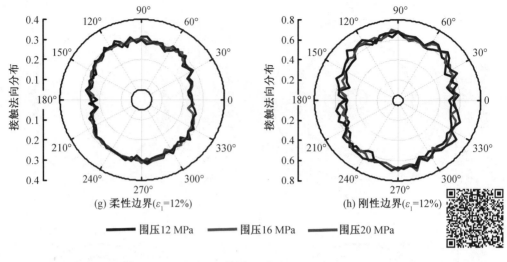

(g) 柔性边界(ε_1=12%)　　　(h) 刚性边界(ε_1=12%)

——围压 12 MPa　　　——围压 16 MPa　　　——围压 20 MPa

续图 3.69

由图 3.69 可知,在围压 12 MPa,16 MPa,20 MPa 下,试样在加载过程中,两种边界的接触法向分布和变化规律基本一致,刚性边界的接触法向落在各个角度区间的接触个数占试样总接触个数的百分比均大于柔性边界。图 3.69(a)～(b)中颗粒接触法向分布基本呈各向同性,说明水合物与周围颗粒的黏结作用较好。随着轴向应变的增大,两种边界的试样竖向接触法向的接触个数增大,水平方向接触法向的接触个数减小。在整个剪切过程中,不同边界的试样内部颗粒间接触法向分布由圆形向椭圆形演化,椭圆长轴始终倾向于轴向加载方向,且在约 90° 方向上。

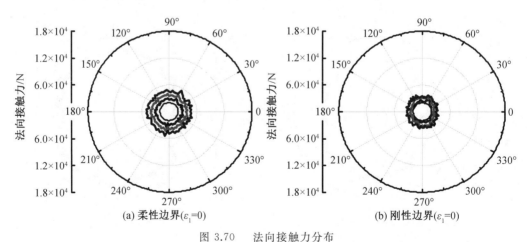

(a) 柔性边界(ε_1=0)　　　(b) 刚性边界(ε_1=0)

图 3.70　法向接触力分布

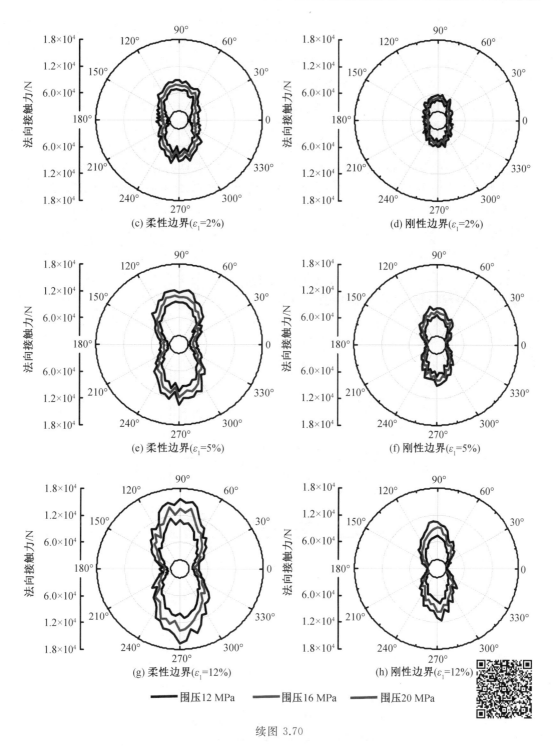

续图 3.70

由图3.70可知,不同围压、边界条件下,试样在加载过程中,各个角度的法向接触力分布和变化规律基本一致。在加载初始阶段(图3.70(a)～(b)),法向接触力分布呈现各向同性特征,各个方向基本相同。在加载阶段(图3.70(c)～(h)),法向接触力的分布由圆形变为椭圆形直至演变为花生状形态,主方向上的平均应力最大,各向异性表现得更加明显,玫瑰花图形变形明显。其中,从轴向应变 $\varepsilon_1 = 12\%$ 对应的图 3.70(g) 和(h)中可以看出,不同边界法向接触力主力链方向均逐渐与试样的加载方向平行,且法向接触力逐渐增大,使得试样内部强度增强,抵抗变形能力增强。随着围压从 12 MPa 增加到 20 MPa,柔性边界法向接触力增加了54.50%,刚性边界法向接触力增加了45.70%,表明围压对煤体细观力学性质有重要影响。

随着围压的增大,分布在轴向附近各角度区间内的法向接触力增大,而在水平方向附近各角度区间内的变化较小,竖向与水平方向法向接触力差异更明显,各向异性更突出。分析认为在外力作用下,颗粒间法向接触力继续增大,弱法向接触力链逐渐变成强法向接触力链,且向试样轴向聚集,导致试样结构强度增强。可以看出,各向异性显著程度受围压影响较大。

5. 水合物黏结破坏

试样宏观力学特性(强度、刚度、应力－应变关系等)与水合物黏结破坏相关。根据应力－应变曲线特征,将黏结破坏曲线分为 3 个阶段,即弹性阶段(O—A)、屈服阶段(A—B)、强化阶段(B—C),用于研究剪切试验过程中试样内部水合物黏结破坏类型及数量变化规律,如图3.71 所示。由图可得以下结论。

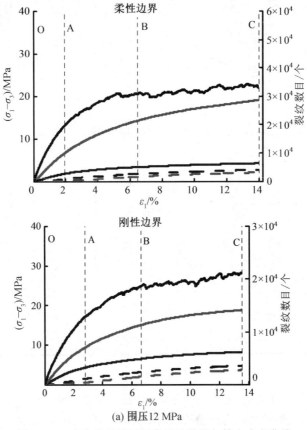

图 3.71　水合物黏结破坏类型及数量与轴向应变曲线

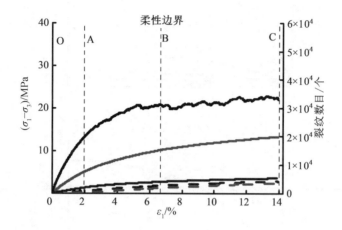

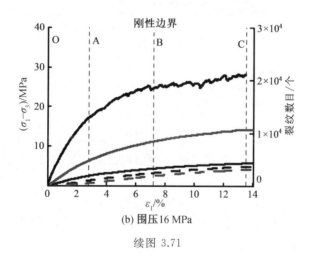

(b) 围压 16 MPa

续图 3.71

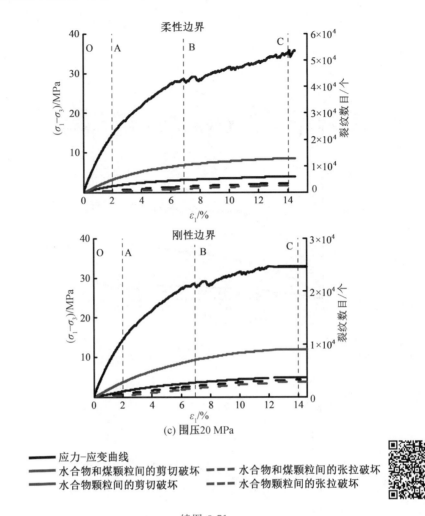

续图 3.71

（1）含瓦斯水合物煤体的破坏模式主要由剪切破坏和张拉破坏组成，具体而言，裂纹数目从大到小的顺序分别为：水合物和煤颗粒间的剪切破坏、水合物颗粒间的剪切破坏、水合物和煤颗粒间的张拉破坏、水合物颗粒间的张拉破坏。

（2）在 O—A 阶段，水合物颗粒周围的黏结在剪切作用下数量较少，颗粒间接触较好，传力路径丰富，未形成剪切带。

（3）在 A—B 阶段，水合物周围的黏结发生大量破坏，裂纹数目增大趋势减缓，试样内部形成剪切带。剪切带的形成和发展伴随着试样内部黏结键断裂数的急剧增加，与图3.63颗粒位移场云图所示在轴向应变 $\varepsilon_1 = 6\%$ 时不同边界形成了相应的剪切带的结果一致。

（4）在 B—C 阶段，剪切带内水合物黏结发生了破坏，此时主要通过颗粒间摩擦及咬合作用传递力。在加载过程中，剪切带周围水合物黏结作用较好，发生较少破坏，且水合物的黏结破坏趋于稳定。

随着围压的增大，可以明显看出不同边界条件下水合物和煤颗粒之间的剪切破坏裂纹数目均呈减少趋势，且柔性边界大于刚性边界。而两种边界的水合物和煤颗粒间的张拉破坏裂纹数目、水合物颗粒间的剪切破坏裂纹数目及张拉破坏裂纹数目变化不太明显。分析认为随着围压的增大,试样胶结键断裂,水合物的胶结作用失效,试样发生剪切破坏,此时由颗粒间的摩擦力来维持试样细观力学体系的稳定。这说明水合物颗粒周围的黏结主要发生剪切破坏,水合物的抗剪强度对试样强度有着重要影响。为了进一步定量探究含瓦斯水合物煤体在双轴压缩过程中的破坏形式,统计了不同边界的不同破坏裂纹数目占总裂纹数目的百分比(简称裂纹数目占比),可得如下结论。

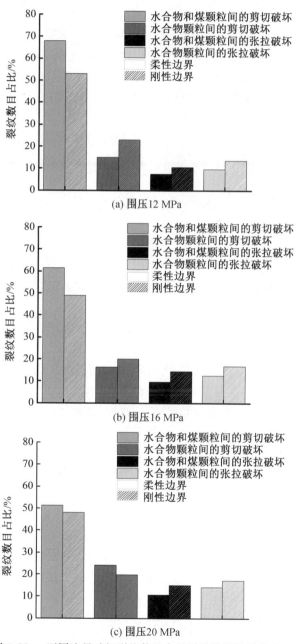

图 3.72　不同边界破坏裂纹数目占总裂纹数目的百分比

（1）围压 12 MPa 下，不同边界均以剪切裂纹为主导，并存在拉剪混合破坏。其中，针对水合物和煤颗粒间剪切破坏裂纹数目占比，柔性边界达到 67.9%，刚性边界达到 53.0%，分析原因为刚性边界约束试样轴向应变，约束会增强试样抵抗剪切裂纹萌生和发展的能力，从而提高试样抵抗剪切破坏的能力。

（2）围压 16 MPa 下，不同边界裂纹变化趋势与围压 12 MPa 下相似，双轴压缩条件下试样的细观破坏模式以剪切破坏为主，具体而言，关于水合物与煤颗粒间剪切破坏裂纹数目占比，柔性边界达到 61.9%、刚性边界达到 48.9%，以水合物与煤颗粒间的剪切破坏裂纹为主，其次为水合物颗粒间的剪切破坏裂纹，水合物和煤颗粒间的张拉破坏裂纹最少。

（3）围压 20 MPa 下，由于高围压约束试样内部颗粒的运动，试样内部主要以水合物和煤颗粒间剪切破坏裂纹为主导，其占比柔性边界达到 51.2%、刚性边界达到 48.1%。对比发现随着围压增大，水合物和煤颗粒间剪切破坏裂纹数目占比减小。这进一步印证了随着围压的增大，剪切带减小，强度增大。

综上所述，分析不同围压、边界条件下含瓦斯水合煤体内部颗粒间剪切破坏和张拉破坏裂纹数目，可间接反映试样的变形破坏特征，并为其破坏判据的建立提供理论依据。

3.5　本章小结

本章基于室内常规三轴压缩试验，根据含瓦斯水合物煤体力学特性，建立三维颗粒流数值模型，探究在不同围压、不同饱和度条件及不同边界条件下含瓦斯水合物煤体内部细观结构及变形破坏特性影响规律，为深入认识含瓦斯水合物煤体力学破坏过程提供了重要渠道。本章得到的主要成果如下。

（1）基于前期已有的室内试验结果，考虑瓦斯水合物胶结作用选取平行黏结模型建立了 2 种混合颗粒的含瓦斯水合物煤体常规三轴压缩模型。

（2）利用单因素分析的"归一化"和多因素分析的"正交试验"，研究了细观参数对宏观参数的影响规律，定量定性探究了两者间的相关性，得出了两者间的数学关系式及敏感性排序。弹性模量随着黏结刚度比和摩擦系数的增大而增大，均呈线性正相关；随着法向黏结强度和黏结半径系数的增大而增大，均呈指数正相关；黏聚力和内摩擦角对其影响较小。破坏强度随着摩擦系数、法向黏结强度及黏结半径系数的增大而增大，均呈指数正相关，随着黏聚力的增大而增大，呈线性正相关；随着黏结刚度比、内摩擦角的增大基本保持不变；对摩擦系数影响最为敏感。

（3）通过分析含瓦斯水合物煤体宏细观力学行为，发现随着围压和饱和度的增大，模拟试样弹性模量先增大后减小，破坏强度呈增加趋势。围压越大、饱和度越高，接触力链个数越多，接触力越大，试样抵抗变形破坏的能力提高，从而得出摩擦是维持试样细观力学体系稳定的重要因素这一结论；速度场和位移场揭示了压缩过程中试样体积宏观变化的细观机理，在高围压、高饱和度条件下，试样容易发生体积剪缩现象，在低围压、低饱和度条件下，试样容易发生体积剪胀现象；随着围压的增大，颗粒配位数呈增大趋势，孔隙率呈减小趋势；随着饱和度的增大，配位数总体呈增大趋势，孔隙率整体呈减小趋势，配位数越大，孔隙率越小，两者之间存在一定的对应关系，但并非一一对应。

（4）建立了考虑边界条件、水合物胶结作用的含瓦斯水合物煤体三轴压缩试验离散元模型。发现围压和边界条件对试样剪切带形成和密实程度有重要影响，表现为：柔性边界两侧出现明显腰部鼓胀变形，刚性边界的剪切带均在轴向中间部位形成，柔性边界更好地反映了剪切带的形成。随着围压的增大，两种边界的力学平均配位数均呈增大趋势，平均孔隙率均呈减小趋势，法向接触力随之增大，而在水平方向附近的法向接触力变化较小，竖向与水平方向法向接触力差异越明显，各向异性更突出。不同围压下，不同边界的接触法向和法向接触力分布变化趋势相一致，其中，刚性边界接触法向分布各向异性大于柔性边界，而柔性边界法向接触力分布各向异性大于刚性边界，说明柔性边界试样抵抗外部荷载强度明显高于刚性边界。在不同围压和边界条件下，试样产生张拉和剪切两种不同破坏形式，随着围压的增大，两种边界内部剪切破坏裂纹数目呈减小趋势；试样破坏模式为剪切型破坏，且内部裂纹以水合物和煤颗粒间剪切破坏裂纹为主。

第 4 章　　考虑不规则颗粒形状的含瓦斯水合物煤体宏细观力学性质研究

4.1　含瓦斯水合物煤体不规则颗粒数值模型建立

在制作型煤时,需要从突出煤层中采集大块原煤并进行破碎和筛分,获得不同粒径的煤粉。原煤经破碎后的颗粒形态各异,其几何形状和不规则程度会直接影响试样的力学及变形特性。为获得煤颗粒的真实形状,利用电镜扫描仪对粒径 60 ～ 80 目煤粉样品进行扫描,为建立更加真实的含瓦斯水合物煤体离散元数值模型提供依据。

岩土工程领域的众多学者使用离散元软件 PFC 对岩土材料进行了数值模拟分析,PFC 中内置的 Clump 功能和 Cluster 功能能够较为准确地还原砾石、碎石、块石等岩土颗粒材料的真实形状。同时,通过添加不同颗粒间的接触本构模型,可以模拟大部分岩土体颗粒之间的微观作用。

本章将煤颗粒真实形状导入软件 PFC^{2D} 中建立煤体不规则颗粒模型,并在颗粒体系内部添加不同的接触模型,为后文中研究含瓦斯水合物煤体力学性质提供数值模型。

4.1.1　煤粉颗粒形状采集

1. 煤颗粒制备

原煤取自双鸭山七星矿突出矿层,在室内对煤块进行破碎处理,利用振筛机对破碎后的煤粉进行筛分,获得不同粒径范围的煤粉。取适量粒径 60 ～ 80 目的煤粉,进行电镜扫描。煤粉样本如图 4.1 所示。

图 4.1　煤粉样本

2. 电镜扫描

采用环境扫描电镜 FEIQuanta250 对粒径 60 ～ 80 目的煤颗粒进行扫描,以获得放大

1 000 倍的电镜扫描图。环境扫描电镜 FEIQuanta250 如图4.2 所示。对扫描后的煤粉进行回收，用于室内三轴压缩试验试样制备。

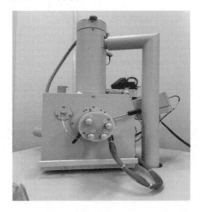

图 4.2　　环境扫描电镜 FEIQuanta250

4.1.2　图片处理与形状分析

1. 图片处理

粒径 60 ～ 80 目的煤颗粒的电镜扫描图如图4.3(a) 所示。使用软件 Image.Pro Plus 6.0 对电镜扫描图进行二值化处理，获得煤颗粒的平面轮廓，如图4.3(b) 所示。

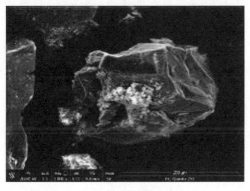 

(a) 电镜扫描图　　　　　　　　　(b) 煤颗粒的平面轮廓(二值化图)

图 4.3　　煤颗粒的电镜扫描图与煤粉颗粒的平面轮廓

2. 形状分析

岩土材料在外力作用下，内部颗粒间的相互作用与颗粒形状密切相关，直接影响岩土材料的宏观力学特性。为量化煤颗粒的形状特征，需要选择合适的形状参数对煤颗粒形状进行描述。Image.Pro Plus 6.0 能够快速获取颗粒的尺寸参数。将二值化处理后的电镜扫描图导入该软件中，利用"测量空间校准"功能量取电镜扫描图比例尺长度作为标准长度，然后手动添加需要测量的颗粒实际尺寸。煤颗粒二维基本物理参数见表4.1。

表4.1   煤颗粒二维基本物理参数

参数	描述	尺寸
面积	颗粒平面投影的面积	0.040 mm^2
周长	颗粒外轮廓的长度	0.788 mm
外切多边形周长	沿颗粒轮廓的最小外切多边形周长	0.785 mm
长轴	最大 Feret 直径	0.288 mm
短轴	最小 Feret 直径	0.175 mm

注:经过颗粒中心的任意方向的直径,称为该颗粒的 Feret 直径,是常用的描述不规则颗粒大小的参数。

4.1.3   含瓦斯水合物煤体数值模型建立

1. 不规则单颗粒模型建立

以不规则煤颗粒形状参数为基础,建立离散元颗粒模型。由于煤颗粒粒径相对较小,可以忽略在加载过程中煤颗粒破碎对含瓦斯水合物煤体试样强度的影响,因此本章采用"Clump"命令在 PFC^{2D} 中创建不规则颗粒模型,生成煤颗粒单元。首先将二值化处理后的图像导入软件 R2V 中进行矢量化处理,生成颗粒轮廓闭合曲线,将其从 R2V 中导出并保存为 DXF 文件。然后将 DXF 文件导入 PFC^{2D} 中,由内置的 Bubblepack 算法进行颗粒填充,填充颗粒(Pebble)的个数及颗粒之间的相对放置位置由 Ratio 和 Distance 两个参数控制。其中,Ratio 表示填充颗粒最小圆和最大圆直径的比值;Distance 控制颗粒簇模板外轮廓的光滑程度,取值范围为 $0° \sim 180°$,其值越大,轮廓线越圆滑。在 PFC^{2D} 中,组成 Clump 颗粒簇模板的 Pebble 越多,对颗粒形状的描述越精确,因此将 Ratio 和 Distance 两个参数分别取值0.3 和 130°,共生成 5 个 Pebble 填充 Clump 颗粒簇模板。Clump 颗粒簇模板生成流程如图4.4 所示。

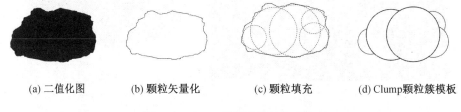

(a) 二值化图   (b) 颗粒矢量化   (c) 颗粒填充   (d) Clump颗粒簇模板

图 4.4   Clump 颗粒簇模板生成流程

2. 水合物分布模式的假设及饱和度实现方法

基于瓦斯水合固化的防突机制,瓦斯水合物的含量是影响煤体力学性质的重要因素之一。在自然界中,水合物在沉积物中的存在形式具有随机性,且观测难度较高。2014年,胡高伟等研制了适用于观察沉积物中水合物存在形式的 CT 原位探测装置,并对水合物在沉积物骨架中的室内生成过程进行了全程观测。研究结果表明,当饱和度低于24.6% 时,水合物主要在土骨架颗粒的表面生成;当饱和度在24.6% $\sim$ 51.4% 范围内时,水合物大多分布在土骨架的孔隙内;当饱和度大于51.4% 时,水合物填充了大部分孔隙,并使土颗粒相互胶结。这一结论在水合物分布方面的研究中具有十分重要的影响,但是,基于水合物的存在方式准确地建立水合物沉积物数值模型仍然存在一定的困难。在数值模拟方面,学者们对水合物的存在形式进行了不同的假设,大致可归纳为 5 种:胶结型、填充型、支撑型和裹覆型,如图4.5所示,第 5 种为混合型,即在模型中前 4 种模式共同存在。

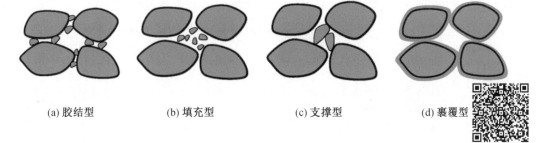

(a) 胶结型　　　　(b) 填充型　　　　(c) 支撑型　　　　(d) 裹覆型

图 4.5　水合物的存在形式

学者们针对水合物的不同存在形式进行了假设并建立了不同的含水合物沉积物数值模型,其中复合型更符合真实情况,见表4.2。

表4.2　含水合物沉积物的数值模型

学者	存在形式	接触模型	不同饱和度实现方法
Branular 等	填充型	—	改变生成水合物颗粒后的试样孔隙率
Jung 等	填充型	平行黏结模型	水合物颗粒个数不变,改变颗粒体积
蒋明镜等	胶结型	胶结厚度模型	以微观胶结厚度模型代替水合物,改变胶结模型的面积占比
贺洁等	填充型	平行黏结模型	按照不同饱和度对应的水合物体积,计算需要生成的团簇数量
蒋明镜等	裹覆型	胶结接触模型	以胶结接触模型代替水合物,改变水合物接触数量
Jiang 等	复合型	平行黏结模型	按照不同饱和度的水合物孔隙率,在生成土颗粒后随机生成水合物颗粒
Wang 等	胶结型	平行黏结模型	在砂颗粒表面生成水合物小颗粒,逐渐放大水合物,模拟其生长过程
王璇等	胶结型	接触黏结模型	用接触模型代替水合物,改变其数量
周世琛等	复合型	平行黏结模型	—
周世琛等	胶结型	平行黏结模型	按照水合物饱和度和水合物颗粒粒径计算颗粒数量
周博等	填充型	平行黏结模型	按照特定饱和度同时生成土颗粒和水合物颗粒
Ding 等	填充型	平行黏结模型	
	胶结型	—	生成特定数量的水合物颗粒
	支撑型	—	

在室内制备含瓦斯水合物煤体试样时，首先在煤粉中掺入适量的水，搅拌均匀后压制成型煤，此时认为试样中的水是饱和的；然后根据目标饱和度所对应的含水量对试样进行烘干；最后把烘干后的型煤放置在三轴室内，通入瓦斯气体吸附后进行降温，在 4 MPa 瓦斯压力和0.5 ℃ 的条件下反应 18 h 后，瓦斯水合物生成试验结束。

瓦斯水合物饱和度指瓦斯水合物体积与煤体孔隙总体积的比值，计算方法为

$$S_h = \frac{V_h}{V_v} \times 100\% \tag{4.1}$$

式中　　V_h——瓦斯水合物体积；

　　　　V_v——煤体孔隙总体积。

瓦斯水合物体积可由瓦斯水合物质量与密度之比确定，计算公式为

$$V_h = m_h / \rho_h \tag{4.2}$$

式中　　m_h——瓦斯水合物质量，g；

　　　　ρ_h——瓦斯水合物密度，cm^3/g，由于甲烷水合物为Ⅰ型水合物，其密度为 0.91 g/cm^3。

煤体孔隙总体积由煤体质量与孔容决定，计算公式为

$$V_m = m_c \times \bar{V}_g \tag{4.3}$$

式中　　m_c——煤体质量，本章试样粒径 60～80 目，饱和度 40%，60% 和 80% 试样质量分别取 236 g，238 g 和 240 g；

　　　　$\bar{V}_g$——某一粒径多次测试孔容的平均值，cm^3/g，本章试样粒径 60～80 目，取 0.067 cm^3/g，通过压汞试验获取。

从室内制样流程来看，生成含瓦斯水合物煤体试样的方法与建立复合型含瓦斯水合物煤体数值模型的思路相同，首先在区域内按照一定孔隙率生成煤颗粒，然后按照不同饱和度所对应的水合物体积在孔隙中生成瓦斯水合物颗粒，最后消除颗粒之间相互重叠引起的不平衡力。含瓦斯水合物煤体不规则颗粒模型如图4.6 所示。

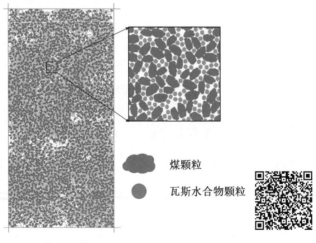

图 4.6　含瓦斯水合物煤体不规则颗粒模型

3. 接触模型选择

在 PFC 中,颗粒单元被假定为不可变形的刚性体,颗粒之间通过形成接触传递力和力矩。因此,为了更好地反映含瓦斯水合物煤体的宏细观力学性质,选择合适的接触模型十分重要。在表4.2中,学者们考虑了水合物的胶结作用,在建立模型时,水合物与和它接触的颗粒之间大多设置为平行黏结模型,土颗粒之间设置为线性接触模型。平行黏结模型与线性接触模型的区别在于前者能够抵抗力矩作用,当黏结部分被破坏时退化为线性接触模型。

含瓦斯水合物煤体数值模型中,共有4种接触类型,分别为煤－煤(coal-coal)、煤－水合物(coal-hydrate)、水合物－水合物(hydrate-hydrate)及颗粒－墙(ball-facet)。将煤－水合物、水合物－水合物设置为平行黏结模型;煤颗粒和橡胶膜为无黏性材料,因此将煤－煤、颗粒－墙设置为线性接触模型。

4. 双轴试验模型建立方法

利用离散元二维双轴试验手段,分析含瓦斯水合物煤体力学特性。含瓦斯水合物煤体二维模拟试样模型如图4.7所示,生成过程如下。

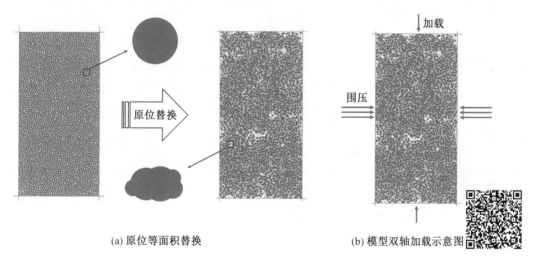

(a) 原位等面积替换　　　　　　　　(b) 模型双轴加载示意图

图 4.7　含瓦斯水合物煤体二维模拟试样模型

(1)生成墙体。首先生成上、下、左、右4个墙体,左右墙体模拟试样周围的橡胶膜,上下墙体模拟三轴加载系统。模型尺寸为 $\phi 50$ mm $\times 100$ mm。

(2)生成煤颗粒。当模型煤颗粒设置为粒径 $60 \sim 80$ 目时,生成的颗粒数量达4.6万个,计算速度缓慢,因此将粒径放大 3 倍,共生成2 279 个颗粒,模型精度可以满足要求。在墙体内部区域按照试样孔隙率生成圆形颗粒,用 Fish 函数记录煤颗粒的圆心位置及半径,根据等面积原则对煤颗粒进行原位替换。在替换时,Clump 颗粒簇的旋转角度随机,密度与标准颗粒一致。

（3）生成水合物颗粒。假设水合物在试样中的存在形式为填充型，利用试样孔隙率和水合物的理论饱和度计算出水合物的体积分数，进而计算出含瓦斯水合物煤体的孔隙率。在煤颗粒间生成不同饱和度的水合物颗粒，然后将所有接触设为线性接触模型。其中水合物颗粒粒径为 0.3 mm，煤颗粒粒径为 0.54 ～ 0.75 mm，粒径服从随机分布。

（4）固结。利用伺服控制原理对试样设定 1 MPa 固结压力，进行预压并平衡。

（5）在颗粒间添加接触模型并施加围压。在煤颗粒和水合物颗粒间、水合物颗粒间添加平行黏结模型，在煤颗粒间、颗粒与墙体间添加线性接触模型，然后通过墙体伺服对试样施加围压并平衡。

（6）加载。通过控制应变速率，给上下墙体施加 0.05 m/s 速度实现加载，如图 4.7(b) 所示。当轴向应变达到 10% 时停止加载，加载过程中用 Fish 函数记录试样的偏应力、体积及配位数，并输出加载至不同阶段时颗粒旋转、颗粒位移、接触力链、配位数等结果。

4.2　考虑真实形状的含瓦斯水合物煤体宏细观力学性质

4.2.1　细观参数标定与验证

在开展双轴试验前，需要先对颗粒间的模型赋予特定的细观参数。细观参数的取值会影响数值模型的计算结果，因此，选取合理的接触模型参数是成功模拟含瓦斯水合物煤体力学性质的关键。以室内试验结果为依据，对 3 种不同饱和度试样进行多次双轴模拟后，利用"试错法"对模型细观参数进行标定，最终得到的细观参数见表 4.3、表 4.4、表 4.5。

表 4.3　饱和度 40% 试样细观参数

接触类型	线性接触参数			平行黏结接触参数				
	E^*/MPa	κ^*	μ	$\bar{E}^*$/MPa	$\bar{\kappa}^*$	$\bar{c}$	$\bar{\sigma}_c$	$\bar{\varphi}$
coal-coal	12×10^9	1.3	0.5	—	—	—	—	—
coal-hydrate	12×10^9	1.3	0.5	1×10^7	1.3	3×10^7	3×10^7	20
hydrate-hydrate	12×10^9	1.3	0.5	1×10^7	1.3	3×10^7	3×10^7	20
ball-facet	1×10^8	1	—	—	—	—	—	—

表4.4　饱和度 60% 试样细观参数

接触类型	线性接触参数			平行黏结接触参数				
	E^*/MPa	κ^*	μ	$\bar{E}^*$/MPa	$\bar{\kappa}^*$	$\bar{c}$	$\bar{\sigma}_c$	$\bar{\varphi}$
coal-coal	11×10^9	1.3	0.5	—	—	—	—	—
coal-hydrate	11×10^9	1.3	0.5	5×10^6	1.3	3×10^7	3×10^7	20
hydrate-hydrate	11×10^9	1.3	0.5	5×10^6	1.3	3×10^7	3×10^7	20
ball-facet	1×10^8	1						

表4.5　饱和度 80% 试样细观参数

接触类型	线性接触参数			平行黏结接触参数				
	E^*/MPa	κ^*	μ	$\bar{E}^*$/MPa	$\bar{\kappa}^*$	$\bar{c}$	$\bar{\sigma}_c$	$\bar{\varphi}$
coal-coal	12×10^9	1.3	0.5	—	—	—	—	—
coal-hydrate	12×10^9	1.3	0.5	3×10^6	1.3	3×10^7	3×10^7	20
hydrate-hydrate	12×10^9	1.3	0.5	3×10^6	1.3	3×10^7	3×10^7	20
ball-facet	1×10^8	1	—	—	—	—	—	—

　　数值模拟结果与室内试验结果对比如图4.8、图4.9所示。从图4.8中可知,3种饱和度试样的双轴试验应力－应变曲线均为应变硬化型。当饱和度为 40% 和 60% 时,含瓦斯水合物煤体数值模拟的应力－应变曲线与室内试验结果吻合较好;当饱和度为 80% 时,数值模拟相较于室内试验提前到达峰值强度,其原因在于真实颗粒在加载作用下,相互之间产生摩擦、咬合,影响颗粒转动的作用力,提高了数值模型在加载前期的承载能力。整体来看,数值模拟结果与室内试验结果曲线基本吻合,峰值强度和弹性模量的误差率均在 10% 以内,证明所选取的细观参数是可行的。

　　在图4.9中,数值模型的体积应变－轴向应变曲线均呈先剪缩后剪胀的趋势,但剪胀程度均小于室内试样。其原因在于室内试验中含瓦斯水合物煤体被橡胶薄膜包裹,试样在加载过程中发生不均匀鼓胀变形,而建立的双轴试验模型中采用刚性墙体进行伺服,试样的侧向变形表现出一致性,因此对模拟结果产生一定的影响。虽然数值模拟曲线存在一定波动性,但与室内试验曲线变化趋势一致,因此所建立的含瓦斯水合物煤体 3 种饱和度双轴试验模型均能够反映真实颗粒的力学及变形特性。

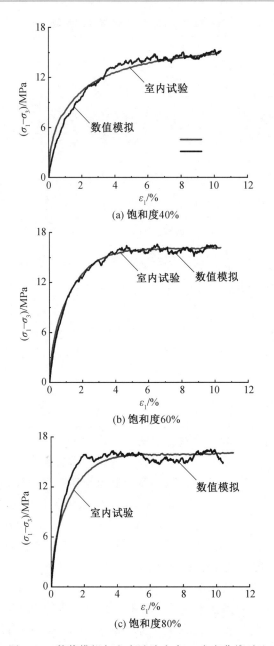

图 4.8　数值模拟与室内试验应力－应变曲线对比

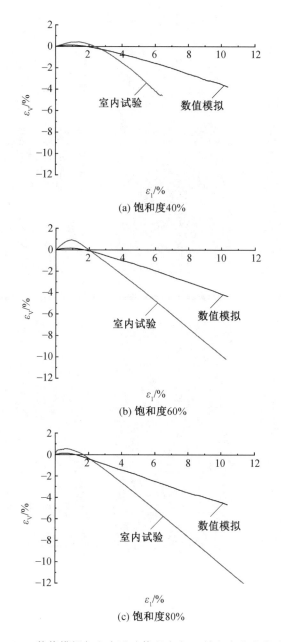

图 4.9　数值模拟与室内试验体积应变－轴向应变曲线对比

4.2.2　双轴试验宏观结果分析

通过导入煤颗粒轮廓生成 Clump 颗粒簇模板，根据原位替换原则，生成含瓦斯水合物煤体真实颗粒模型，确保两种模型的颗粒数一致，避免颗粒随机位置生成所引起的误差。之后对比分析圆形颗粒模型与真实颗粒模型的宏细观力学性质，以探究真实颗粒形状对含瓦斯水合物煤体力学特性的影响。同时，在双轴数值试验中设置 40%，60% 及 80% 这 3 种饱和度，共生成 6 种模拟试样，用于分析饱和度对含瓦斯水合物煤体力学及变形性质的影响。含瓦斯水合物煤体双轴试验模型对比如图4.10所示。

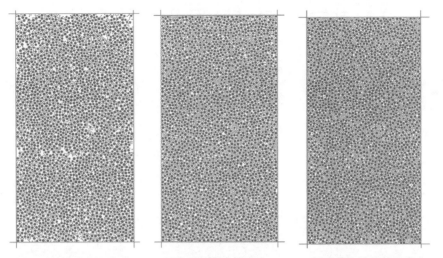

(a) 圆形颗粒模型(饱和度40%)　(b) 圆形颗粒模型(饱和度60%)　(c) 圆形颗粒模型(饱和度80%)

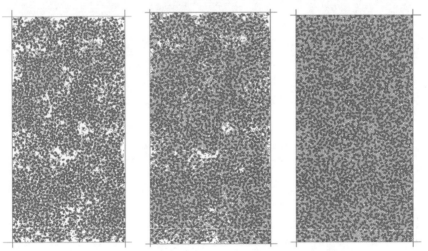

(d) 真实颗粒模型(饱和度40%) (e) 真实颗粒模型(饱和度60%) (f) 真实颗粒模型(饱和度80%)

图 4.10　含瓦斯水合物煤体双轴试验模型对比

1. 应力 — 应变曲线

　　图4.11为不同饱和度下两种颗粒模型的双轴试验应力 — 应变曲线。由图4.11(a)可知,当饱和度为40%时,两种颗粒模型的应力 — 应变曲线较为吻合,二者均表现为应变硬化型;由图4.11(b)可知,当饱和度为60%时,真实颗粒模型比圆形颗粒模型更早达到峰值强度,二者均表现为应变硬化型;由图4.11(c)可知,当饱和度为80%时,真实颗粒模型比圆形颗粒模型更早到达峰值强度,且前者的峰值强度高于后者,在加载后期,两种颗粒模型呈现出不同程度的应变软化,其中,后者的软化现象更明显。对比3种饱和度试样的数值模拟结果可以发现,饱和度越大,真实颗粒模型相较于圆形颗粒模型更早到达峰值强

度的情况越明显,其原因在于高饱和度下试样内部更加密实,与圆形颗粒相比,真实颗粒之间更容易产生咬合、嵌套或内锁等相互作用,从而提高了试样前期的承载能力。而圆形颗粒之间容易发生错动滑移,同等应力作用下,其抗变形能力低于真实颗粒。这说明随着饱和度增大,颗粒形状对含瓦斯水合物煤体宏观力学性质的影响更为明显。从整体的模拟结果来看,相较于圆形颗粒模型,真实颗粒模型能够更好地反映含瓦斯水合物煤体的力学性质。

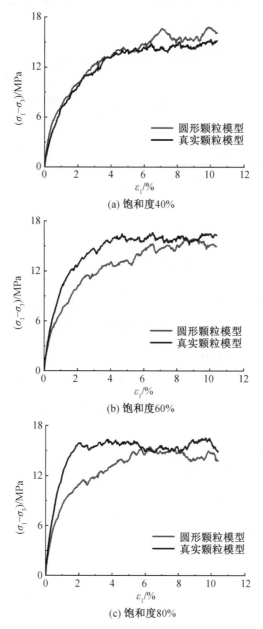

图 4.11　不同饱和度下两种颗粒模型的双轴试验应力－应变曲线

2. 体积应变－轴向应变曲线

　　图4.12为不同饱和度下两种颗粒模型的双轴试验体积应变－轴向应变曲线。从图4.12中可以看出，6组含瓦斯水合物煤体试样的体积应变－轴向应变曲线变化趋势一致，均表现为先剪缩后剪胀。相较于圆形颗粒模型，真实颗粒模型更早从剪缩阶段进入剪胀阶段。在不同饱和度条件下，真实颗粒模型的剪缩量均小于圆形颗粒模型，剪胀量均大于圆形颗粒模型。这是由于真实颗粒在试验过程中会发生重新排列，从而引起体积变化。

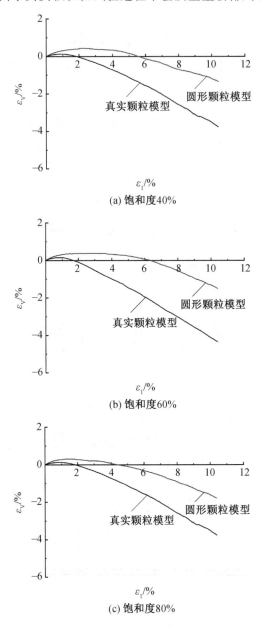

图 4.12　不同饱和度下两种颗粒模型的双轴试验体积应变－轴向应变曲线

4.2.3　双轴试验细观结果分析

1. 颗粒旋转

颗粒的旋转场能够直观地展示颗粒材料在双轴压缩过程中剪切带的发展和演化。图 4.13 为不同饱和度下两种颗粒模型的旋转场,从图中可以看出,煤体孔隙间的水合物颗粒相较于煤颗粒更易于发生旋转,这是因为水合物颗粒的粒径相比于煤颗粒较小,在加载过程中,小颗粒移动和旋转需要消耗的能量较少,故水合物颗粒的最大旋转角度远大于煤颗粒。在 PFC[2D] 中,由于圆形颗粒模型中的煤颗粒与水合物颗粒均采用 Ball 单元,不能单独显示煤颗粒的最大旋转量,因此以真实颗粒模型的 Clump 单元旋转量为标准,可以更加直观地分析颗粒形状对颗粒旋转的影响。从图4.13 中可以看出,圆形颗粒模型中发生旋转的颗粒明显多于真实颗粒模型,其原因在于真实颗粒间会产生咬合、内锁、摩擦和嵌套等作用,阻碍了颗粒间的相互转动。同时,圆形颗粒间更容易发生滚动和旋转,从而使得圆形颗粒的最大旋转量远大于真实颗粒。

从图4.13(a)中可以看出,当饱和度为 40% 时,真实颗粒的最大旋转角度为6.89 rad,且发生旋转的区域以左下部为主,并向右上方扩展,形成约为 45° 的剪切带;从图4.13(b)中可以看出,当饱和度为 60% 时,真实颗粒的最大旋转角度为7.60 rad,且发生旋转的区域主要位于右上部,但是范围小于饱和度 40% 的试样,同时旋转区域向左中部方向延伸,形成约为 40° 的剪切带;从图4.13(c)中可以看出,当饱和度为 80% 时,试样从右上方呈约 48° 向右下方形成剪切带,真实颗粒的最大旋转角度为7.8 rad,试样中发生旋转的颗粒数量小于饱和度 60% 的试样。对比 3 种饱和度试样旋转场可以发现,随着饱和度增大,真实颗粒的最大旋转角度逐渐增大,但是发生旋转的颗粒数量却在减少。其原因在于饱和度增大后颗粒体系内部更加密实,颗粒之间的接触更多,颗粒转动时受到的摩擦作用更大,从而阻碍了颗粒旋转。

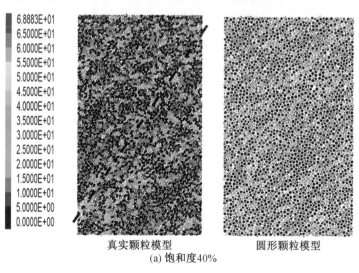

真实颗粒模型　　　　　　　　　　圆形颗粒模型
(a) 饱和度40%

图 4.13　不同饱和度下两种颗粒模型的旋转场(单位:(°))

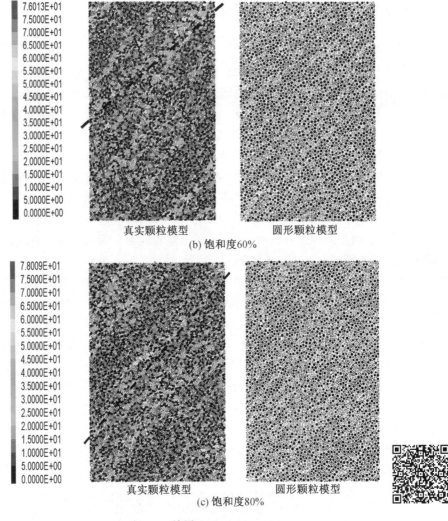

(b) 饱和度60%

(c) 饱和度80%

续图 4.13

2. 颗粒位移

图4.14 为不同饱和度下两种颗粒模型位移场及位移矢量场,对比了两种颗粒模型的颗粒位移及颗粒位移矢量。从图中可以看出相同饱和度下两种颗粒模型的位移矢量场差异较小,均表现为上下两侧颗粒向中部移动,中间颗粒向外运动,宏观表现为中部向外鼓胀,这与室内试验现象一致;对比位移场可以发现颗粒模型的上下部颗粒位移量大,中部颗粒位移量小,且两种颗粒模型中颗粒的最大位移量差异较小。

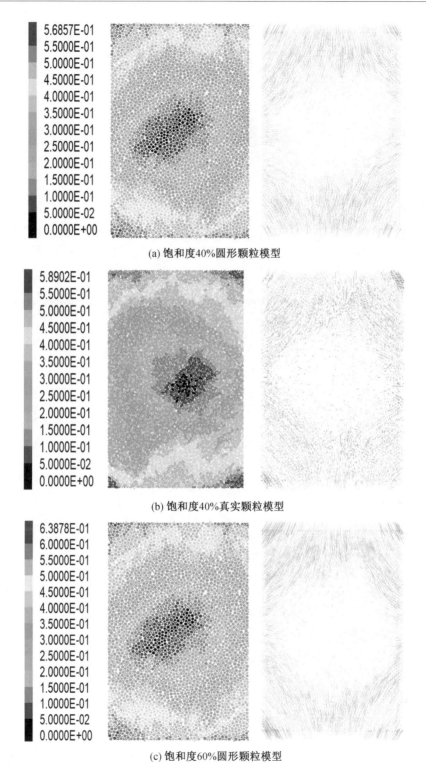

(a) 饱和度40%圆形颗粒模型

(b) 饱和度40%真实颗粒模型

(c) 饱和度60%圆形颗粒模型

图 4.14　不同饱和度下两种颗粒模型位移场及位移矢量场(单位:mm)

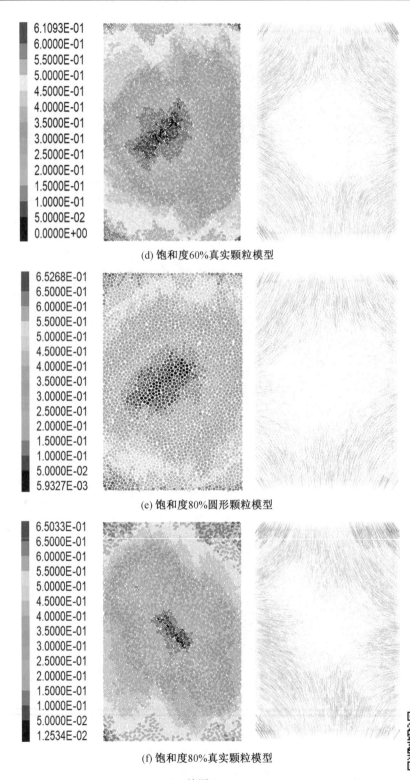

(d) 饱和度60%真实颗粒模型

(e) 饱和度80%圆形颗粒模型

(f) 饱和度80%真实颗粒模型

续图 4.14

对比图4.14(a)和图4.14(b)可以看出,饱和度为40%时,圆形颗粒模型的最大位移量为5.69 mm,真实颗粒模型的最大位移量为5.89 mm,两种颗粒模型的最大位移量差异较小,在真实颗粒模型中达到最大位移量的颗粒相对较多,中心部位未发生位移的颗粒较少。由位移矢量场可以看出,真实颗粒模型在中心区域外部存在大量颗粒向外位移,而圆形颗粒模型中心区域部分颗粒仍向内部位移,说明真实颗粒模型内部的嵌套和内锁作用使得中心区域形成整体,内部颗粒不再发生位移,其他颗粒则绕着中心区域向外部移动;而圆形颗粒之间容易发生错动与滑移,导致圆形颗粒模型内部仍有颗粒继续向中心区域移动。从图4.14中可以发现,饱和度为60%和80%时两种颗粒模型之间的差异与饱和度为40%时相似,但3种饱和度下的最大位移量随饱和度增大而增大。当饱和度为60%时,圆形颗粒模型与真实颗粒模型的最大位移量分别为6.39 mm和6.11 mm;当饱和度为80%时,两种模型的最大位移量分别增大至6.52 mm和6.50 mm。

3. 速度场

图4.15为不同饱和度下两种颗粒模型速度场。对比图4.15(a)中的两种模型速度场可以看出,当饱和度为40%时,圆形颗粒模型的颗粒最大速度为1.38 mm/s,真实颗粒模型的颗粒最大速度为1.61 mm/s,虽然真实颗粒模型的颗粒最大速度大于圆形颗粒模型,但从整体上看,圆形颗粒模型和真实颗粒模型的速度场分布差异不大,大多分布在0.2～0.5 mm/s范围内。在两种颗粒模型中,试样中心部位均形成了运动方向较为混乱、规模随机的区域,同时均表现为两端速度大,中间速度小,中部颗粒均呈向外运动的趋势。

从图4.15(b)中可以发现,当饱和度为60%时,圆形颗粒模型的颗粒最大速度为3.78 mm/s,真实颗粒模型的颗粒最大速度为1.61 mm/s,圆形颗粒模型的颗粒最大速度约为真实颗粒模型的两倍,从整体速度场分布来看,圆形颗粒模型的速度在0.25～0.5 mm/s范围内,而真实颗粒模型的速度在0.1～0.3 mm/s范围内,圆形颗粒模型整体大于真实颗粒模型。圆形颗粒模型在试样的中下部位形成了混乱区域,而上半部分的颗粒则表现为向下运动,两侧的颗粒向外部运动;真实颗粒模型在试样的中上部位形成了小面积的漩涡状分布,试样左半部的颗粒运动方向规律性较差,在左下方出现混乱区域,而右侧颗粒均表现为向外部运动。

从图4.15(c)中可以发现,当饱和度增大至80%时,圆形颗粒模型的颗粒最大速度为0.78 mm/s,真实颗粒模型的颗粒最大速度为1.13 mm/s,圆形颗粒模型的颗粒最大速度小于真实颗粒模型,从整体速度场分布来看,圆形颗粒模型上下两端的颗粒运动速度在0.35～0.5 mm/s范围内,中部的颗粒运动速度在0.05～0.2 mm/s范围内,试样内部的颗粒运动方向较为混乱,而真实颗粒模型试样内部的颗粒运动方向规律性较为明显,运动速度均在0.1～0.3 mm/s范围内。在真实颗粒模型中,以图中的虚线为界,虚线右上方区域内的颗粒均表现出与虚线走向相同的运动趋势,虚线左边区域的颗粒则表现为向背离虚线的方向运动,试样的下半部分颗粒则表现为向中部和两侧运动。

对比不同饱和度下两种颗粒模型的速度场,圆形颗粒模型在饱和度为60%时颗粒运动具有规律性,而其他两种饱和度下则较为混乱;随着饱和度增大,真实颗粒模型内部颗粒运动的混乱程度逐渐下降,并在饱和度60%试样内出现漩涡区域,其原因在于加载过程中真实颗粒之间的咬合、旋转等作用力的共同影响;当饱和度为80%时,试样内部形成

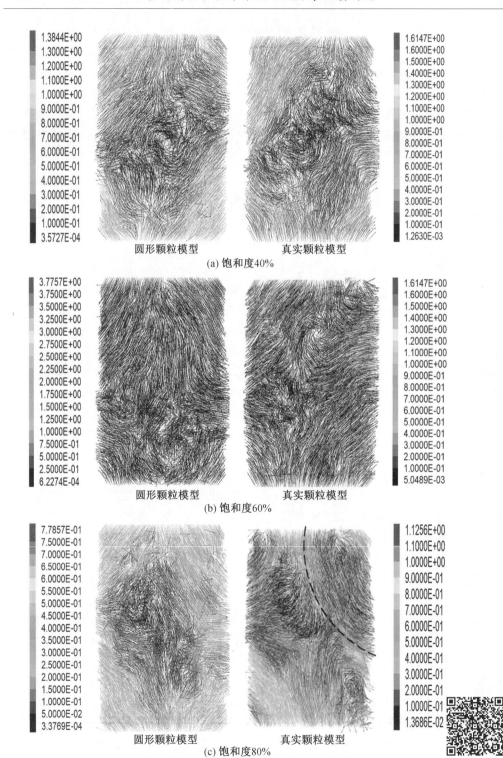

图 4.15　不同饱和度下两种颗粒模型速度场(单位:mm/s)

一条类似于滑动面的弧形分界线,其两侧的颗粒运动方向差异较大。从真实颗粒模型不同饱和度试样的速度场中可以发现,随着饱和度的增大,试样的密实度增大,并且增加了颗粒体系内部的接触数量,从而限制了颗粒的无规则运动,减少了试样内部颗粒出现运动混乱的可能性。而圆形颗粒模型在高饱和度下仍会出现混乱区域,其原因在于圆形颗粒之间没有咬合等作用,易于发生错动,从而导致颗粒的运动方向更加随机。

4. 接触力链

外部荷载由试样内部的颗粒接触传递,应力传递路径的集合则称为力链网络。可通过分析颗粒体系的力链演化特征,从细观角度解释含瓦斯水合物煤体对外部荷载的宏观力学响应机制。图4.16为不同饱和度试样在双轴压缩过程中的力链演化过程,图中力链颜色越深,线条越粗,说明该力链所传递的接触力越大。从图中可以看出,圆形颗粒模型在加载过程中,试样内部逐渐形成连续的、贯穿试样的力链网络,而真实颗粒模型内部力链分布较为分散,强力链数目相对较少。

从图4.16(a)中可以看出,当$\varepsilon_1 = 1\%$时,圆形颗粒模型内部出现连续的力链网络,随着加载继续进行,试样内部的力链网络更加明显,强力链数目增多,当试样结束加载达到峰值强度时,试样内部已经形成密集的力链网络,这是由于圆形颗粒模型颗粒之间接触较为均匀,传递力的作用时能够形成相对完整的力链网络,其最大接触力为11.48 kN。如图4.16(b)所示,相对于圆形颗粒模型,当$\varepsilon_1 = 1\%$时,真实颗粒模型内部出现零散的力链,强力链数目较多但不连续,这是真实颗粒之间接触不均匀导致的。随着加载继续进行,强力链数目增多,但仍表现为不均匀分布,当试样结束加载达到峰值强度时,试样内部分散的接触力链贯通,形成断断续续的力链,说明在加载过程中,真实颗粒发生旋转错动,重新排列,使得颗粒之间的接触更加均匀。与圆形颗粒模型相比,真实颗粒模型的最大接触力相对较小,为9.53 kN。

如图4.16(c)和图4.16(d)所示,当饱和度为60%时,两种颗粒模型的力链变化规律与饱和度40%时相似,区别在于圆形颗粒模型的最大接触力小于真实颗粒模型,分别为10.17 kN和10.63 kN。在加载结束时,真实颗粒模型内部的力链呈现连续贯穿试样的趋势,真实颗粒模型的强力链数目明显少于圆形颗粒模型,说明在同等作用下,真实颗粒体系的承载能力高于圆形颗粒体系,这是由于真实颗粒在重新排列后形成了各向异性更强、更有效的传力路径。

如图4.16(e)和图4.16(f)所示,当饱和度为80%时,圆形颗粒模型的最大接触力大于真实颗粒模型,分别为12.94 kN和11.46 kN。从图4.16(e)中可以发现,当$\varepsilon_1 = 1\%$时,饱和度80%圆形颗粒模型内部已经形成了连续的力链网络,这是由于瓦斯水合物填充了煤体内部的孔隙,使得煤体的内部体系更加稳定,而且颗粒之间的接触力大于其他两种饱和度的试样,说明饱和度增大提高了煤体的承载能力。从图4.17(f)中可以看出,当$\varepsilon_1 = 1\%$时,真实颗粒模型内部的力链数量与圆形颗粒模型相比较少,这是由于真实颗粒模型的剪胀程度较高,体积膨胀会使得颗粒间的接触减少。加载结束时强力链数目明显减少,说明在加载过程中已经完成了颗粒重新排列,这与由图4.16(c)和图4.16(d)所得出的结论一致。

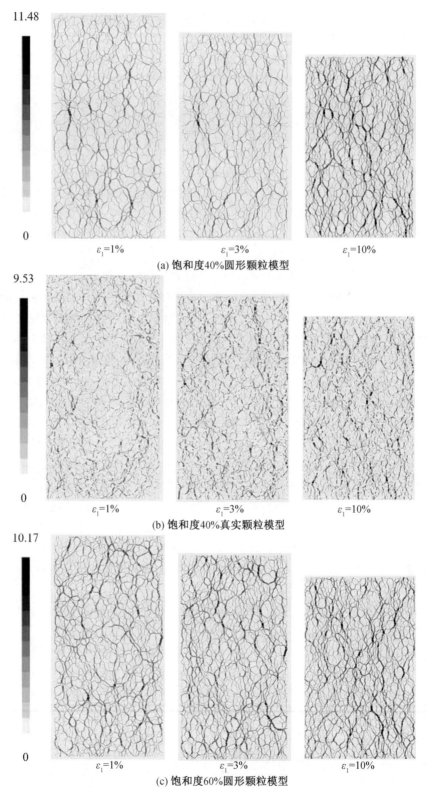

图 4.16　　不同饱和度试样在双轴压缩过程中的力链演化过程(单位:kN)

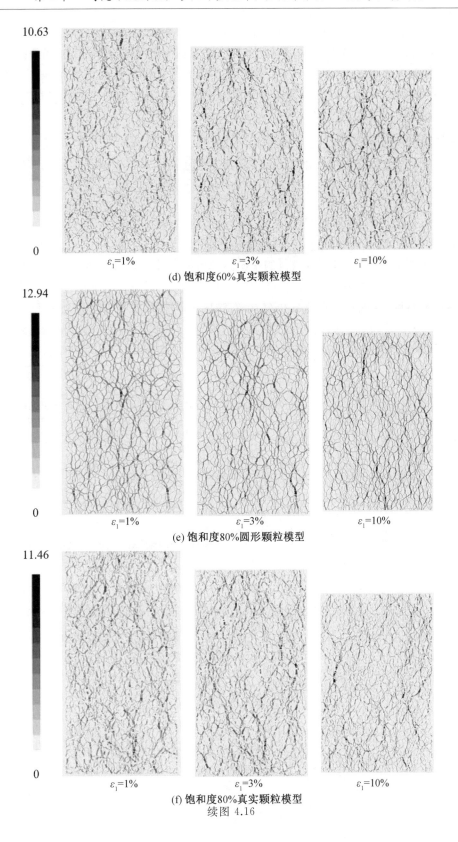

(d) 饱和度60%真实颗粒模型

(e) 饱和度80%圆形颗粒模型

(f) 饱和度80%真实颗粒模型

续图 4.16

　　从图4.16中可以看出,随着饱和度的增大,真实颗粒模型的最大接触力逐渐增大,由9.53 kN增至11.46 kN,增加了约20%。同时,随着饱和度增大,试样在加载初期内部出现的力链数量明显增多,这是由于水合物饱和度增大使得含瓦斯水合物煤体内部更加密实,传递力的作用时更加均匀,试样内部体系更加稳定,宏观表现为水合物饱和度越大,含瓦斯水合物煤体的强度越高。

5. 配位数

配位数即颗粒间的平均接触数,其数学表达式为

$$z = \frac{2N_c}{N_p} \tag{4.4}$$

式中　　N_c和N_p——数值模型内部总的接触数和颗粒数。

对某一颗粒来说,配位数越大,与之接触的颗粒个数越多。

在PFC[2D]中,可以通过设置测量圆来记录数值模型在双轴压缩过程中配位数的演化过程。因此,在含瓦斯水合物煤体模拟试样形心处及其上下两侧共设置3个半径为15 mm的测量圆,并编写用于监测孔隙率的Fish语言函数,监测试样在加载过程中配位数的演化过程。配位数检测实现方式如图4.17所示。由于3个测量圆所测得的结果有所差异,所以取三者的平均值作为最终结果。图4.18为不同饱和度下两种颗粒模型配位数曲线。

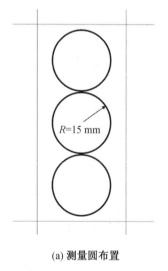

```
measure creat id 11 x 2.5 y 2.0 radius 1.5
measure creat id 12 x 2.5 y 5.0 radius 1.5
measure creat id 13 x 2.5 y 8.0 radius 1.5
[m1=measure.find(11)]
[m2=measure.find(12)]
[m3=measure.find(13)]
def peiweishu1
    peiweishu1=measure.coordination(m1)
end
def peiweishu2
    peiweishu2=measure.coordination(m2)
end
def peiweishu3
    peiweishu3=measure.coordination(m3)
end
```

(a) 测量圆布置　　　　　　　　　(b) 测量圆设置及配位数记录

图 4.17　　配位数检测实现方式

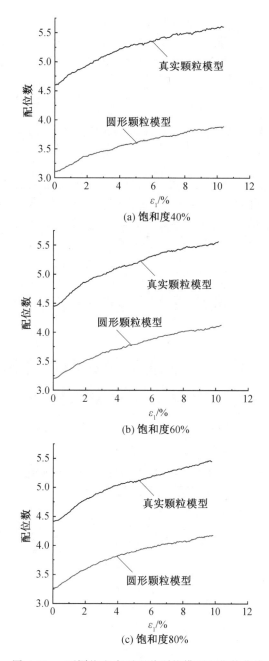

图 4.18　不同饱和度下两种颗粒模型配位数曲线

表4.6中给出了不同饱和度下两种颗粒模型的初始及最终的配位数。数据表明,真实颗粒模型的初始配位数和最终配位数均远大于圆形颗粒模型,这与 Li 等、华文俊等的模拟结果一致。这是由于在建立模型时根据原位等面积替换原则生成真实颗粒,在面积相同的情况下圆形的周长最小,越真实的形状周长越长,在替换为真实颗粒后,煤颗粒单元的周长增加,与之接触的水合物颗粒数目显著增加,导致试样内部总的接触数增加。当饱和度从 40% 增大至 60% 和 80%,圆形颗粒模型和真实颗粒模型的初始配位数差值分

别从 1.492 减小至 1.247 和 1.144,最终配位数差值分别从 1.718 减小至 1.445 和 1.275,由此可以看出,颗粒形状对配位数增大幅度的影响程度随饱和度增大而降低。

表4.6　不同饱和度下两种颗粒模型的初始及最终配位数

饱和度	40%	60%	80%
圆形颗粒模型初始配位数	3.114	3.205	3.271
真实颗粒模型初始配位数	4.606	4.452	4.415
圆形颗粒模型最终配位数	3.889	4.121	4.178
真实颗粒模型最终配位数	5.607	5.566	5.453

从图4.18 中可以看出,6 组含瓦斯水合物煤体模拟试样的配位数变化规律相似,均表现为随着轴向应变增大而增大,增大速率逐渐减小并最终趋于稳定,呈对数曲线增长趋势,且真实颗粒模型曲线始终位于圆形颗粒模型曲线上方。结合表4.6 可以发现,当饱和度从 40% 增大至 60% 和 80%,圆形颗粒模型初始配位数与最终配位数的差值分别为 0.775,0.916 和 0.907,真实颗粒模型初始配位数与最终配位数的差值分别为 1.001,1.114 和 1.038。这说明当颗粒形状相同时,饱和度对试样加载前后配位数增大幅度的影响并不明显。

4.3　球度和扁平度对含瓦斯水合物煤体宏细观力学性质影响规律

近年来,学者们在二维上提出了一系列形状参数,且参数定义方法不同,表4.7 为部分学者对颗粒形状的定义及物理意义。

表4.7　部分学者对颗粒形状的定义及物理意义

学者	研究对象	参数名称	计算方法	物理意义
孔亮等	砂土	凹凸度	颗粒最大内接椭圆的面积除以颗粒实际面积	反映颗粒表面的凹凸程度
		圆形度	颗粒面积除以与颗粒等周长的圆面积	反映颗粒接近圆形的程度
刘清秉等	砂土	整体轮廓系数	等效圆周长除以颗粒周长	反映颗粒表面的起伏程度
		棱角度	颗粒最小外接多边形周长除以等效椭圆周长	反映颗粒表面棱角数目和突出程度
梅志能等	吹填砂	扁平度	颗粒最大 Feret 直径除以最小 Feret 直径	反映颗粒的狭长程度
		圆形度	颗粒轮廓周长的平方除以 4π 倍的颗粒面积	反映颗粒的棱角尖锐程度和外形粗糙程度

续表4.7

学者	研究对象	参数名称	计算方法	物理意义
王蕴嘉等	堆石料	球度	颗粒轮廓的最大内切圆半径除以最小外接圆半径	反映颗粒接近圆形的程度
李丹等	尾矿颗粒	粗糙度	颗粒面积除以外凸多边形面积	反映颗粒表面的光滑程度

通过引入球度和扁平度两个参数，量化真实颗粒的形状，以探究颗粒形状对含瓦斯水合物煤体宏细观力学性质的影响。其中，球度为颗粒最大内切圆与最小外接圆半径之比，反映颗粒接近圆形的程度，如图4.19(a)所示。其值表示为

$$S = R/r \tag{4.5}$$

式中　R——最大内切圆半径；

　　　r——最小外接圆半径。

S 的取值范围为 $0 \sim 1$，该值越接近 1，说明颗粒形状越接近圆形。

扁平度为颗粒的长短轴长度之比，反映颗粒的狭长程度，如图4.19(b)所示。其值表示为

$$E = L/B \tag{4.6}$$

式中　L——长轴长度，即最大 Feret 直径；

　　　B——短轴长度，即最小 Feret 直径。

E 的最小值为 1，该值越大，则颗粒形状越细长，该值越小则颗粒形状越接近圆形或方形。

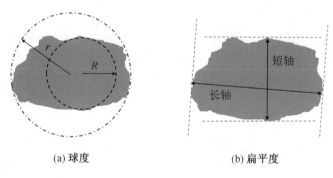

(a) 球度　　　　　　　　　(b) 扁平度

图 4.19　颗粒形状量化

基于此，建立球度不同的类正方形和类三角形两种形状的 Clump 单元模型，用于分析球度对含瓦斯水合物煤体力学性质的影响规律；建立两种不同扁平度的类长条形 Clump 单元模型，用于分析扁平度对含瓦斯水合物煤体力学性质的影响规律。

4.3.1　不同颗粒形状模型构建

为了在 PFC^{2D} 中生成不同形状的 Clump 单元模型，采用"Clump template"命令生成不同形状的颗粒簇模板，如图4.20所示。如图4.20(a)所示，创建的类正方形颗粒簇模板

可由四个半径相同的 Pebble 组成,在命令中分别输入 4 个 Pebble 的半径 r,以及 x,y 两个方向的坐标,它们圆心连线所组成的正方形边长等于 1,其球度为 0.812;图 4.20(b) 中,半径相同的 3 个 Pebble 的圆心连线组成底为 1、高为 1 等腰三角形,其球度为 0.667;图 4.20(c) 中两个分别由 2 个 Pebble 和 3 个 Pebble 组成的类长条形,其扁平度分别为 1.5 和 2。

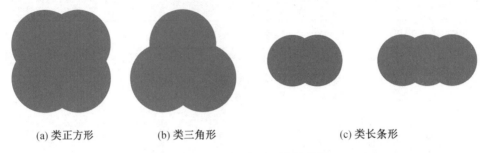

(a) 类正方形　　　　(b) 类三角形　　　　　　　(c) 类长条形

图 4.20　不同形状的颗粒簇模板

生成模板后,根据原位等面积替换原则,生成 4 种不同颗粒形状的含瓦斯水合物煤体数值模型。在前一节研究结果中,饱和度 60% 试样的细观参数拟合度最好,为了针对性地研究颗粒形状对含瓦斯水合物煤体宏细观力学性质的影响,4 种模型的饱和度均设置为 60%,保证试样内部的颗粒数量相同,生成的 4 种双轴试验模型如图4.21所示。为了使两种形状参数的影响规律更加直观,将前一节中圆形颗粒模型的双轴试验结果作为对照,其中圆形颗粒的球度和扁平度均为 1,数值模型参数见表4.8。加载过程中,记录 4 种模型的应力－应变曲线、体积应变－轴向应变曲线、颗粒旋转、颗粒位移、速度场、接触力链和配位数等信息,对比分析不同颗粒形状试样的宏细观力学特性。

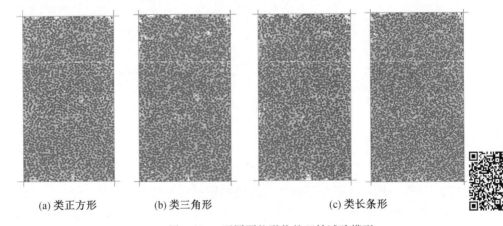

(a) 类正方形　　　　(b) 类三角形　　　　　　　(c) 类长条形

图 4.21　不同颗粒形状的双轴试验模型

表4.8　数值模型参数

编号	颗粒形状	球度	扁平度	饱和度 /%	围压 /MPa	颗粒数量 / 个
S0	圆形	1	1			
S1	类正方形	0.812	—			
S2	类三角形	0.667	—	60%	12	6 523
E1	类长条形	—	1.5			
E2	类长条形	—	2			

4.3.2　不同颗粒形状模型双轴试验结果分析

开展 4 种不同颗粒形状的含瓦斯水合物煤体试样的双轴压缩试验,分析不同球度、不同扁平度数值模型的应力－应变曲线、体积应变－轴向应变曲线、颗粒旋转、颗粒位移、速度场、接触力链和配位数等。

1. 应力－应变曲线

图4.22 为不同形状参数数值模型的应力－应变曲线。从图4.22(a) 中可以看出,在相同饱和度条件下,两种不规则颗粒模型的应力－应变曲线较为接近,均呈应变软化型,而圆形颗粒模型的应力－应变曲线呈应变硬化型;在加载结束时,3 种模型的偏应力值逐渐趋于一致。通过对比 3 种不同球度试样的应力－应变曲线,发现随着球度减小,曲线从应变硬化型转变为应变软化型,且球度越小,应变软化现象越明显。同时,随着球度的减小,试样的峰值强度从15.88 MPa 增长至18.27 MPa 和18.51 MPa,且球度越小,试样越早到达峰值强度。

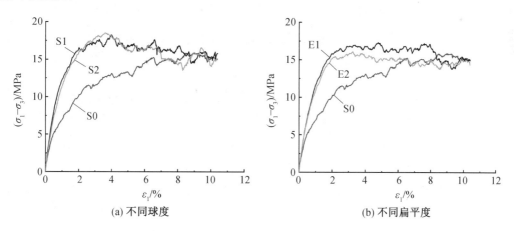

(a) 不同球度　　　　　　　　　　　　(b) 不同扁平度

图 4.22　不同形状参数数值模型的应力－应变曲线

在图4.22(b) 中,两种类长条形颗粒模型的应力－应变曲线均呈应变软化型,在加载结束时,3 种模型的偏应力值逐渐趋于一致,这与图4.22(a) 中的规律相似。对比 3 种不同扁平度试样的应力－应变曲线,发现随着扁平度增大,曲线同样从应变硬化型转变为应变软化型,而且扁平度越大,应变软化现象越明显。同时,随着扁平度的增大,试样的峰值强度呈先增大后减小的趋势,先从15.88 MPa增长至17.31 MPa,随后降低为16.11 MPa,而且扁平度越大,颗粒间的嵌套作用越明显,试样越早到达峰值强度。

从上述结论中可以发现,球度减小和扁平度增大均提高了颗粒的不规则程度,使试样内部的颗粒之间产生了嵌套、内锁等作用,从而提高了试样前期的强度,这表明煤颗粒的不规则程度越高,含瓦斯水合物煤体的强度越高。

2. 体积应变－轴向应变曲线

图4.23为不同形状参数数值模型的体积应变－轴向应变曲线。在图4.23(a)中,3种不同球度的试样均呈先剪缩后剪胀的趋势,且两种不规则颗粒模型的体积应变－轴向应变曲线基本吻合,二者的剪胀量均大于圆形颗粒模型,更早进入剪胀阶段。图4.23(b)中的现象与图4.23(a)中的现象基本一致,说明当颗粒形状不规则时,含瓦斯水合物煤体会较早到达剪缩极值并进入剪胀阶段。

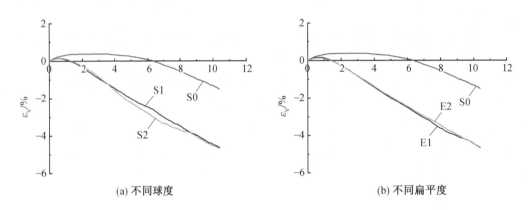

(a) 不同球度　　　　　　　　　　　　　(b) 不同扁平度

图 4.23　　不同形状参数数值模型的体积应变－轴向应变曲线

3. 颗粒旋转

图4.24为不同形状参数数值模型的颗粒旋转场。在图4.24(a)中,类正方形颗粒的最大旋转角度为95.25 rad,试样内部形成与水平方向约呈52°的剪切带,发生旋转的颗粒主要集中在试样的左下区域;类三角形颗粒的最大旋转角度为85 rad,试样的剪切带几乎与模型的对角线重合。对比二者的旋转场可以发现,在类正方形颗粒模型中发生旋转的颗粒多于类三角形颗粒模型,且前者的颗粒最大旋转角度大于后者,但二者发生旋转的颗粒数量差异并不明显,说明煤颗粒球度的变化主要影响含瓦斯水合物煤体内部颗粒的最大旋转角度。

由图4.24(b)可以看出,两种不同扁平度试样的颗粒旋转场差异十分明显。在E1(扁平度1.5的类长条形颗粒模型)中,颗粒的最大旋转角度为11.15 rad,试样内部形成与水平方向约呈45°的剪切带,位于试样的左上部;在E2(扁平度2的类长条形颗粒模型)中,

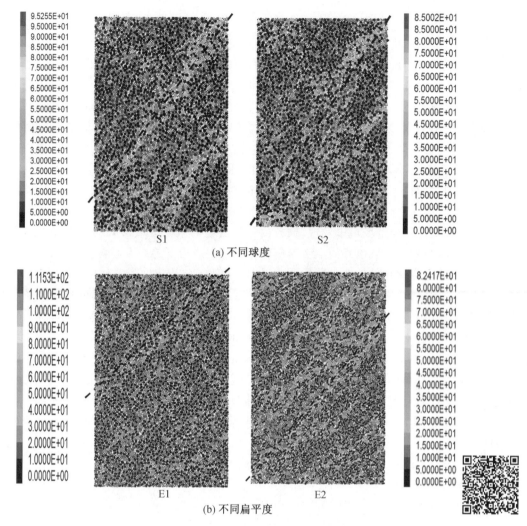

图 4.24　不同形状参数数值模型的颗粒旋转场(单位:(°))

颗粒的最大旋转角度为8.24 rad,试样内部形成与水平方向约呈 50° 的剪切带,且发生旋转的颗粒集中在剪切带附近,形成一个平行于剪切带的旋转区域。由此可以发现,E2 中发生旋转的颗粒明显多于E1 中,但 E2 中颗粒的最大旋转角度却小于E2。这是由于在 E2 中,煤颗粒单元由 3 个 Pebble 组成,相较于 E1 中的煤颗粒单元更为狭长,并且相对于颗粒单元形心处的力臂较长,作用在颗粒单元上的偏心力可以更加轻易地使颗粒发生旋转。同时由于其形状过于狭长,在旋转时想要转动更大的角度,就必须有足够的空间,而在含瓦斯水合物煤体内部,由于水合物的存在,颗粒体系较为密实,限制了煤颗粒的最大旋转角度。由于 E1 的扁平度小于E2,因此二者模拟的结果差异较大。

由图4.24 可以发现,煤颗粒球度和扁平度的变化均能够影响含瓦斯水合物煤体内部的颗粒旋转,相对于球度,扁平度变化的影响更加显著,后者能够同时影响煤体内部发生旋转的颗粒数量和颗粒的最大旋转角度,煤颗粒的扁平度越大,煤体内部发生旋转的颗粒越多,颗粒的最大旋转角度越小。

4. 颗粒位移

图4.25为不同形状参数数值模型的颗粒位移场和位移矢量场,从图中可以看出,所有模型的位移矢量场均表现为上下两侧颗粒向中部移动,中部颗粒向外运动的趋势,宏观表现为试样中部向外鼓胀,这与室内试验现象一致。对比图4.25(a)、(b)及(c),发现3个不同球度数值模型的颗粒最大位移随着球度减小而略微减小,分别为6.39 mm,6.29 mm及6.25 mm,说明球度的变化对颗粒最大位移量的影响并不明显。在类正方形颗粒模型的位移场中,出现了3个不同规模的蓝色区域,在类三角形颗粒模型的位移场中则出现了一个 V 形的区域,这些区域的形状完全随机,而且均出现在试样的中心部位,其原因在于不规则颗粒模型在加载过程中,在外部荷载的挤压作用下,中心区域内的煤颗粒发生旋转错动并重新排列,彼此之间相互咬合内锁,颗粒位移受到阻碍,于是形成了不易发生变形的整体。对照颗粒位移矢量场可以发现,颗粒位移矢量场的空白区域形状与位移场的蓝色区域形状相同,当中心区域以外的上下两侧颗粒在轴向应力下趋向中心移动时,由于内部已经形成整体,这些颗粒沿着蓝色区域的边界向两侧移动。同时,随着球度减小,试样中未发生位移的颗粒数量显著减少,其原因在于在加载过程中,球度越小,煤颗粒之间越容易咬合内锁,于中心部位形成蓝色区域的时间越早,而其他颗粒则沿着蓝色区域边界向外移动,当颗粒的位移方向一致时则不易发生咬合和内锁等作用。

从图4.25(a)、(d)和(e)中可以看出,3种不同扁平度的数值模型的颗粒最大位移随着扁平度增大先减小后增大,分别为6.39 mm,5.49 mm及6.33 mm,说明扁平度的变化对颗粒最大位移量影响无明显规律。3种模型中未发生位移的颗粒数量随着扁平度增大而减小,这与球度的影响一致,均表现为颗粒的不规则程度越高,中心区域越早形成牢固稳定的整体。

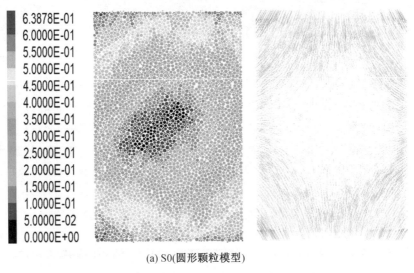

(a) S0(圆形颗粒模型)

图 4.25　不同形状参数数值模型的颗粒位移场(单位:mm)和位移矢量场(单位:mm/s)

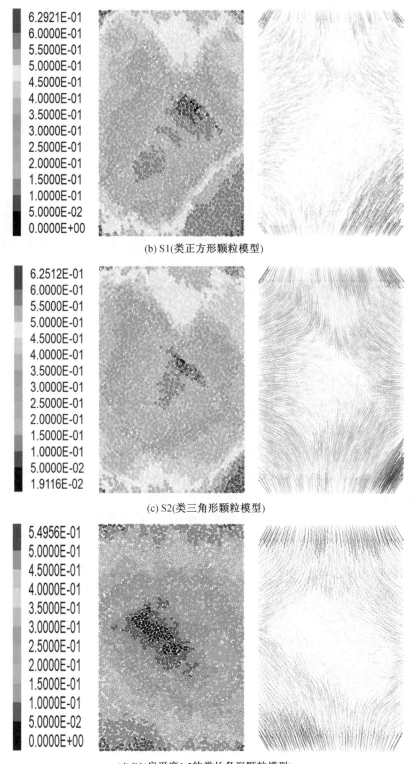

(b) S1(类正方形颗粒模型)

(c) S2(类三角形颗粒模型)

(d) E1(扁平度1.5的类长条形颗粒模型)

续图 4.25

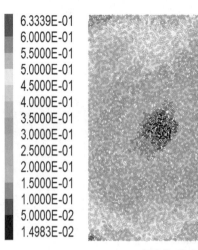

(e) E2(扁平度2的类长条形颗粒模型)

续图 4.25

5.速度场

图4.26为不同形状参数数值模型的颗粒速度场。由图4.26(a)可以看出,S1(类正方形颗粒模型)的颗粒最大速度为0.91 mm/s,S2(类三角形颗粒模型)的颗粒最大速度为1.61 mm/s,S2的颗粒最大速度大于S1。从整体上看,两种模型的速度场分布同样存在差异,S1内部的颗粒最大速度大多分布在0.1~0.3 mm/s范围内,S2内部的颗粒最大速度大多分布在0.3~0.5 mm/s范围内,与圆形颗粒模型的速度场分布较为接近,说明随着球度减小,颗粒的运动速度呈现先减小后增大的变化趋势。对比S1和S2的速度场分布可以发现,S1上下两端的颗粒向中心和外部运动,其中心部位存在颗粒运动方向混乱的椭圆形区域,在该区域外的颗粒则沿着其边界向外运动;而在S2中,颗粒的运动方向呈现出明显的规律性,在试样的左上角至右下角的对角线方向上,形成了一条颗粒运动速度小且方向较为无序的条带状区域,分布在该区域右上方的颗粒均呈向右下运动,且方向与对角线平行,而分布在该区域左下方的颗粒,运动方向与该区域右上方的颗粒完全相反,亦平行于对角线,速度大小与该区域右上方的颗粒基本相同。

由图4.26(b)可以发现,E1(扁平度1.5的类长条形颗粒模型)的颗粒最大速度为0.3 mm/s,E2(扁平度2的类长条形颗粒模型)的颗粒最大速度为1.04 mm/s,E2的颗粒最大速度远大于E1。从整体上看,两种模型的速度场分布同样存在差异,E1内部的颗粒最大速度大多分布在0.025~0.1 mm/s范围内,E2内部的颗粒最大速度大多分布在0.1~0.3 mm/s范围内,二者均小于圆形颗粒模型中的颗粒最大速度,说明随着扁平度增大,颗粒的运动速度呈先减小后增大的变化趋势。从E1的速度场分布可以看出,在试样上部和下部各有一个颗粒旋转形成的漩涡状速度分布,下部的漩涡范围更大、更明显,试样中心区域位于该漩涡中心的右上方,这部分颗粒均以漩涡为中心做逆时针方向运动,在试样内部没有出现混乱区域。在E2的速度场分布中,试样内部形成了一条速度分布具有明显差异的圆弧状分界线,在该曲线左上方区域内的颗粒,基本呈现向左下方运动的趋势,而在该曲线右下方区域内的颗粒则呈现向右上或外侧运动的趋势。

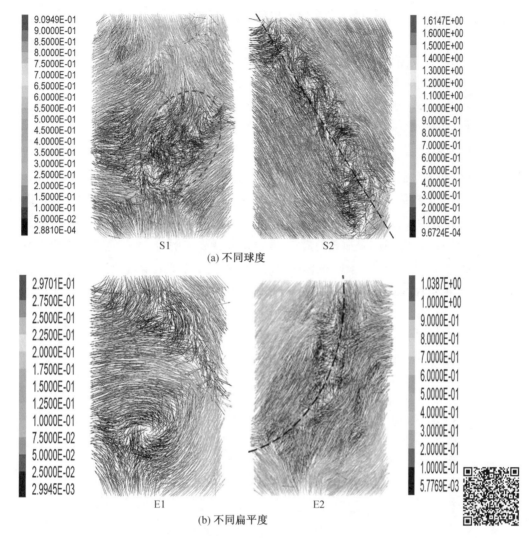

图 4.26　不同形状参数数值模型的颗粒速度场(单位:mm/s)

　　对比饱和度为 60% 时不同球度和不同扁平度下的 4 种颗粒模型速度场,可以发现颗粒形状对模型内部颗粒的速度场分布有着十分显著的影响。随着球度减小,颗粒内部的混乱区域范围有所增大,但混乱区域以外的颗粒速度场分布则逐渐均匀,在类三角形颗粒模型中,颗粒速度场分布几乎呈中心对称。当颗粒的扁平度增大为 1.5 时,试样内部出现了明显的漩涡状速度场,漩涡周围的颗粒速度矢量呈逆时针方向,这是由不规则颗粒的旋转和咬合作用共同引起的。

6. 接触力链

　　图 4.27 为不同形状参数数值模型的力链演化过程。从图 4.27(a)、(b)及(c)中可以看出,试样内部的最大接触力随着球度减小而增大,当颗粒球度从 1 减小至 0.812 和 0.667 时,模型的最大接触力从 10.17 kN 增大至 10.63 kN 和 12.71 kN,分别增大了 4.52% 和

24.98%。当应变为 1% 时，圆形颗粒模型内部出现连续的力链网络，而在类正方形颗粒模型和类三角形颗粒模型中，出现的力链较为分散，与 S2（类三角形颗粒模型）相比，S1（类正方形颗粒模型）中的力链连续程度相对较好。随着加载继续进行，圆形颗粒模型试样内部的力链网络更加明显，强力链数量开始增多；S1 中虚线状力链越来越多，虽然 S1 中的强力链数量少于圆形颗粒模型，但有贯穿试样的趋势；而在 S2 中，力链分布的规律性较差，在试样内部随机出现，且强力链数量少于其他两种颗粒模型。当试样达到峰值强度时，试样内部已经形成密集的力链网络，这是由于圆形颗粒模型颗粒单元之间接触较为均匀，传递力的作用时能够形成相对完整的力链网络；在 S1 中，力链的分布形式仍表现为不连续，且强力链的数量明显少于圆形颗粒模型；在 S2 中，强力链数量大幅度减少，这说明球度越小颗粒间的接触力越不均匀。

在双轴压缩作用下，随着加载的进行，颗粒体系越来越密实，内部的接触总数逐渐增加。S1、S2 与圆形颗粒模型相比，试样内部的强力链数量显著减少，说明试样内部颗粒间的接触力明显减小。这是因为不规则颗粒在外部荷载作用下旋转移动，在颗粒间形成咬合嵌套削弱了外部荷载，从而降低了颗粒间的接触力。总体而言，煤颗粒球度的变化对含瓦斯水合物煤体内部的力链变化规律有着十分显著的影响，当煤颗粒球度减小时，煤体内部的强力链数量明显减少，试样的强度显著提高。

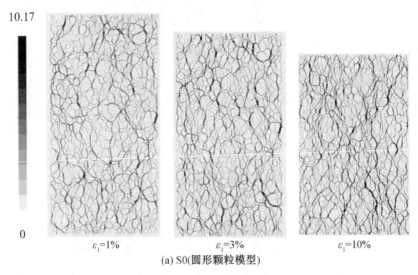

图 4.27　不同形状参数数值模型的力链演化过程（单位：kN）

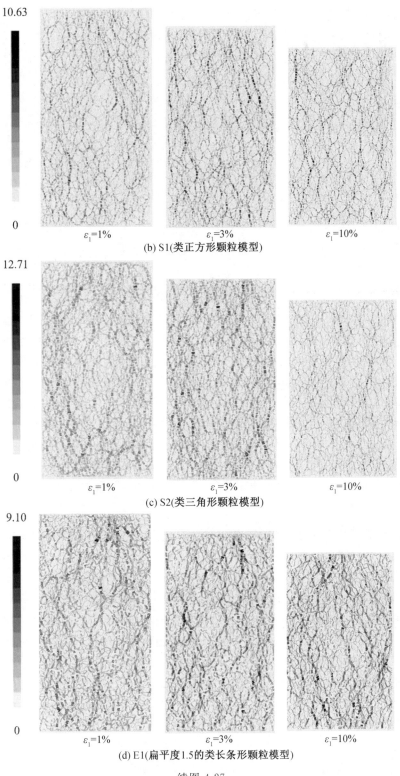

(b) S1(类正方形颗粒模型)

(c) S2(类三角形颗粒模型)

(d) E1(扁平度1.5的类长条形颗粒模型)

续图 4.27

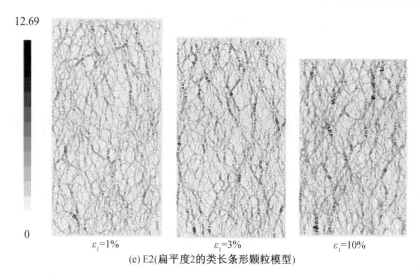

(e) E2(扁平度2的类长条形颗粒模型)

续图 4.27

对比图4.27(a)、(d)及(e)可以发现,试样内部的最大接触力随着扁平度增大而呈先减小后增大的趋势,当颗粒扁平度从1增至1.5和2时,3种颗粒模型的最大接触力分别为10.17 kN、9.1 kN和12.69 kN,说明扁平度的变化对颗粒间的最大接触力可能无影响。当应变为1%时,与圆形颗粒模型相比,扁平度1.5的类长条形颗粒模型和扁平度2的类长条形颗粒模型内部的力链分布表现为不连续,且扁平度2的类长条形颗粒模型的力链分布更为分散;随着加载继续进行直至结束,在圆形颗粒模型和扁平度1.5的类长条形颗粒模型中均出现了贯穿试样的力链网络,而扁平度2的类长条形颗粒模型中的力链分布仍较为分散,在加载过程中,3种试样的强力链数量均逐渐增多。从3种数值模型的力链演化过程可以看出,随着扁平度增大,试样的强力链数量呈递减趋势,这是由于扁平度越大,颗粒形状越狭长,颗粒间的咬合嵌套作用越显著,从而提高了煤体强度。

7. 配位数

图4.28为不同形状参数数值模型的配位数演化曲线。从图4.28中可以看出,5种含瓦斯水合物煤体模拟试样的配位数变化规律相似,均表现为随应变增大而增大,增大速率逐渐减小并最终趋于稳定,呈对数曲线增长趋势,并且不规则颗粒模型的配位数演化曲线始终位于圆形颗粒模型配位数演化曲线上方。从图4.28(a)中可以看出,S1和S2的配位数演化曲线接近重合,这可能是由于对照的试验组数较少,未能反映出球度变化影响的规律性。而在图4.28(b)中,煤颗粒的扁平度越大,配位数演化曲线越高,圆形颗粒模型的配位数远远低于其他两种形状颗粒模型。

从表4.9中可以看出,S1和S2的初始配位数和最终配位数几乎没有差异,而S0、E1及E2的初始配位数和最终配位数均呈递增趋势,说明扁平度对含瓦斯水合物煤体配位数的影响更加显著。当扁平度从1增大至1.5和2时,初始配位数从3.205增大至4.188和4.412,分别增大了30.7%和37.7%;最终配位数从4.121增大至5.142和5.332,分别增大了24.8%和29.4%。出现上述情况的主要原因是,在建立模型时根据原位等面积替换原则生成类长条形颗粒,在面积相同的情况下形状越狭长,其周长越长,在替换为扁平度较大

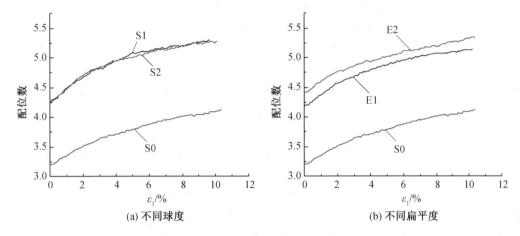

(a) 不同球度　　　　　　　　　　　　　(b) 不同扁平度

图 4.28　不同形状参数数值模型的配位数演化曲线

的颗粒后,煤颗粒单元的周长随之增加,从而与之接触的水合物颗粒数目显著增加,导致试样内部总接触数同步增加。

表4.9　数值模型配位数

编号	S0	S1	S2	E1	E2
初始配位数	3.205	4.265	4.296	4.188	4.412
最终配位数	4.121	5.295	5.279	5.142	5.332

从表4.9中可以发现,当扁平度从1增大至1.5和2,S0、E1及E2的初始配位数与最终配位数的差值分别为0.916,0.954及0.92;当球度变化时,S0、S1及S2的初始配位数与最终配位数的差值分别为0.916,1.03及0.983。这说明球度和扁平度的变化对试样加载前后配位数增大幅度的影响并不明显。

4.4　本章小结

本章基于电镜扫描技术,在PFC中构建了煤颗粒真实形状数值模型单元,根据原位等面积替换原则,建立了孔隙填充型含瓦斯水合物煤体真实颗粒模型和圆形颗粒模型,并结合室内常规三轴压缩试验结果对真实颗粒模型进行细观参数标定,发现所建立的3种饱和度模型均能够较好地模拟含瓦斯水合物煤体的力学及变形特性,为后文探究不同饱和度、不同颗粒形状对其宏细观力学性质的影响提供了模型基础。本章主要得出以下结论。

(1)对比圆形颗粒模型和真实颗粒模型的宏观模拟结果可以发现,二者的应力－应变曲线均呈应变硬化型,体积应变－轴向应变曲线均呈先剪缩后剪胀的变形特性,与室内试验结果一致;随着饱和度增大,两种模型的应力－应变曲线差异增大,圆形颗粒模型到达峰值强度时间逐渐推迟,这是由于真实颗粒之间的咬合嵌套作用提高了含瓦斯水合物煤体试样的前期承载能力,而圆形颗粒不能模拟这类作用,因此真实颗粒模型在模拟含瓦斯水合物煤体力学及变形特性时更有优势。

（2）从颗粒旋转、颗粒位移、接触力链和配位数等细观角度出发，发现真实颗粒模型的模拟结果和圆形颗粒模型均存在差异。真实颗粒在加载过程中，相互之间的内锁作用阻碍了颗粒旋转，使得发生旋转的颗粒数量少于圆形颗粒，随着饱和度增大，试样内部更加密实，发生旋转的颗粒数量更少。从位移场中发现，与圆形颗粒模型相比，真实颗粒模型试样内部未发生位移的颗粒数量较少，随着饱和度增大，两种试样颗粒的最大位移量同样逐渐增大。对比两种试样的力链演化可以发现，圆形颗粒模型的强力链分布较为连续，而真实颗粒模型的强力链分布较为分散，这是由于圆形颗粒间的接触较为均匀，传递力的作用时能够形成连续的力链网络；在加载过程中，圆形颗粒模型的强力链数量逐渐增多，而真实颗粒模型的强力链数量演化呈现减少趋势，这是由于在加载过程中，不规则颗粒的咬合内锁作用逐渐增强，宏观表现为试样强度的提高；随着饱和度增大，真实颗粒模型的颗粒间最大接触力逐渐增大。当煤颗粒由圆形等面积替换为真实形状时，颗粒的周长明显增大，增加了与煤颗粒接触的水合物数量，使得真实颗粒的配位数显著大于圆形颗粒；随着饱和度逐渐增大，颗粒形状对配位数增长幅度几乎无影响，颗粒形状对配位数增长幅度的影响程度逐渐降低。

（3）引入球度和扁平度两个二维参数量化颗粒形状的不规则程度，建立了类正方形、类三角形和两种类长条形颗粒模型，分析了颗粒形状对含瓦斯水合物煤体力学性质的影响。发现颗粒形状对数值模拟的结果影响较大，主要表现为4种模型均出现应变软化现象，当球度越小或扁平度越大时，应变软化现象越明显。从细观角度出发，球度和扁平度变化对颗粒旋转的影响较为明显，其中球度变化主要影响颗粒的最大旋转角度，呈正相关，扁平度变化同时影响颗粒的最大旋转角度和发生旋转的颗粒数量，颗粒扁平度增大时，发生旋转的颗粒数量增多但颗粒的最大旋转角度减小。

第5章 不同接触模型对含瓦斯水合物煤体宏细观力学性质影响研究

5.1 含瓦斯水合物煤体抗滚动模型和平行黏结模型的建立

5.1.1 室内常规三轴压缩试验概况

1. 试验设备及方案

试验试样取自双鸭山七星煤矿,按照国际岩石力学试验标准,选取粒径 60～80 目的煤粉,制备饱和度不同(40％,60％,80％)的 3 组标准型煤试样,进行围压为 12 MPa 的常规三轴压缩试验,室内常规三轴压缩试验方案见表5.1。

表5.1 室内常规三轴压缩试验方案

粒径	围压 σ_3/MPa	直径 D/mm	高度 H/mm	质量 M/g	饱和度 S_h/％	初始含水量 m_w/g
		50.64	96.34	236.12	40	5.34
60～80 目	12	51.08	95.89	238.56	60	7.8
		50.91	96.81	240.98	80	10.8

2. 室内三轴压缩试验结果分析

图5.1 为围压 12 MPa 下不同饱和度(40％,60％,80％)试样室内试验应力－应变曲线,均呈应变硬化型,可分为弹性阶段、屈服阶段及强化阶段。饱和度 60％ 和 80％ 曲线几乎重合。分析原因可能为:高饱和度情况下颗粒间相互摩擦错动更为剧烈,抑制了水合物对强度的贡献,因而两种较高饱和度条件下峰值强度较为接近。为进一步探究产生该现象的原因,今后可对水合物存在形式、水合物破裂等因素展开研究。

5.1.2 基本假设

煤体中瓦斯水合物生成后,其主要物质组成为:煤、水合物及未完全反应的水和瓦斯气体。若按实际情况进行数值模拟,需涉及流固耦合及更多的接触模型设置,参数标定和计算难度会随之增大,会大大增加模拟试验的难度和周期。基于此做出如下模型假设。

(1)模型建立只考虑固相,即仅存在煤颗粒和水合物颗粒,不考虑未参与反应的瓦斯气体。

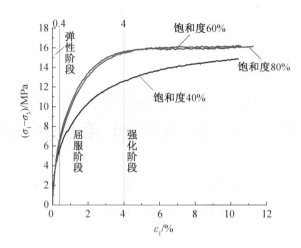

图 5.1　　围压 12 MPa 下不同饱和度试样室内试验应力－应变曲线

（2）水合物颗粒与煤颗粒均为刚性球体颗粒，侧墙及上下墙体均为刚性墙。

（3）接触区域可视为一个点，即颗粒间接触均为点接触；颗粒间接触发生在很小范围内并允许存在一定的"重叠量"，该重叠量与颗粒间接触力呈正相关，但远比颗粒粒径小。

5.1.3　含瓦斯水合物煤体三维离散元数值模型构建

1. 含瓦斯水合物煤体数值模拟方案

为研究接触模型、饱和度及围压对含瓦斯水合物煤体三轴压缩力学性质的影响规律，设定了两种接触模型方案，每种方案均包含 3 种围压（8 MPa，12 MPa，16 MPa）和 5 种饱和度（20％，40％，50％，60％，80％），共计 30 组试验，其中对围压 12 MPa 时饱和度 40％，60％，80％ 三种工况进行验证，两种模拟方案接触模型如图5.2 所示。

（1）方案 a（抗滚动方案）：煤颗粒间接触模型选用抗滚动模型，水合物颗粒间及煤与水合物颗粒间接触选用平行黏结模型，颗粒与墙体间接触选用线性接触模型。称对应试样为抗滚动试样。

（2）方案 b（平行黏结方案）：颗粒与颗粒间接触均选用平行黏结模型，颗粒与墙体间接触选用线性接触模型。称对应试样为平行黏结试样。

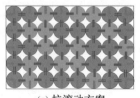
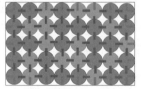

　　　　　(a) 抗滚动方案　　　　　　　　　(b) 平行黏结方案

● 煤颗粒　　● 水合物颗粒　　▮ 煤颗粒间的接触:抗滚动模型
　　　　　　　　　　　　　　　　　(方案a)或平行黏结模型(方案b)
▮ 水合物与煤颗粒间及水合物　　▮ 颗粒与墙体间的接触: 线性接
　颗粒间的接触: 平行黏结模型　　触模型

图 5.2　　两种模拟方案接触模型

2. 含瓦斯水合物煤体数值建模流程

以离散元颗粒流软件PFC³ᴰ为研究平台,采用圆球颗粒模拟煤颗粒和水合物颗粒,模拟室内常规三轴压缩试验过程,具体实现步骤如下。

(1)模型墙体建立。

PFC³ᴰ中有两种墙体类型:刚性墙和柔性墙。为提高计算效率,采用不考虑墙体受力变形的刚性侧墙,模拟室内试验中与试样接触的热缩管及其受力环境,采用上下刚性墙体模拟三轴设备底座及压头,保证轴向加载的进行。墙体生成借助PFC³ᴰ内置Fish语言中"Wall generate"命令进行,为减小模型边界影响,墙体均无摩擦。

(2)试样生成。

为保证水合物颗粒的随机生成,采用半径扩大法使用软件内置命令"ball distribute"同时生成水合物颗粒与煤颗粒,试样尺寸为ϕ50 mm × 100 mm,与室内试验试样尺寸相同。煤颗粒半径根据室内试验试样尺寸进行缩尺,设置为1.8 ～ 2.5 mm。结合前人研究成果,考虑模型计算情况,水合物颗粒半径设为1.5 mm。煤密度与室内试验保持一致即为1.368 g/cm³,水合物密度按照文献,取为320 kg/m³。饱和度20%时试样颗粒数目最少,颗粒总数为3 715个,满足离散元模拟颗粒数目要求。为让试样更加均匀,对试样进行"Solve"处理,减小颗粒重叠量,使试样内部颗粒平衡。识别悬浮颗粒,对其半径进行扩大,放大系数为1.02,初始模型构建完成。不同饱和度初始模型如图5.3所示。

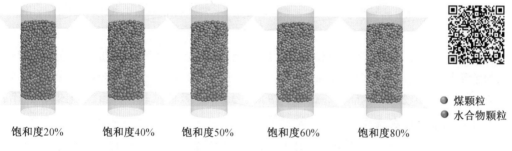

饱和度20%　　饱和度40%　　饱和度50%　　饱和度60%　　饱和度80%

● 煤颗粒
● 水合物颗粒

图 5.3　不同饱和度初始模型

(3)预压。

为模拟含瓦斯水合物沉积物初始的应力状态,对所生成的试样进行围压为1 MPa的固结处理。

(4)赋予试样接触模型。

颗粒依靠颗粒间接触传递力学行为。对比分析煤体颗粒间接触,选取两种模型,分别是平行黏结模型及抗滚动模型;对水合物颗粒间、水合物与煤颗粒间均赋予平行黏结模型;颗粒与墙体间接触均为线性接触模型。图5.4为含瓦斯水合物煤体PFC抗滚动试样建模过程示意图,主要包括煤颗粒间接触和煤颗粒／水合物颗粒与水合物颗粒间接触两部分,考虑到煤颗粒形态各异,煤颗粒间接触采用抗滚动模型。

(5)围压。

对墙体施加速度以模拟目标煤层赋存深度的应力状态,该步骤与室内试验试样装样完成后加载至静水压力阶段相对应。

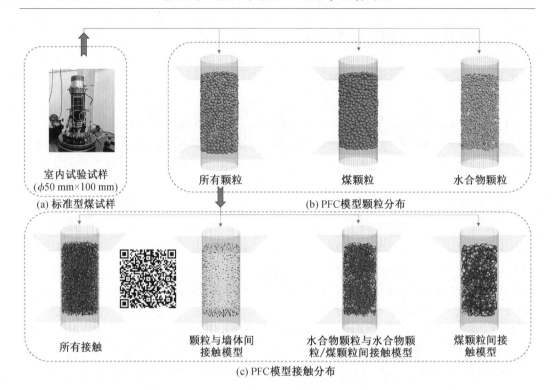

图 5.4　含瓦斯水合物煤体 PFC 建模过程示意图(抗滚动试样)

（6）加载。

关闭围压伺服开关,保持加载阶段围压稳定,赋予上下墙体0.1 mm/s的速度对试样施加轴压加载。前人提出,只要保证加载过程中试样处于准静态,则加载速率的影响可以忽略,为提高模拟效率,本章将加载速率增大了10倍。数值试验模拟流程如图5.5所示。

3. 细观参数标定流程

离散元模型中主要通过赋予颗粒及接触模型的细观参数来模拟材料的宏观力学行为,在本模型中,细观参数设置主要包括颗粒单元属性参数和接触属性两方面。利用试错法进行细观参数标定,使标定结果与室内试验结果两者的弹性模量与峰值强度误差率均低于15%,细观参数标定流程如图5.6所示。

依据上述标定流程,分别获得不同饱和度条件下含瓦斯水合物煤体力学特性的抗滚动试样和平行黏结试样的细观参数,见表5.2和表5.3。

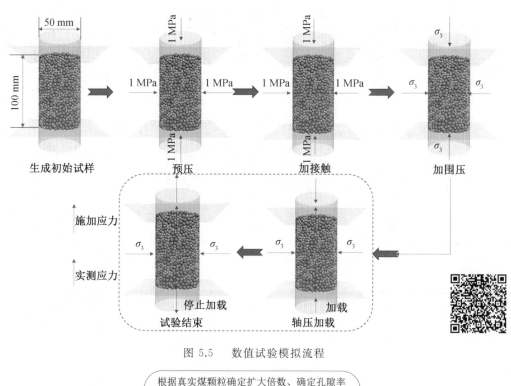

图 5.5　数值试验模拟流程

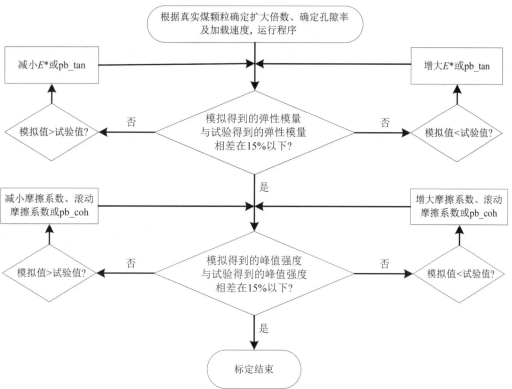

图 5.6　细观参数标定流程

表5.2　抗滚动试样细观参数

接触类型		煤—煤	煤—水合物	水合物—水合物
接触模型		抗滚动模型	平行黏结模型	平行黏结模型
线性部分参数	弹性模量 E^*/Pa	1.50×10^9 $(20\%, 40\%, 50\%)$ $2.00 \times 10^9 (60\%)$ $2.00 \times 10^9 (80\%)$	1.50×10^9	1.50×10^9
	刚度比 k^*	1.30	1.30	1.30
	摩擦系数	0.30	0.10	0.10
黏结部分参数	弹性模量 $\overline{E}^*$/Pa	—	1.50×10^9	1.50×10^9
	刚度比 $\overline{k}^*$	—	1.30	1.30
	抗拉强度 $\overline{\sigma}_c$/Pa	—	$7.00 \times 10^6 (40\%)$ $8.00 \times 10^6 (60\%)$ $9.00 \times 10^6 (80\%)$	$7.00 \times 10^6 (40\%)$ $8.00 \times 10^6 (60\%)$ $9.00 \times 10^6 (80\%)$
	抗剪强度 $\overline{c}$/Pa	—	$9.00 \times 10^6 (40\%)$ $1.00 \times 10^7 (60\%)$ $7.00 \times 10^6 (80\%)$	$9.00 \times 10^6 (40\%)$ $1.00 \times 10^7 (60\%)$ $7.00 \times 10^6 (80\%)$
	内摩擦角 $\overline{\varphi}$/(°)	—	20.00	20.00
滚动阻力部分参数	滚动阻力系数 μ_r	$0.20(20\%, 40\%, 50\%)$ $0.80(60\%)$ $0.80(80\%)$	—	—

注:括号内百分数代表试样饱和度。

表5.3　平行黏结试样细观参数

接触类型	煤－煤	煤－水合物	水合物－水合物
接触模型	平行黏结模型	平行黏结模型	平行黏结模型
线性部分参数 弹性模量 E^*/Pa	1.00×10^9 (20%、40%、50%) 1.50×10^9 (60%) 2.00×10^9 (80%)	7.00×10^8 (40%) 6.50×10^8 (60%) 5.00×10^8 (80%)	7.00×10^8 (40%) 6.50×10^8 (60%) 5.00×10^8 (80%)
刚度比 k^*	1.30	1.30	1.30
摩擦系数	0.50	0.50	0.50
黏结部分参数 弹性模量 $\bar{E}^*$/Pa	1.50×10^9 2.00×10^9 2.00×10^9	1.50×10^9	1.50×10^9
刚度比 $\bar{k}^*$	1.30	1.30	1.30
抗拉强度 $\bar{\sigma}_c$/Pa	1.60×10^7 (20%、40%、50%) 1.16×10^7 (60%) 1.20×10^7 (80%)	1.40×10^7 (40%) 1.16×10^7 (60%) 1.20×10^7 (80%)	1.80×10^7 (40%) 1.16×10^7 (60%) 2.20×10^7 (80%)
抗剪强度 $\bar{c}$/Pa	8.00×10^6 (20%、40%、50%) 1.00×10^7 (60%) 1.00×10^7 (80%)	8.00×10^6 (40%) 1.00×10^7 (60%) 1.00×10^7 (80%)	1.00×10^7
内摩擦角 $\bar{\varphi}$/(°)	20.00	20.00	20.00

注:括号内百分数代表试样饱和度。

5.1.4　模型验证

1. 应力－应变曲线

图5.7(a)～(c)为不同饱和度下不同试样的应力－应变曲线,由图可知,除饱和度60%平行黏结试样外,不同工况下含瓦斯水合物煤体均表现出应变硬化特性,与室内试验试样规律基本相同。由图5.7(a)、图5.7(b)可以看出饱和度为40%和60%时抗滚动试样应力－应变曲线与室内试验试样吻合度较好;饱和度较高时,平行黏结试样模拟效果较好[图5.7(c)]。饱和度60%和80%时,模拟试样峰值强度低于室内试验试样,原因可能为模拟试样与实际试样相比存在差异,模拟试样的密实度和咬合力偏弱。

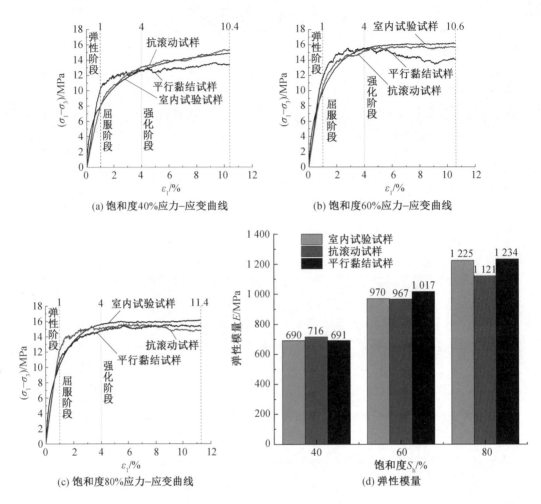

图 5.7　不同饱和度下不同试样的应力－应变曲线及弹性模量

　　由图5.7可以发现，饱和度40％时，室内试验试样峰值强度和弹性模量分别为14.85 MPa和690 MPa，抗滚动试样峰值强度和弹性模量分别为15.31 MPa和716 MPa，与室内试验试样相比误差率分别为3.10％和3.77％；饱和度60％时，室内试验试样峰值强度和弹性模量分别为16.28 MPa和970 MPa，抗滚动试样峰值强度和弹性模量分别为15.79 MPa和967 MPa，与室内试验试样相比误差率分别为3.01％和0.31％；饱和度80％时，室内试验试样峰值强度和弹性模量分别为16.15 MPa和1 225 MPa，抗滚动试样峰值强度和弹性模量分别为15.56 MPa和1 121 MPa，与室内试验试样相比误差率分别为3.56％和8.49％。综上所述，不同饱和度条件下抗滚动试样与室内试验试样峰值强度和弹性模量的误差率均低于15％。

　　由图5.7可以发现，饱和度40％时，平行黏结试样峰值强度和弹性模量分别为13.65 MPa和691 MPa，与室内试验试样相比误差率分别为8.08％和0.14％；饱和度60％时，平行黏结试样峰值强度和弹性模量分别为15.57 MPa和1 017 MPa，与室内试验试样相比误差率分别为4.36％和4.85％；饱和度80％时，平行黏结试样峰值强度和弹性模量分别为15.57 MPa和1 234 MPa,与室内试验试样相比误差率分别为3.59％和0.73％。由误差结果分析,不同饱和度条件下平行黏结试样与室内试验试样峰值强度和弹性模量的误差率均低于15％。

综上所述,认为所建立的数值模型与细观参数基本能反映含瓦斯水合物煤体的宏观力学行为,可为后续探究含瓦斯水合物煤体受力变形的细观机理奠定基础。

2. 体积应变 — 轴向应变曲线

体积应变计算方式为$\varepsilon_v = \varepsilon_1 + 2\varepsilon_3$,其中$\varepsilon_v$为体积应变,$\varepsilon_1$为轴向应变,$\varepsilon_3$为径向应变且符号为"—"。图5.8为不同饱和度下不同试样体积应变 — 轴向应变曲线。

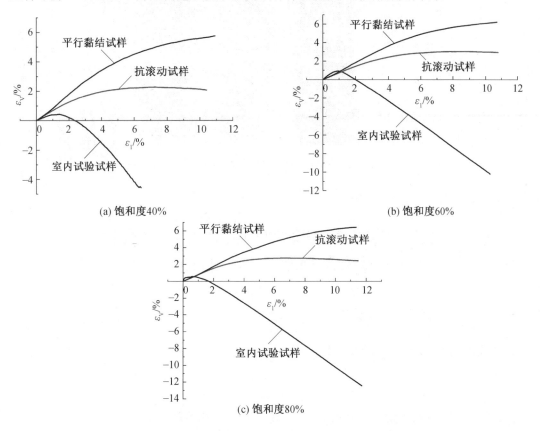

(a) 饱和度40%　　　　　　　(b) 饱和度60%

(c) 饱和度80%

图 5.8　　不同饱和度下不同试样体积应变 — 轴向应变曲线

由图5.8可知,不同饱和度下抗滚动试样压缩变形均小于平行黏结试样,说明抗滚动模型对于模拟试样剪胀性更具优势。两种模拟试样在不同饱和度下表现为压缩变形,与室内试验表现出的剪胀现象有所不同,分析原因可能是模拟计算考虑效率问题而选用刚性边界,室内试验中使用的热缩管为柔性材料,导致两者体积变形存在偏差。

3. 破坏特征

图5.9为不同饱和度下不同试样的破坏形态,由模拟结果与试验结果可以看出,不同工况下模拟试样均呈两端颗粒向中心运动,试样中部中心颗粒位移较小,外围区域颗粒向外运动,试样整体呈鼓形,与室内试验试样破坏模式相吻合。整体来看,3 种饱和度下模

拟试样颗粒位移情况与室内试验试样破坏形态相近,进一步认为所建立的数值模型能基本反映含瓦斯水合物煤体的破坏特征,有效验证了数值模拟的可行性。

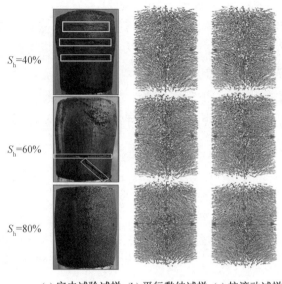

(a) 室内试验试样　(b) 平行黏结试样　(c) 抗滚动试样

图 5.9　　不同饱和度下不同试样的破坏形态

5.2　基于抗滚动模型的含瓦斯水合物煤体宏细观力学特性研究

5.2.1　抗滚动试样宏观力学特性分析

1. 抗滚动试样应力－应变曲线分析

图5.10为不同饱和度(20％,40％,50％,60％,80％)抗滚动试样在不同围压(8 MPa,12 MPa,16 MPa)下的应力－应变曲线,其中取偏应力最大值为峰值强度,若曲线为应变硬化型,偏应力无最大值则取应变11.4％(室内试验达到的最大轴向应变为11.4％)处偏应力值为峰值强度。由图5.10可知,随着围压增大,试样峰值强度增大;随着饱和度增大,试样应力－应变曲线斜率增大。除围压 8 MPa、饱和度 60％时呈应变软化型外,抗滚动试样应力－应变曲线均呈应变硬化型。

2. 抗滚动试样体积应变－轴向应变曲线分析

离散元软件中可在轴压加载前通过 Fish 语言对试样体积应变进行监测。图5.11为不同围压下抗滚动试样的体积应变－轴向应变曲线。

体积应变为正值时试样发生压缩变形,为负值时试样发生扩容变形。由图5.11可以发现,体积应变－轴向应变曲线与应力－应变曲线趋势相似,可分为三个阶段:第一阶段体积应变随着轴向应变增大呈线性增长,与应力－应变曲线弹性阶段相似;第二阶段体

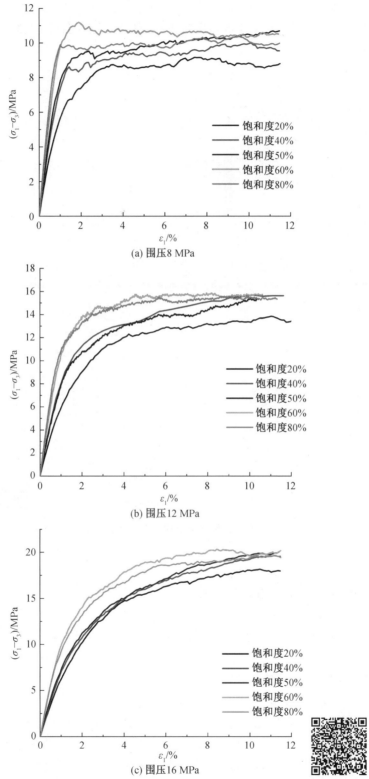

图 5.10　不同饱和度抗滚动试样在不同围压下的应力－应变曲线

积应变随着轴向应变增大而缓慢增大，与应力－应变曲线屈服阶段相似；第三阶段体积应变随着轴向应变增大呈减小或稳定趋势，与应力－应变曲线强化阶段相似。

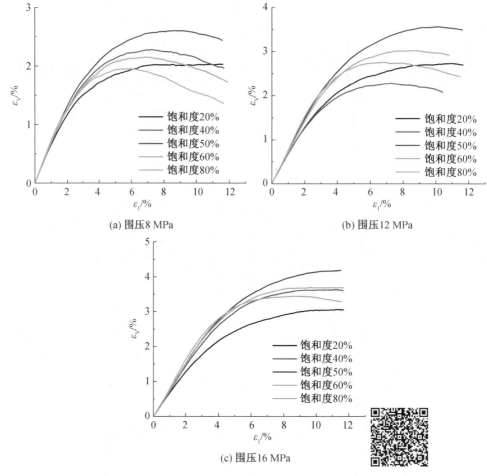

图 5.11　　不同围压下抗滚动试样的体积应变－轴向应变曲线

由图5.11可以看出，不同围压下不同饱和度试样均表现为压缩变形，饱和度较高（50％，60％，80％）时，抗滚动试样体积应变在不同围压下表现出相同的变化规律，饱和度较低（20％，40％）时变化规律不明显。

随着围压的增大，试样压缩变形的最大值逐渐增大，说明高围压对试样的剪胀特性有一定抑制作用。围压由8 MPa增加到12 MPa，第三阶段体积应变随轴向应变增大呈缓慢减小趋势，围压较高（16 MPa）时，除饱和度80％试样外，试样体积应变基本保持稳定。

3. 抗滚动试样强度参数分析

（1）抗滚动试样饱和度、围压与峰值强度关系。

依据应力－应变曲线，得到不同围压下抗滚动试样峰值强度随着饱和度变化的规律，如图5.12所示。随着饱和度增大，峰值强度增大，原因为随着饱和度的增大，试样孔隙中的水合物体积增大，水合物间的胶结作用增强，为试样提供了更大的黏结力，试样强度得到提高。当围压设置为8 MPa，12 MPa，16 MPa，饱和度为20％～60％时，抗滚动试样的峰值强度随着饱和度增大而增大,饱和度 80% 时的峰值强度与饱和度 60% 时的峰值强度相差较小,如图5.12所示。以围压 12 MPa 为例,饱和度由 20% 增大至 40% 时,峰值强度由13.84 MPa 增大至15.35 MPa,增大幅度为10.91%;饱和度由 40% 增大至 60% 时,峰值强度由15.35 MPa 增大至15.79 MPa,增大幅度为2.87%。围压 12 MPa 下,峰值强度随着饱和度增大,总体呈先增大后基本不变的趋势,说明饱和度的增大对试样峰值强度的提升存在临界值。

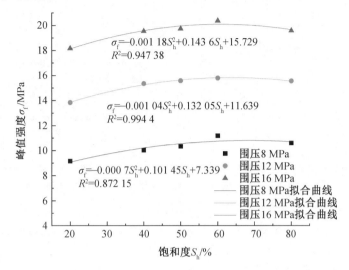

图 5.12　不同围压下抗滚动试样饱和度与峰值强度关系

为进一步探究抗滚动试样的饱和度与峰值强度关系,通过已有饱和度数据推断室内试验最佳饱和度(即所能达到的最大真实饱和度),对不同围压下抗滚动试样峰值强度与饱和度关系(图5.12)进行回归分析。由图5.12可以发现峰值强度与饱和度的关系接近二次函数,拟合曲线与试验曲线拟合程度较好,8 MPa,12 MPa 及 16 MPa 三种围压条件下拟合公式分别如下。

$$\sigma_{\mathrm{f}} = 0.000\,7S_{\mathrm{h}}^2 + 0.101\,45S_{\mathrm{h}} + 7.339,\ R^2 = 0.872\,15$$
$$\sigma_{\mathrm{f}} = 0.001\,04S_{\mathrm{h}}^2 + 0.132\,05S_{\mathrm{h}} + 11.639,\ R^2 = 0.994\,4$$
$$\sigma_{\mathrm{f}} = 0.001\,18S_{\mathrm{h}}^2 + 0.143\,6S_{\mathrm{h}} + 15.729,\ R^2 = 0.947\,38$$

图5.13 为不同饱和度(20%,40%,50%,60%,80%)下抗滚动试样围压与峰值强度关系。由图可以发现不同饱和度下抗滚动试样峰值强度均随着围压增大而增大,分析认为围压限制了径向变形的发展,从而提高了试样内部的接触阻力和摩擦阻力,试样整体性提高,峰值强度增大。 为预测峰值强度 σ_{f} 随着围压 σ_3 增大的变化趋势,基于 Mohr-Coulomb 强度准则建立了不同饱和度下抗滚动试样峰值强度 σ_{f} 与围压 σ_3 的关系式。各饱和度下抗滚动试样峰值强度与围压关系拟合公式如下。

$$\sigma_{\mathrm{f}} = 0.21 + 1.13\sigma_3,\ S_{\mathrm{h}} = 20\%,\ R^2 = 0.999\,5$$
$$\sigma_{\mathrm{f}} = 0.70 + 1.19\sigma_3,\ S_{\mathrm{h}} = 40\%,\ R^2 = 0.995\,32$$
$$\sigma_{\mathrm{f}} = 1.12 + 1.18\sigma_3,\ S_{\mathrm{h}} = 50\%,\ R^2 = 0.995\,62$$
$$\sigma_{\mathrm{f}} = 2.00 + 1.15\sigma_3,\ S_{\mathrm{h}} = 60\%,\ R^2 = 1$$

$$\sigma_f = 1.76 + 1.12\sigma_3,\ S_h = 80\%,\ R^2 = 0.996\ 45$$

拟合程度较好,拟合关系合理。

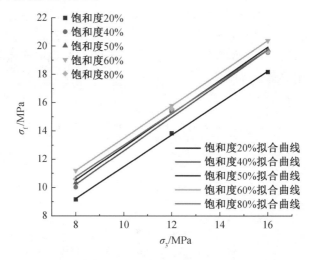

图 5.13　　不同饱和度下抗滚动试样围压与峰值强度关系

（2）抗滚动试样饱和度与黏聚力、内摩擦角关系。

根据 Mohr-Coulomb 强度准则,含瓦斯水合物煤体抗剪强度表达式为

$$\tau = c + \sigma \tan \varphi \tag{5.1}$$

式中　τ——材料的最大剪应力;

　　　c——材料的黏聚力,MPa;

　　　σ——作用于破坏面上正应力,MPa;

　　　φ——材料的内摩擦角,(°)。

黏聚力通常用以表征试样内部各颗粒间的相互吸引力,内摩擦角反映含瓦斯水合物煤体内部各颗粒间摩擦力的大小,这两者主要与加载过程中试样内部颗粒间的错位、滑动及镶嵌有关。

图5.14 为抗滚动试样饱和度与黏聚力、内摩擦角关系,含瓦斯水合物煤体黏聚力对饱和度增大较为敏感,增幅较大,饱和度对内摩擦角影响较小。

由图5.14 可以看出,饱和度为 20% 时,试样黏聚力为0.294 MPa;饱和度为 80% 时,试样黏聚力为1.078 MPa。随着饱和度增大,黏聚力相应增大,呈指数变化趋势,影响效果显著,相关系数 $R^2 = 0.998\ 71$,拟合公式为

$$c = 0.282\ 51 + 0.011\ 34e^{(S_h - 17.933\ 63)/14.606\ 99}$$

随着饱和度增大,试样内部水合物颗粒增多,与煤颗粒表面胶结的水合物颗粒随之增加,提升了试样的黏聚力。随着饱和度的增大,内摩擦角先增大后减小,并在 20°～22° 的范围内浮动。

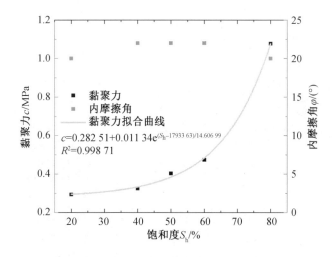

图 5.14　抗滚动试样饱和度与黏聚力、内摩擦角关系

4. 抗滚动试样变形参数分析

弹性模量是刚度指标的一种,用于描述材料的变形特性,因为常规三轴压缩试验中围压与加载速率恒定,所以弹性模量取应力—应变曲线弹性阶段两点轴向应力差值与轴向应变差值之比,计算公式为

$$E = \Delta\sigma_1 / \Delta\varepsilon_1 \tag{5.2}$$

式中　　E——弹性模量,MPa；

　　　　$\Delta\sigma_1$——轴向应力差值,MPa；

　　　　$\Delta\varepsilon_1$——轴向应变差值。

表5.4 为不同饱和度下抗滚动试样弹性模量。由表5.4 可知,围压为8 MPa 时,抗滚动试样饱和度由 20% 分别增大到 40%,50%,60%,80% 时,弹性模量由487.269 MPa 分别增大到639.296 MPa,762.691 MPa,913.023 MPa,1 060.991 MPa,弹性模量的增大幅度依次为31.20%,56.52%,87.38%,117.74%。在不同围压下,随着饱和度增大,弹性模量呈线性增大,其增幅有所不同。

表5.4　不同饱和度下抗滚动试样弹性模量

试样编号	E/MPa	试样编号	E/MPa	试样编号	E/MPa
Ⅰ－8－20	487.269	Ⅰ－12－20	572.344	Ⅰ－16－20	742.161
Ⅰ－8－40	639.296	Ⅰ－12－40	715.613	Ⅰ－16－40	825.011
Ⅰ－8－50	762.691	Ⅰ－12－50	811.203	Ⅰ－16－50	888.252
Ⅰ－8－60	913.023	Ⅰ－12－60	966.556	Ⅰ－16－60	1 130.297
Ⅰ－8－80	1 060.991	Ⅰ－12－80	1 121.077	Ⅰ－16－80	1 221.776

注:试样编号中 Ⅰ 后第一组数字代表围压,单位 MPa,第二组数字代表饱和度,单位 %。

为深入了解饱和度对弹性模量的影响规律,根据表5.4 中数据绘制抗滚动试样弹性模量与饱和度关系的散点图并对其进行拟合,如图5.15 所示。

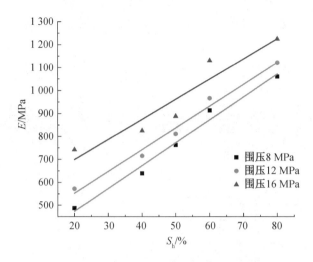

图 5.15 抗滚动试样弹性模量与饱和度关系

根据表5.4中数据绘制抗滚动试样弹性模量与围压关系的散点图，并对其进行拟合，如图5.16所示。围压由8 MPa分别增加到12 MPa和16 MPa时，饱和度20％下抗滚动试样弹性模量由487.269 MPa分别增加到572.344 MPa和742.161 MPa，增大幅度分别为17.46％和52.31％。可以得出围压增大对于抗滚动试样弹性模量有强化效果，因为随着围压的增大，墙体对试样径向变形的约束力更强，试样体积减小，内部孔隙减少，从而使颗粒间的摩擦力和咬合力增强，含瓦斯水合物煤体整体性提高，弹性模量增大。

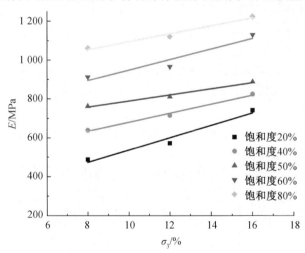

图 5.16 抗滚动试样弹性模量与围压关系

抗滚动试样弹性模量与围压关系拟合公式如下。

饱和度20％：$E = 31.86\sigma_3 + 218.25$，$R^2 = 0.964\,47$。

饱和度40％：$E = 23.21\sigma_3 + 448.07$，$R^2 = 0.989\,53$。

饱和度50％：$E = 15.70\sigma_3 + 632.37$，$R^2 = 0.983\,07$。

饱和度60％：$E = 20.47\sigma_3 + 899.94$，$R^2 = 0.976\,91$。

饱和度80％：$E = 27.16\sigma_3 + 677.38$，$R^2 = 0.921\,01$。

　　由拟合结果发现,在 5 种饱和度下,抗滚动试样的弹性模量均随围压增大呈线性增长,拟合相关系数 R^2 在0.921 01 ~ 0.989 53 范围内,相关性较好,说明线性函数可以较好地描述抗滚动试样的弹性模量与围压的关系。

5.2.2　抗滚动试样细观力学特性分析

1. 抗滚动试样力学配位数变化规律

　　使用PFC³ᴰ的 Fish 语言对试样内部所有接触进行监测,输出不同应变时刻的力学配位数。图5.17 为围压 8 MPa 下不同饱和度抗滚动试样力学配位数变化过程,可以看出 5 种饱和度下抗滚动试样力学配位数变化趋势均表现为先增大后减小最后趋于定值。试样在弹性阶段时($\varepsilon_1 = 0 \sim 1\%$),受外力影响,试样内部初始孔隙被压缩,颗粒间接触更加紧密,配位数增大,试样体积减小;进入屈服阶段($\varepsilon_1 = 1\% \sim 4\%$),水合物颗粒间及水合物颗粒与煤颗粒间胶结作用阻碍了内部颗粒的重新排列,力学配位数开始减小。进入强化阶段后,随着轴向应力的增大,抗滚动作用抑制了颗粒间的相对转动,进而延后了稳定力链结构的形成,表现为力学配位数减小。

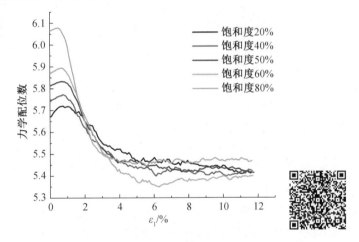

图 5.17　围压 8 MPa 下不同饱和度抗滚动试样力学配位数变化过程

　　由图5.17 可以看出,滚动阻力系数相同时,随着饱和度的增大,试样初始力学配位数增大,说明饱和度越高颗粒体系越密实,验证了模型的准确性。5 种饱和度试样共采用了两种滚动阻力系数,饱和度 20%,40%,50% 试样,滚动阻力系数均为0.2,试验初期和结束时试样的力学配位数大小排序均为饱和度 50% 试样 > 饱和度 40% 试样 > 饱和度 20% 试样,饱和度 60% 和80% 试样滚动阻力系数为0.8,试验初期和结束时力学配位数也呈相同的规律。由图可以看出,饱和度 20%,40%,50% 试样试验结束时力学配位数均比饱和度 60% 试样大,分析原因可能是饱和度 20% 和50% 试样是基于饱和度 40% 试样室内试验参数构建的预测模型,建立饱和度 40% 和 60% 的抗滚动试样时,为使模拟曲线与试验曲线更为切合,两种饱和度条件下煤颗粒细观参数部分滚动阻力系数的选取不同(饱和度 40% 为0.2,饱和度 60% 为0.8)。王辉和邹宇雄等研究发现,滚动阻力系数越大,抗滚动作用越明显,影响了颗粒内部的重新排列,试验结束时力学配位数则越小,得出抗滚动作用对最终力学配位数水平起到了干扰作用。

　　图5.18为围压12 MPa下不同饱和度抗滚动试样力学配位数变化过程,整体变化规律与围压8 MPa时相同,5种饱和度下抗滚动试样力学配位数随着轴向应变的增大均表现为先增大后减小最后趋于定值。与围压8 MPa时相比,围压12 MPa时屈服阶段内试样力学配位数减小幅度有所降低,原因是围压对径向变形的发展有限制作用。围压越大,对试样内部颗粒限制程度越强烈,试样内部孔隙越少,导致力学配位数越大。

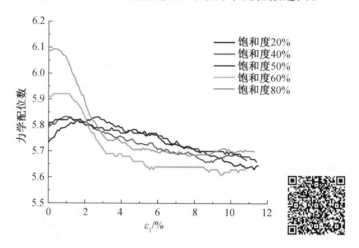

图 5.18　　围压 12 MPa 下不同饱和度抗滚动试样力学配位数变化过程

　　结合图5.17和图5.18可以发现:围压8 MPa和12 MPa下试样初始力学配位数和结束力学配位数变化趋势相近,由于围压对径向应变的约束作用,围压12 MPa下试样力学配位数大于围压8 MPa下。周世琛等对砂土试样与水合物沉积物试样进行力学配位数监测,发现不同围压下水合物沉积物试样力学配位数均高于砂土试样,且表现出更大的强度,与本章研究规律相同。

　　围压16 MPa下不同饱和度抗滚动试样力学配位数变化过程如图5.19所示,与中低围压时力学配位数变化规律略有不同,低饱和度(20％,40％)试样力学配位数在轴向应变3％时开始出现下降趋势,其他饱和度(50％,60％,80％)试样力学配位数均在轴向应变1％左右开始出现下降趋势,造成上述差异的原因为低饱和度试样选用的滚动阻力系数为0.2,抵抗颗粒转动的能力相对偏弱,在高围压的作用下,颗粒继续相互接触,直至轴向应变3％左右力学配位数才开始降低。

　　围压16 MPa下不同饱和度抗滚动试样初始力学配位数大小与围压8 MPa和12 MPa下规律相同,试样初始力学配位数水平与饱和度及围压成正比,以饱和度20％试样为例,围压由8 MPa增大至12 MPa,初始力学配位数由5.67增大至5.74;围压由12 MPa增至16 MPa,初始力学配位数由5.74增大至5.82,该现象与围压对径向变形的约束作用有关,随着围压增大,外荷载作用下试样内部孔隙减少,颗粒间接触更紧密,力学配位数增大。

　　综上所述,试样力学配位数主要受滚动阻力系数、饱和度及围压的影响。围压相同时,滚动阻力系数的差异会影响饱和度与力学配位数的变化规律;围压相同时,饱和度越大,试样内部初始力学配位数越大,与周世琛等研究发现的规律相同;低围压下屈服阶段

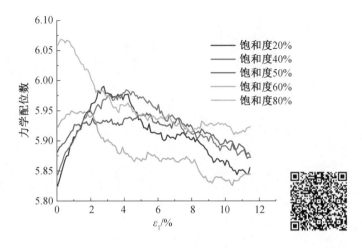

图 5.19　围压 16 MPa 下不同饱和度抗滚动试样力学配位数变化过程

力学配位数随轴向应变增大减小速率最大,中高围压下各阶段减小速率相似;随着围压增大,力学配位数在强化阶段出现平台的轴向应变段更短。

2. 抗滚动试样速度场变化规律

加载过程中,试样内部颗粒随着轴向应变的增大所处位置不断发生变化,导致试样内部结构产生变化,最终表现为宏观角度下剪切带的发生。为揭示试样压缩过程中颗粒的运动规律,分析内部剪切带的发展,从细观角度对含瓦斯水合物煤体宏观破坏现象进行解释,对不同加载阶段颗粒的瞬时速度进行分析。

(1)围压 8 MPa 下不同饱和度抗滚动试样速度场变化过程。

围压 8 MPa 下不同饱和度(20%,40%,50%,60%,80%)抗滚动试样速度场变化过程如图5.20所示。根据宏观与细观特性间的对应关系可将其划分 3 个阶段:弹性阶段、屈服阶段、强化阶段。初始及 3 个阶段结束时试样状态分别对应图中 $\varepsilon_1 = 0$,$\varepsilon_1 = 1\%$,$\varepsilon_1 = 4\%$ 及试验结束时(饱和度 20%,40%,50%,60% 和80% 分别为11.4%,10.4%,11.4%,10.6% 和11.4%)。图中箭头方向即为颗粒运动方向,箭头大小及箭头颜色表示颗粒速度的大小。

由图5.20可以看出,轴向应变 $\varepsilon_1 = 0$ 时,不同饱和度试样内部颗粒运动杂乱,表现为无规则运动(图5.20中各饱和度下轴向应变为 0 的红色虚线圈出区域);轴向应变 $\varepsilon_1 = 1\%$ 时,试样两端颗粒表现出向试样中部运动的趋势;轴向应变 $\varepsilon_1 = 4\%$ 时,随着轴向应变的增大,试样高度减小,在围压作用下,内部孔隙变小,试样内部颗粒运动继续发展;随着轴向应变的持续增大,颗粒在外部荷载的作用下呈现出明显的三角区域,区域内外速度变化较明显,试样剪切带形成。

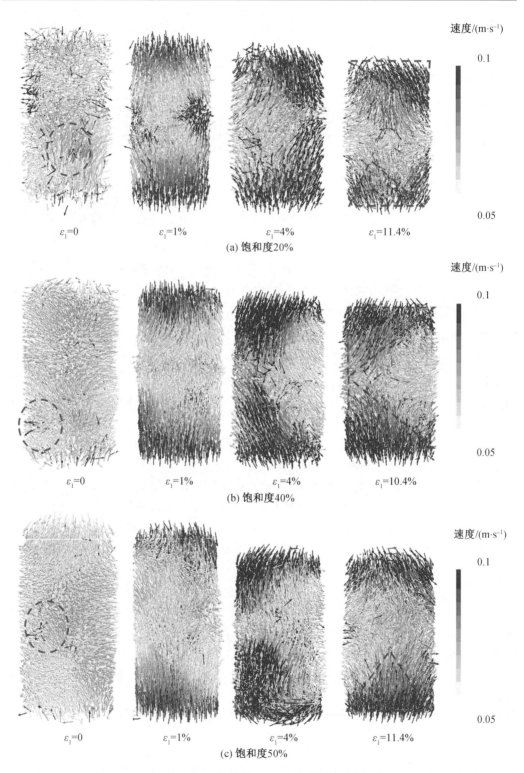

图 5.20　围压 8 MPa 下不同饱和度抗滚动试样速度场变化过程

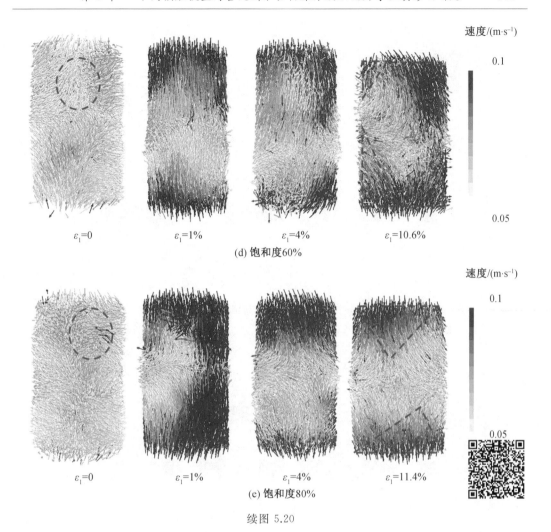

续图 5.20

（2）围压 12 MPa 下不同饱和度抗滚动试样速度场变化过程。

围压 12 MPa 下不同饱和度抗滚动试样速度场变化过程如图5.21所示。因同一围压下不同饱和度试样速度场变化特征相似，仅分析饱和度 40% 抗滚动试样速度场变化过程。

由图5.21可知，试样内部初始速度场有较大的随机性，内部颗粒运动较为混乱。随着轴向应变的增大（轴向应变1%），下端颗粒向上运动，上端颗粒向下移动，两端颗粒向试样中部移动，中部颗粒向外扩张，试样中心部位颗粒受到挤压，速度方向呈无规则变化，出现混乱区域，该阶段内试样呈体积变大的趋势，与室内试验中的试样剪胀现象相吻合；随着轴向应变的持续增大，试样两端颗粒速度大，中间颗粒速度小，并且存在着三角区域，试验结束时形成 X 形速度分区，剪切带完全形成，此时试样已发生不可逆转的塑性变形，宏观表现为试样表面产生裂缝。

由图5.21可以看出，随着饱和度增大，试样内部初始速度减小，分析认为试样内部颗粒数目随着饱和度增大而增大，试样内部孔隙减小。试验结束时，速度场中部状态与峰值强度相关，峰值强度越大，试样中部速度场越混乱。

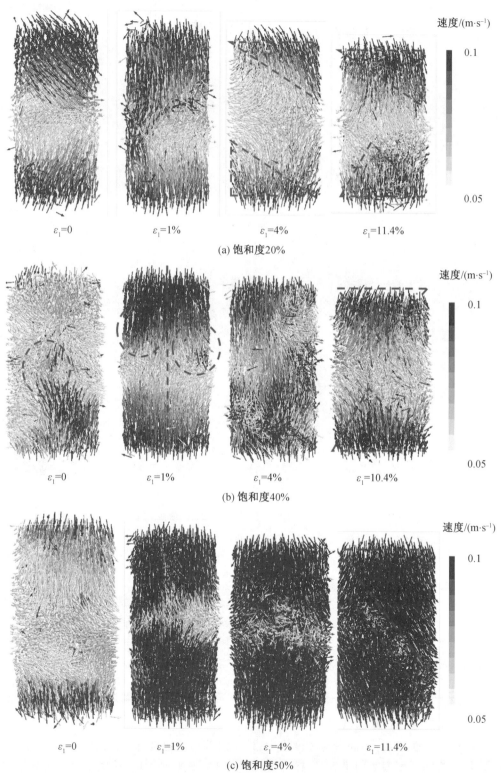

(a) 饱和度20%

(b) 饱和度40%

(c) 饱和度50%

图 5.21　围压 12 MPa 下不同饱和度抗滚动试样速度场变化过程

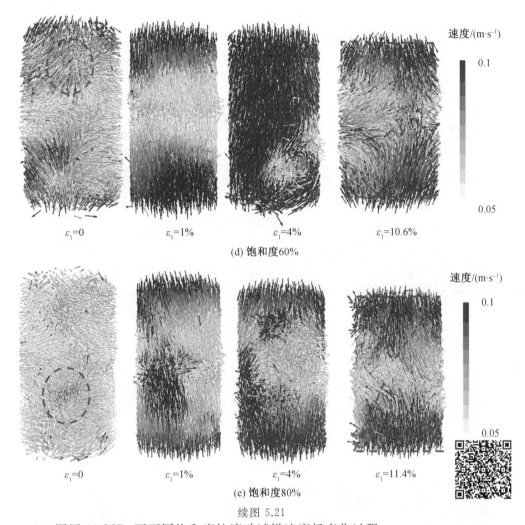

(d) 饱和度60%

(e) 饱和度80%

续图 5.21

（3）围压 16 MPa 下不同饱和度抗滚动试样速度场变化过程。

图5.22 为围压 16 MPa 下不同饱和度抗滚动试样速度场变化过程。由图5.22 可以发现，围压 16 MPa 下不同饱和度试样内部速度场变化与前两种围压（8 MPa，12 MPa）下相似，加载初期（$\varepsilon_1=0$），不同饱和度试样速度场中出现混乱区域，且具有随机性；进入弹性阶段后（$\varepsilon_1=1\%$），试样内部两端颗粒存在向中部运动的趋势，中部颗粒受挤压作用向外扩张，如图5.22(a) 中红色箭头所示；屈服阶段内（$\varepsilon_1=4\%$），速度大于0.1 m/s 的颗粒数目显著增加，该阶段内剪切带开始形成；试验结束时，速度场区域划分明显，剪切带已经形成，如图中三角区域所示。

由图5.20～5.22 可以看出，不同围压下，不同饱和度试样速度场变化规律相似。围压由 8 MPa 增加到 16 MPa，饱和度 60% 试样直径由55.0 mm 减小到54 mm，说明围压的增大对径向变形有一定抑制作用。

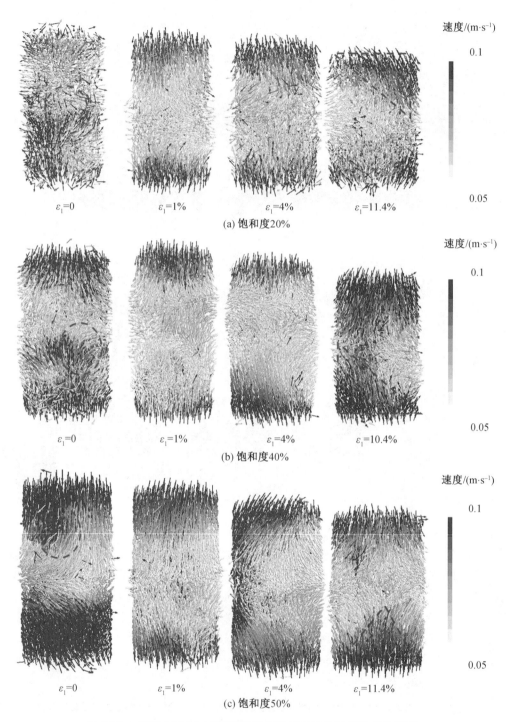

图 5.22　围压 16 MPa 下不同饱和度抗滚动试样速度场变化过程

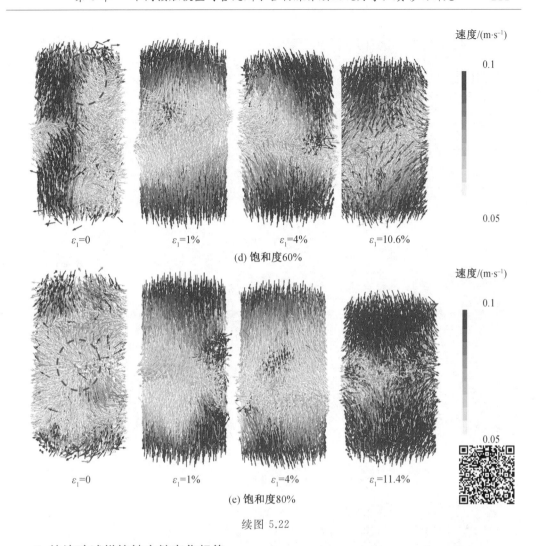

(d) 饱和度60%

(e) 饱和度80%

续图 5.22

3. 抗滚动试样接触力链变化规律

接触力链是散体材料中力由一个颗粒传递至另一颗粒的这一链状传力特征的直观描述，是连接微观颗粒与宏观颗粒体系的桥梁，力链分叉、交会、交叉形成了复杂接触力链网络，其复杂的动力学响应决定了宏观颗粒体系的力学性质。

为进一步从细观尺度对含瓦斯水合物煤体变形破坏机制进行分析，选取不同围压、不同饱和度、不同轴向应变条件下，抗滚动试样内部的接触力链情况。力链粗细及颜色均表示颗粒间接触力的大小，从而直观体现不同条件下接触力链变化过程。由蓝色向红色转变的过程，代表接触力链所承受的接触力逐渐增大，红色力链为强力链。

（1）围压 8 MPa 下不同饱和度抗滚动试样接触力链变化过程。

图5.23 为围压 8 MPa 下不同饱和度抗滚动试样接触力链变化过程。

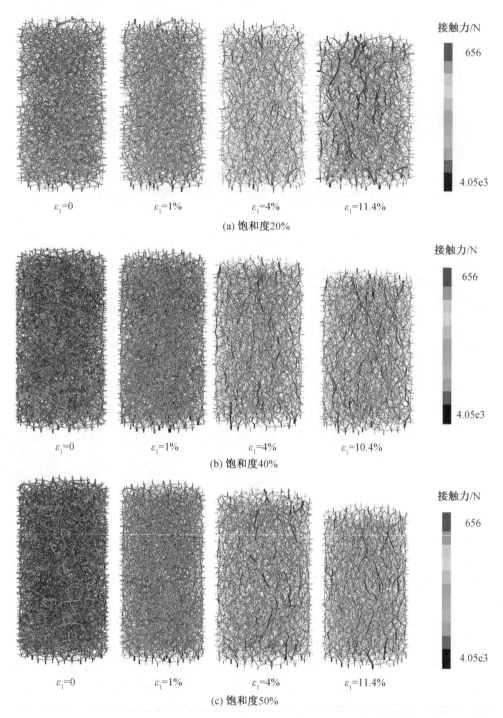

图 5.23　围压 8 MPa 下不同饱和度抗滚动试样接触力链变化过程

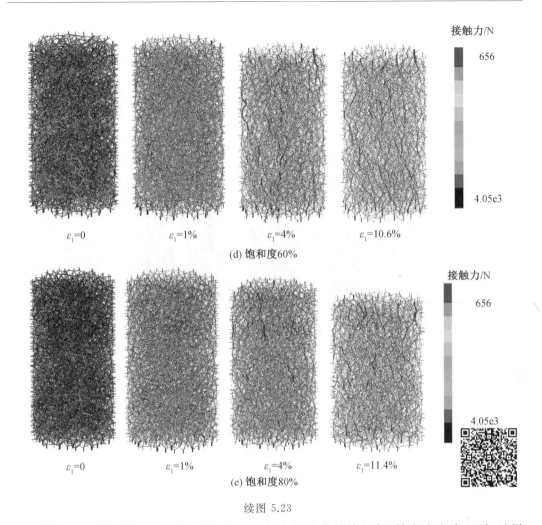

(d) 饱和度60%

(e) 饱和度80%

续图 5.23

由图5.23 可以看出,不同饱和度试样接触力链变化规律相似:轴向应变为 0 时,试样处于静水压力状态,试样内部接触力链分布较为均匀,接触力链密集分布于各个部位;轴向应变为 1% 时,试样内部颗粒发生运动,相邻颗粒间出现相互作用力,可以发现试样内部接触力链颜色由蓝色逐步向绿色过渡,接触力明显增大;轴向应变为 4% 时,试样内部力链向轴向方向集中以抵抗外力,出现柱状强力链(即骨架力链),其方向基本平行于加载方向;加载结束时,试样承受了更大的外部荷载,柱状强力链数目和接触力增大明显,表现为近似轴向的均匀分布,逐渐形成稳定的试样体系。

由图5.23 可以看出,随着饱和度增大,初始时试样内部蓝色区域增多,试样内部接触力变小,强力链数目减少,接触力减弱。图5.24 为围压 8 MPa 下不同饱和度抗滚动试样接触数目和接触力变化过程(因各饱和度下轴向应变不统一,试验结束时轴向应变最小为10.4%,这里使用轴向应变 10% 作为模拟结束时刻的代表),可以看出随着饱和度增大,试样内部接触数目增大,接触力减小。 饱和度 20% 时,试验结束时最大接触力为1 353.70 N,随着饱和度的增大,最大接触力减小幅度为3.70%(饱和度 40%)、11.98%(饱和度 50%)、15.28%(饱和度 60%)、23.93%(饱和度 80%),分析认为因瓦斯水合物于试样孔隙中生成,饱和度越大,模拟试样中水合物颗粒数目越多,外荷载作用下的力由试样中颗粒共同承担,由于水合物颗粒间存在胶结作用,更多的水合物颗粒在试样内部生成,试样间黏结作用得到增强,试样内的最大接触力变小,试样承载能力提高。

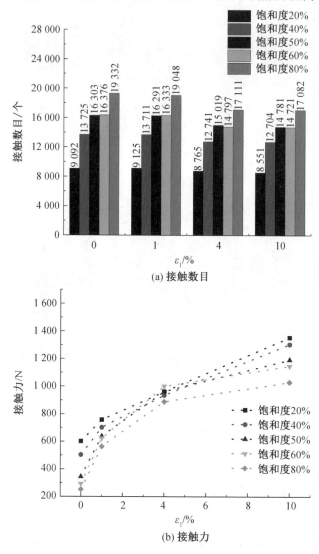

图 5.24　　围压 8 MPa 下不同饱和度抗滚动试样接触数目和接触力变化过程

（2）围压 12MPa 下不同饱和度抗滚动试样接触力链变化过程。

围压 12 MPa 下不同饱和度抗滚动试样接触力链变化过程如图5.25所示。由图5.23、图5.25可以发现,围压 12 MPa 下不同饱和度抗滚动试样接触力链变化过程与围压8 MPa下规律相似。

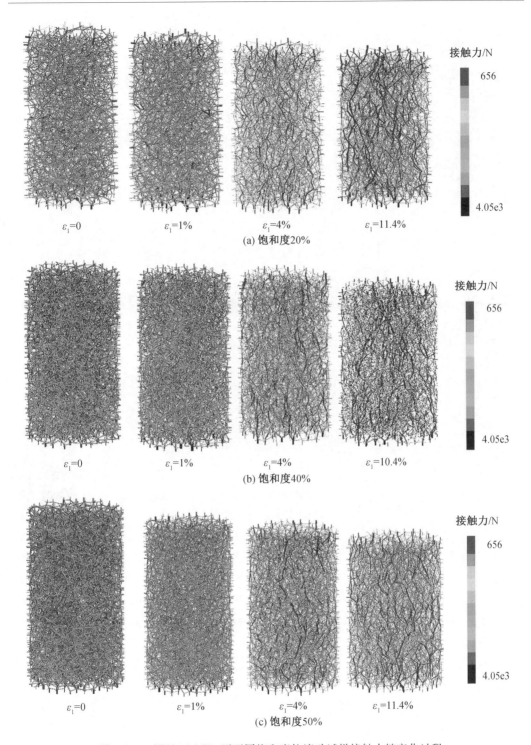

图 5.25　围压 12 MPa 下不同饱和度抗滚动试样接触力链变化过程

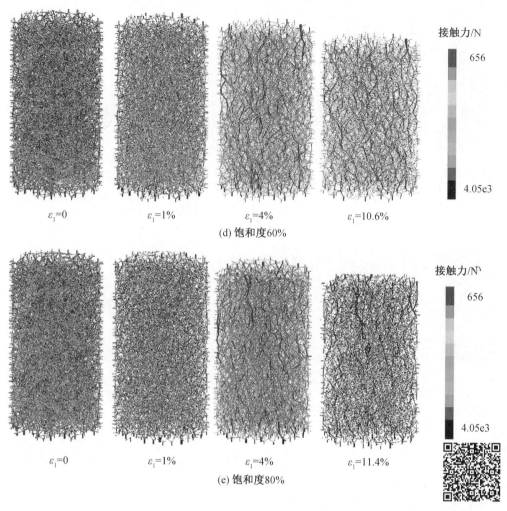

续图 5.25

由图5.25可以看出不同饱和度试样接触力链变化规律相似。轴向应变为 0 时,试样处于静水压力状态,试样内部接触力链分布较均匀;轴向应变为 1% 时,试样内部颗粒发生运动,相邻颗粒间出现相互作用力,可以看出试样内部接触力链颜色由蓝色逐步向绿色过渡,接触力明显增大;轴向应变为 4% 时,试样内部力链向轴向方向集中以抵抗外力,出现柱状强力链(即骨架力链),其方向基本平行于加载方向;加载结束时,试样承受了更大的外部荷载,柱状强力链数目增大,接触力增大,逐渐形成稳定的体系。

由图5.25可以看出,围压 12 MPa 下,随着饱和度的增大,初始时试样内部蓝色区域增多,试样内部接触力减小,不同轴向应变阶段试样强力链数目减小,接触力减小,与围压 8 MPa 时规律相似。

图5.26为围压 12 MPa 下为不同饱和度抗滚动试样接触数目和接触力变化过程(因各饱和度下轴向应变不统一,试验结束时轴向应变最小为10.4%,这里使用轴向应变 10% 作为模拟结束时刻的代表)。由图5.26可以看出,饱和度越大,试样内部接触数目越大,接

触力越小。饱和度 20％ 时,试验结束时最大接触力为 1 506.9 N,随着饱和度的增大,最大
接触力减小幅度为 1.52％(饱和度 40％)、7.15％(饱和度 50％)、13.16％(饱和度 60％)、
20.45％(饱和度 80％)。

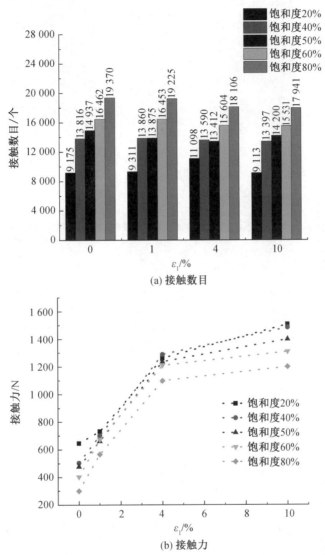

图 5.26　围压 12 MPa 下不同饱和度抗滚动试样接触数目和接触力变化过程

(3) 围压 16 MPa 下不同饱和度抗滚动试样接触力链变化过程。

图 5.27 为围压 16 MPa 下不同饱和度抗滚动试样接触力链变化过程。

围压 16 MPa 下,随着饱和度增大,试样各阶段内部强力链数目明显减小,试样内部
接触力差异较大,该现象与围压 12 MPa 下规律相似。

相同饱和度下,围压 16 MPa 时接触力链与围压 8 MPa 和 12 MPa 时变化规律相似。
随着围压的增大,试样内部强力链数目明显增大,分析认为试样可承受的荷载增大,说明
围压对试样强度具有强化作用。

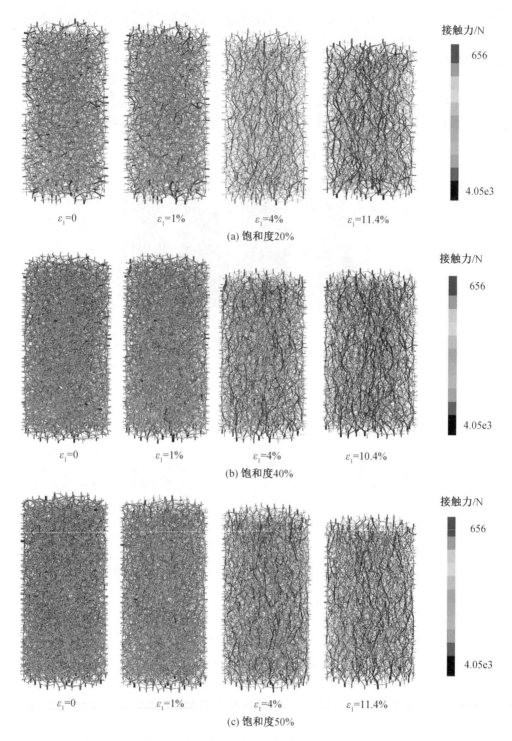

图 5.27　　围压 16 MPa 下不同饱和度抗滚动试样接触力链变化过程

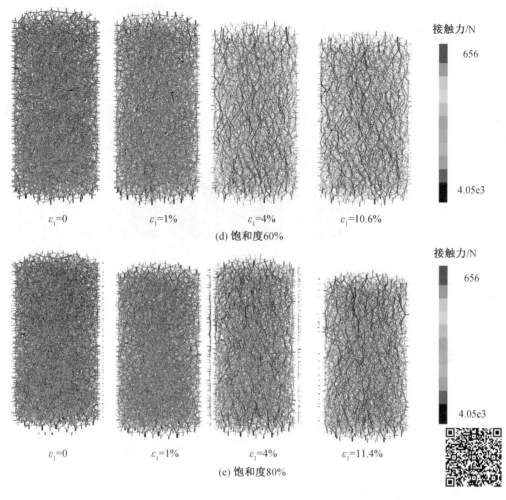

$\varepsilon_1=0$　　　$\varepsilon_1=1\%$　　　$\varepsilon_1=4\%$　　　$\varepsilon_1=10.6\%$

(d) 饱和度60%

$\varepsilon_1=0$　　　$\varepsilon_1=1\%$　　　$\varepsilon_1=4\%$　　　$\varepsilon_1=11.4\%$

(e) 饱和度80%

续图 5.27

图5.28 为围压 16 MPa 下不同饱和度抗滚动试样接触数目和接触力变化过程(因各饱和度下轴向应变不统一,试验结束时轴向应变最小为10.4%,这里使用轴向应变 10%作为模拟结束时刻的代表)。表5.5 为不同围压下不同饱和度抗滚动试样最终接触力,由表5.5 可以发现,随着围压增大,不同饱和度试样最终接触力均明显增大。围压由 8 MPa增加到 16 MPa,饱和度 20% 试样最终接触力由 1 353.70 N 增加到 2 495.59 N,增幅达84.35%;饱和度 40% 试样最终接触力由 1 303.52 N 增加到 2 326.20 N,增幅达78.46%;饱和度 50% 试样最终接触力由1 191.50 N 增加到 2 225.70 N,增幅达86.80%;饱和度 60%试样最终接触力由1 146.88 N 增加到 2 068.02 N,增幅达80.32%;饱和度 80% 试样最终接触力由 1 029.75 N 增加到 1 692.10 N,增幅达64.32%。由以上数据可以发现,围压由8 MPa 增加到 16 MPa,不同饱和度试样最终接触力增幅均达 60% 以上,宏观表现为试样可承受峰值强度增大,说明增大围压可以有效提高试样峰值强度。

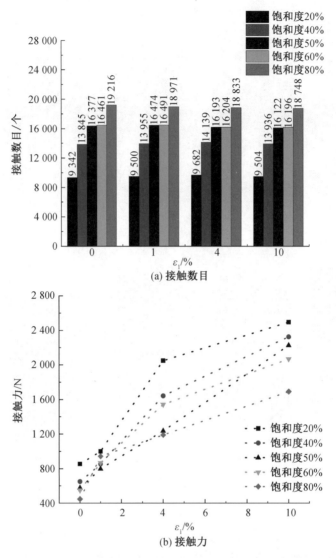

图 5.28　　围压 16 MPa 下不同饱和度抗滚动试样接触数目和接触力变化过程

表5.5　　不同围压下不同饱和度抗滚动试样最终接触力　　　　单位：N

围压	饱和度 20%	饱和度 40%	饱和度 50%	饱和度 60%	饱和度 80%
8 MPa	1 353.70	1 303.52	1 191.50	1 146.88	1 029.75
12 MPa	1 506.90	1 484.02	1 399.10	1 308.57	1 198.76
16 MPa	2 495.59	2 326.20	2 225.70	2 068.02	1 692.10

5.3　基于平行黏结模型的含瓦斯水合物煤体宏细观力学特性研究

5.3.1　平行黏结试样宏观力学特性分析

1. 平行黏结试样应力 — 应变曲线分析

图 5.29 为不同饱和度（20％,40％,50％,60％,80％）平行黏结试样在不同围压（8 MPa,12 MPa,16 MPa）下的应力 — 应变曲线,其中取偏应力最大值为峰值强度,若曲线为应变硬化型,则取应变 11.4％ 处偏应力值（室内试验达到的最大轴向应变为 11.4％）为峰值强度。由图 5.29 可知,随着围压的增大峰值强度增大,围压 8 MPa 下应力 — 应变曲线呈应变软化型,围压 16 MPa 下应力 — 应变曲线呈应变硬化型。

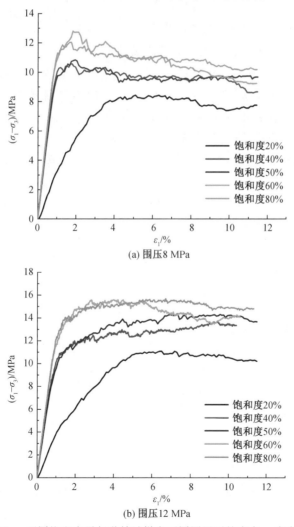

图 5.29　不同饱和度平行黏结试样在不同围压下的应力 — 应变曲线

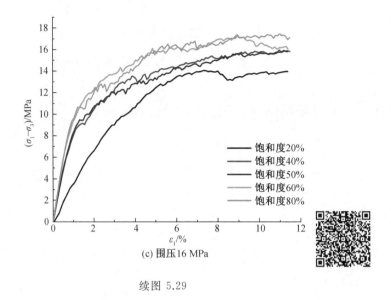

(c) 围压16 MPa

续图 5.29

2. 平行黏结试样体积应变－轴向应变曲线分析

图5.30为不同饱和度平行黏结试样在不同围压下的体积应变－轴向应变曲线。由图5.30可知，随着轴向应变增大，不同饱和度试样在不同围压下体积应变－轴向应变曲线变化趋势相似，与抗滚动试样不同，平行黏结试样体积应变－轴向应变曲线变化规律总体可划分为两个阶段：第一阶段表现为随着轴向应变增大，体积应变与其呈明显的线性关系；第二阶段，随着轴向应变的增大，体积应变增大速率逐渐减小，与抗滚动试样的第二阶段较为相似。

对比图5.10和图5.30可以发现，与抗滚动试样相比，平行黏结试样体积变形较大，压缩变形特征更明显，二者对比可发现抗滚动试样在模拟剪胀性方面更具优势。

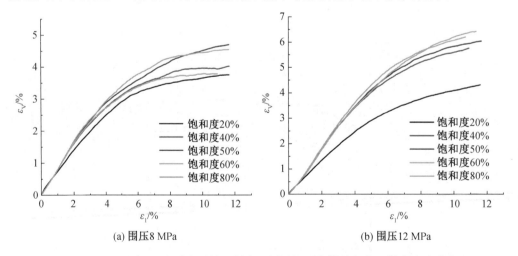

图 5.30　不同饱和度平行黏结试样在不同围压下的体积应变－轴向应变曲线

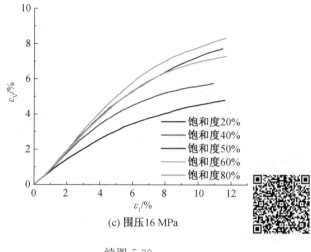

(c) 围压16 MPa

续图 5.30

3. 平行黏结试样强度参数分析

（1）平行黏结试样饱和度、围压与峰值强度关系。

图5.31 所示为不同围压下平行黏结试样峰值强度随着饱和度变化的规律。由图5.31 可以看出，不同围压下，随着饱和度的增大峰值强度均呈增大趋势，与 Masui 和王璇等发现的规律一致。围压 8 MPa 时，平行黏结试样峰值强度由8.44 MPa 增加到12.79 MPa，增幅达51.5%；围压 12 MPa 时，平行黏结试样峰值强度由11.07 MPa 增加到15.57 MPa，增幅达40.7%；围压 16 MPa 时，平行黏结试样峰值强度由14.05 MPa 增加到17.25 MPa，增幅达22.8%。

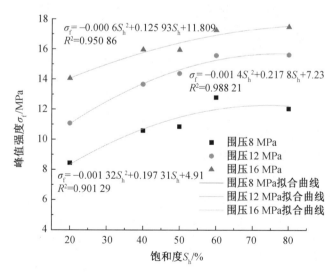

图 5.31　不同围压下平行黏结试样饱和度与峰值强度关系

分析图5.31 数据发现峰值强度和饱和度的关系呈二次函数，对不同饱和度的平行黏结试样峰值强度进行回归分析，得到的拟合曲线与试验曲线拟合程度较好，3 种围压

（8 MPa,12 MPa,16 MPa）下拟合公式分别为

$$\sigma_f = -0.001\ 32S_h^2 + 0.197\ 31S_h + 4.91, R^2 = 0.901\ 29$$

$$\sigma_f = -0.001\ 4S_h^2 + 0.217\ 8S_h + 7.23, R^2 = 0.988\ 21$$

$$\sigma_f = -0.000\ 6S_h^2 + 0.125\ 93S_h + 11.809, R^2 = 0.950\ 86$$

对比抗滚动试样峰值强度随饱和度变化规律可以发现,两种试样峰值强度与饱和度均表现为二次函数关系,从拟合结果看,围压 12 MPa 下,抗滚动试样拟合程度较好,围压 8 MPa 和围压 16 MPa 下平行黏结试样拟合程度较好;整体来看,平行黏结试样饱和度与峰值强度关系拟合程度更好。

为研究围压对平行黏结试样峰值强度的影响,进行不同饱和度（20%,40%,50%,60%,80%）含瓦斯水合物煤体的峰值强度与围压关系探究,不同饱和度下平行黏结试样围压与峰值强度关系如图5.32所示。图中显示不同饱和度下试样峰值强度均随着围压增大而增大,分析认为围压限制了径向变形的发展,从而提高了试样内部的摩擦阻力,峰值强度增大,试样整体性得到提高。 为预测峰值强度 σ_f 随着围压 σ_3 的变化趋势,基于 Mohr-Coulomb 强度准则建立平行黏结试样不同饱和度下峰值强度 σ_f 与围压 σ_3 之间的关系。

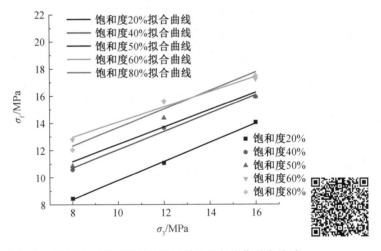

图 5.32　　不同饱和度下平行黏结试样围压与峰值强度关系

不同饱和度下平行黏结试样峰值强度与围压拟合公式为

$$\sigma_f = 2.77 + 0.70\sigma_3, S_h = 20\%, R^2 = 0.999\ 4$$

$$\sigma_f = 5.34 + 0.67\sigma_3, S_h = 40\%, R^2 = 0.992\ 84$$

$$\sigma_f = 6.09 + 0.64\sigma_3, S_h = 50\%, R^2 = 0.952\ 44$$

$$\sigma_f = 8.51 + 0.56\sigma_3, S_h = 60\%, R^2 = 0.980\ 13$$

$$\sigma_f = 6.89 + 0.68\sigma_3, S_h = 80\%, R^2 = 0.967\ 75$$

拟合程度较好,拟合关系合理。

对比图5.12和图5.32可以发现,围压 8 MPa 和 12 MPa 下两种试样峰值强度相差较小;围压 16 MPa 下,抗滚动试样较平行黏结试样峰值强度大的原因可能是,围压对于径向变形有限制作用,在相对较低围压下试样剪胀现象不明显,内部颗粒翻转等行为更为剧烈,抗滚动作用限制了颗粒间运动,使颗粒内部体系受力更加稳定,表现为峰值强度更

大。结合两种试样的拟合曲线和相关系数可以发现两种试样围压与弹性模量线性关系均拟合较好，说明围压增大对峰值强度影响显著。

（2）平行黏结试样饱和度与黏聚力、内摩擦角关系。

图5.33为平行黏结试样饱和度与黏聚力、内摩擦角关系，不同饱和度下内摩擦角分别为14.004 6°，14.004 6°，14.004 6°，12.003 95°，14.004 6°，内摩擦角在14°左右浮动，受饱和度影响较小。由图5.33可以看出，饱和度为 20% 时，试样黏聚力为1.331 1 MPa；饱和度为 80% 时，试样黏聚力为2.837 26 MPa。随着饱和度增大，黏聚力呈线性增大。饱和度与黏聚力拟合关系较好，拟合公式为

$$c = 1.036\ 18S_h + 0.023\ 68,\quad R^2 = 0.907\ 98$$

黏聚力受饱和度影响较大的原因可能是：随着饱和度增大，试样内部水合物颗粒增多，与煤颗粒表面胶结的水合物颗粒相应增加，从而提升了试样的黏聚力。

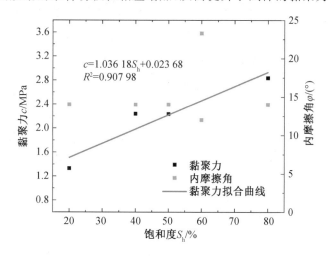

图 5.33　平行黏结试样饱和度与黏聚力、内摩擦角关系

由两种试样饱和度、黏聚力及内摩擦角关系可以发现：两种试样均表现为黏聚力随饱和度增大而增大，抗滚动试样呈指数函数增长，平行黏结试样呈线性函数增长；摩擦角变化较小，对饱和度变化敏感性较低。相同饱和度下平行黏结试样黏聚力均大于抗滚动试样，分析认为平行黏结模型为试样提供了一定黏聚力，造成了二者间黏聚力存在差异；抗滚动试样内摩擦角均大于平行黏结试样，原因可能是煤颗粒间所选用的抗滚动模型除线性部分提供摩擦能力之外，抗滚动部分为试样提供了抗滚动特性，从而提高了颗粒间抵抗错位、滑动及转动的能力。

4. 平行黏结试样变形参数分析

为深入探究围压对弹性模量的影响规律，根据表5.6中数据绘制平行黏结试样弹性模量与围压关系的散点图，如图5.34所示。围压由 8 MPa 增大到 12 MPa 和 16 MPa 时，饱和度 20% 下，抗滚动试样弹性模量分别由 487.269 MPa 增大到 572.344 MPa 和742.161 MPa，增大幅度分别为17.46% 和52.31%；平行黏结试样弹性模量增大幅度分别为49.08% 和114.48%。分析可知随着围压的增大，墙体对试样径向变形的约束力更强，内部孔隙减小，从而使颗粒间的摩擦力和咬合力增强，弹性模量增大，含瓦斯水合物煤体

整体稳定性提高。平行黏结试样弹性模量与围压关系拟合公式如下。

饱和度 20%:$E = 43.06\sigma_3 - 51.78, R^2 = 0.993\ 27$。

饱和度 40%:$E = 39.73\sigma_3 + 287.69, R^2 = 0.861\ 99$。

饱和度 50%:$E = 33.01\sigma_3 + 487.56, R^2 = 0.852\ 19$。

饱和度 60%:$E = 30.53\sigma_3 + 678.48, R^2 = 0.963\ 345$。

饱和度 80%:$E = 11.51\sigma_3 + 1\ 079.00, R^2 = 0.898\ 84$。

由拟合结果发现,3 种围压下抗滚动试样的弹性模量均随围压增大呈线性增长,拟合相关系数 R^2 在0.852 19 ～ 0.993 27 范围内,相关性较好,说明对于平行黏结试样,一次函数可以较好地描述围压与弹性模量的关系。

表5.6　不同饱和度平行黏结试样弹性模量

试样编号	E/MPa	试样编号	E/MPa	试样编号	E/MPa
II－8－20	300.912	II－12－20	448.612	II－16－20	645.418
II－8－40	642.208	II－12－40	690.983	II－16－40	960.018
II－8－50	719.905	II－12－50	947.201	II－16－50	983.996
II－8－60	936.494	II－12－60	1 017.429	II－16－60	1 180.77
II－8－80	1 162.13	II－12－80	1 234.897	II－16－80	1 254.178

注:试样编号中 II 后第一组数字代表围压,单位 MPa,第二组数字代表饱和度,单位 %。

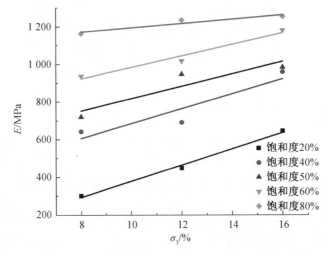

图 5.34　平行黏结试样弹性模量与围压关系

对比抗滚动试样弹性模量与围压的拟合结果可以发现,抗滚动试样拟合效果更好,说明围压的增大对试样的弹性模量影响较显著。

5.3.2　平行黏结试样细观力学特性分析

1. 平行黏结试样力学配位数变化规律

不同围压下不同饱和度平行黏结试样力学配位数变化过程如图5.35 所示。由图5.35 可以发现围压 8 MPa 和 12 MPa 下平行黏结试样力学配位数变化总体呈先增大后减小再增大的趋势。试样处于弹性阶段时($\varepsilon_1 = 0 \sim 1\%$),受外力影响,试样内部初始孔隙被压缩,颗粒间接触更加紧密,力学配位数增大,试样体积减小;进入屈服阶段($\varepsilon_1 = 1\% \sim 4\%$),水合物颗粒间、水合物和煤颗粒间胶结作用阻碍了内部颗粒的重新排列,力学配位数呈降低趋势;进入强化阶段后($\varepsilon_1 > 4\%$),由于围压对径向变形的限制作用,随着轴向应变的增加,试样内部孔隙减小,颗粒间接触更多,力学配位数增加。

由图5.35可以看出,高围压条件下力学配位数变化规律整体呈缓慢增大趋势,分析认为围压越高,试样初始孔隙越小,颗粒间接触越紧密;随着加载的进行,水合物胶结作用逐渐减弱,颗粒间接触进一步增加,力学配位数增大。

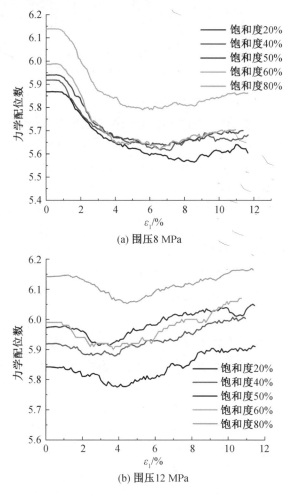

(a) 围压8 MPa

(b) 围压12 MPa

图 5.35　不同围压下不同饱和度平行黏结试样力学配位数变化过程

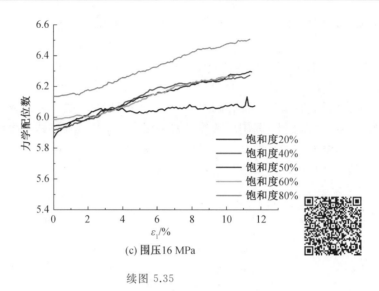

(c) 围压 16 MPa

续图 5.35

与抗滚动试样相比(图5.17～图5.19),在围压 8 MPa 和 12 MPa 下,平行黏结试样的力学配位数无明显变化;屈服阶段($\varepsilon_1 = 1\% \sim 4\%$)平行黏结试样力学配位数减小幅度较大;强化阶段($\varepsilon_1 > 4\%$)平行黏结试样的力学配位数呈逐渐增大趋势,这与抗滚动试样变化规律不同,分析认为轴向应变大于 4% 时,抗滚动试样由于抗滚动作用影响了试样内部孔隙的继续压缩,力学配位数并未表现出增大趋势。高围压条件下,平行黏结试样与抗滚动试样的力学配位数均呈增大趋势,分析认为试样内部孔隙减少,颗粒间接触更紧密,颗粒重新排列以获得平衡位置,颗粒间的胶结作用逐渐减弱直至失效。

平行黏结试样随着饱和度增大,力学配位数呈增大趋势,与抗滚动试样变化规律相似。分析认为在试样加载过程中抗滚动试样的抗滚动摩擦力减弱使得试样蓬松,导致力学配位数较小。

2. 平行黏结试样速度场变化规律

研究平行黏结试样内部速度场的变化过程,可从细观角度揭示含瓦斯水合物煤体的剪切带的形成过程。图5.36～图5.38为不同围压(8 MPa,12 MPa,16 MPa)下不同饱和度(20%,40%,50%,60%,80%)平行黏结试样的速度场变化过程,选取的轴向应变值与抗滚动试样相同,均为 0,1% ,4% 和试验结束时对应的轴向应变值(预测模型试验结束轴向应变取试验室 3 种饱和度室内试验结束达到的最大值11.4%,即饱和度 20%,40%,50%,60% 和 80% 分别对应为11.4%,10.4%,11.4%,10.6% 和11.4%)。

(1)围压 8 MPa 下不同饱和度平行黏结试样速度场变化过程。

由图5.36可以发现,不同饱和度平行黏结试样内部颗粒运动趋势与抗滚动试样相似,轴向应变$\varepsilon_1 = 0$时试样内部均表现为无规则运动,图5.36中5种饱和度试样红色区域内颗粒运动均较为混乱;轴向应变$\varepsilon_1 = 1\%$时,试样两端呈现出明显的相向运动;轴向应变$\varepsilon_1 = 4\%$时,更多的颗粒产生较大的速度,试样内部颗粒重排较为剧烈;轴向应变$\varepsilon_1 > 4\%$时,速度场出现明显分化,剪切带已完全形成。

随着饱和度的增大,平行黏结试样(围压 8 MPa)速度场变化规律与抗滚动试样(围压 8 MPa）相似，与蔡国庆等研究结果存在差异，这可能与边界条件选取有关。

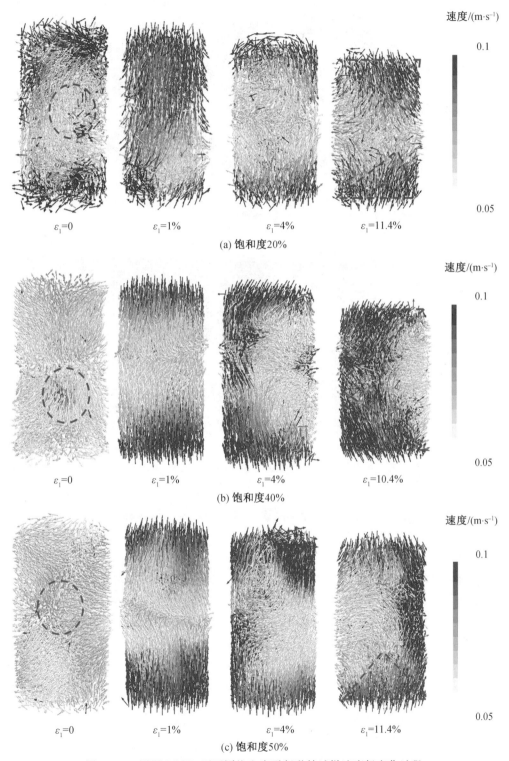

图 5.36　围压 8 MPa 下不同饱和度平行黏结试样速度场变化过程

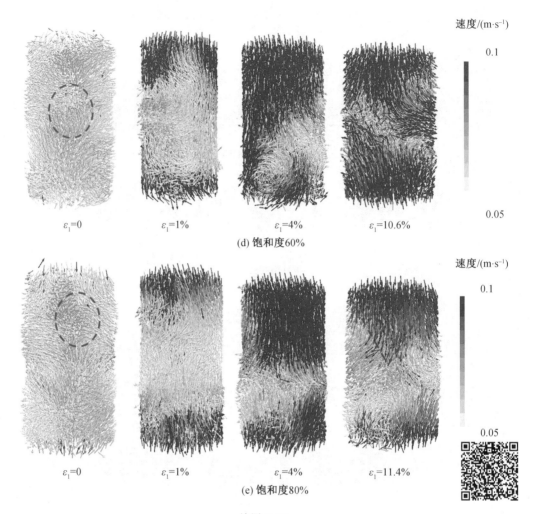

(d) 饱和度60%

(e) 饱和度80%

续图 5.36

（2）围压 12 MPa 下不同饱和度平行黏结试样速度场变化过程。

图5.37为围压12 MPa下不同饱和度平行黏结试样速度场变化过程,因不同饱和度试样变化规律相似,选取饱和度 80% 平行黏结试样进行分析:轴向应变 $\varepsilon_1 = 0$ 时,试样速度场出现混乱区域;轴向应变 $\varepsilon_1 = 0 \sim 1\%$ 时,试样上下两端颗粒朝试样中心运动(试样中部出现一条颗粒速度方向不同的长条形区域);轴向应变 $\varepsilon_1 = 1\% \sim 4\%$ 时,较多颗粒运动速度增大,达到0.1 m/s,颗粒运动加剧,剪切带开始形成;轴向应变 $\varepsilon_1 > 4\%$ 时,试样内部速度分化明显,剪切带已完全形成。

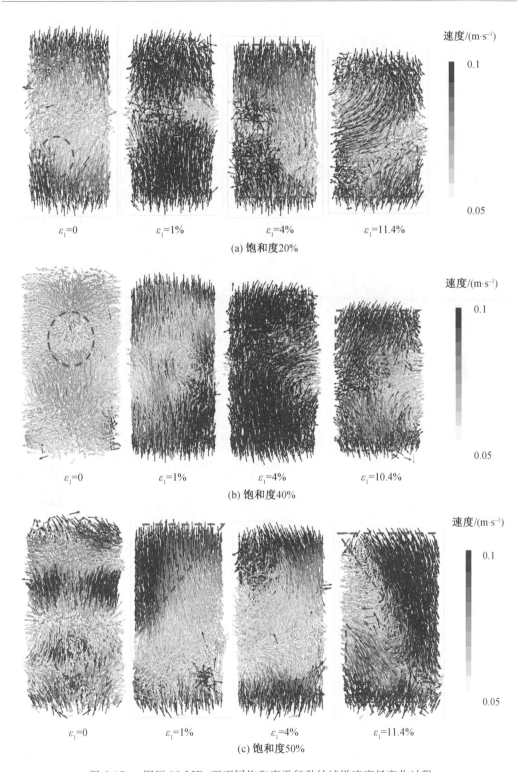

图 5.37　围压 12 MPa 下不同饱和度平行黏结试样速度场变化过程

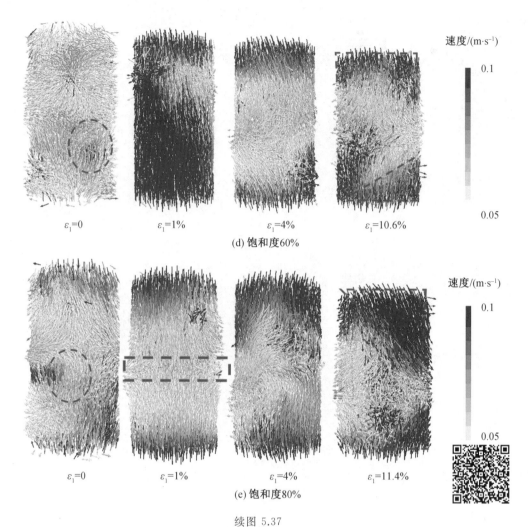

(d) 饱和度60%

(e) 饱和度80%

续图 5.37

由图5.37可以看出,平行黏结试样速度场变化规律与抗滚动试样存在差异。试验结束时,平行黏结试样内部颗粒运动杂乱无章。以饱和度40%试样轴向应变 $\varepsilon_1 = 10.4\%$ 为例,对比分析抗滚动试样和平行黏结试样可知,抗滚动试样直径为54.2 mm,平行黏结试样则为53.6 mm,直径差值为0.6 mm,两种试样高度几乎完全相同,但直径差距较大,可以认为抗滚动试样受抗滚动作用的影响,试样内部孔隙有所增大,试样体积有所增大。饱和度60%时两种试样的体积差值最大,抗滚动试样体积约为平行黏结试样的1.03倍,模拟结果与王一伟等的结论相吻合。

（3）围压 16 MPa 下不同饱和度平行黏结试样速度场变化过程。

图5.38为围压16 MPa下不同饱和度平行黏结试样速度场变化过程,可以发现与围压8 MPa 和 12 MPa 下的变化规律相似。高围压下轴向应变 $\varepsilon_1 = 0$ 时,颗粒速度较大,受粒间摩擦作用影响,颗粒运动更为混乱。结合图5.36 ~ 5.38可以发现,随着围压增大（强化阶段）,平行黏结试样压缩更大,更容易表现出压缩变形的特征。以饱和度80%平行黏结试样为例,3种围压下（强化阶段）试样直径分别为5.34 mm,5.28 mm 和5.20 mm,说明高

围压对试样径向变形具有一定抑制作用。

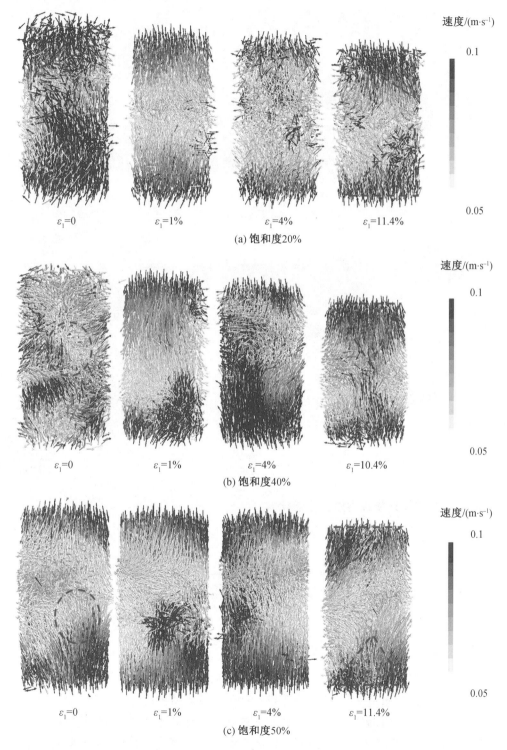

图 5.38　围压 16 MPa 下不同饱和度平行黏结试样速度场变化过程

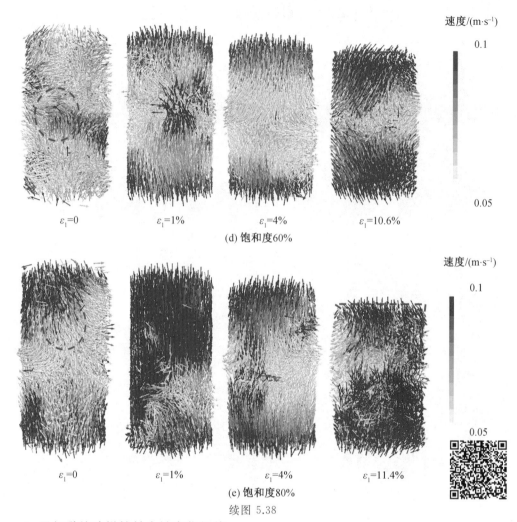

(d) 饱和度60%

(e) 饱和度80%

续图 5.38

3. 平行黏结试样接触力链变化规律

研究平行黏结试样随着饱和度和轴向应变增大内部接触力链的变化过程,可从细观角度揭示含瓦斯水合物煤体的宏观力学行为。为方便进行两种试样间接触力链变化过程的对比,选取的平行黏结试样轴向应变值与抗滚动试样相同。图5.39、图5.41 及图5.43 为不同围压下不同饱和度平行黏结试样接触力链变化过程。

（1）围压 8 MPa 下不同饱和度平行黏结试样接触力链变化过程。

围压 8 MPa 下不同饱和度平行黏结试样接触力链变化过程如图5.39 所示,对比图 5.23 可以发现:不同饱和度平行黏结试样接触力链变化规律与抗滚动试样相似:轴向应变 $\varepsilon_1 = 0$ 时,试样处于静水压力状态,由于未施加轴向压力,试样内部颗粒分布状态较为松散,试样内部力链分布不均匀,且较强力链出现位置较为随机;轴向应变 $\varepsilon_1 = 1\%$ 时,在外荷载的作用下,试样内部颗粒发生运动,不同饱和度试样开始出现强力链;轴向应变 $\varepsilon_1 = 4\%$ 时,强力链数目增多且呈均匀分布,与抗滚动试样相似,强力链分布方向基本平行于加载方向,强力链骨架基本形成;轴向应变 $\varepsilon_1 > 4\%$ 时,强力链数目和接触力有明显增大,形成稳定的试样体系。

如图5.39所示,针对饱和度20%平行黏结试样(轴向应变$\varepsilon_1 > 4\%$),强力链较其余4种饱和度试样接触力更大,说明随饱和度的增大,煤颗粒间水合物增多,在外荷载的作用下,水合物移动受到的限制增多,容易与周围煤颗粒接触成为持力体,提高了试样的峰值强度和弹性模量,对含瓦斯水合物煤体力学性质具有一定改善作用。

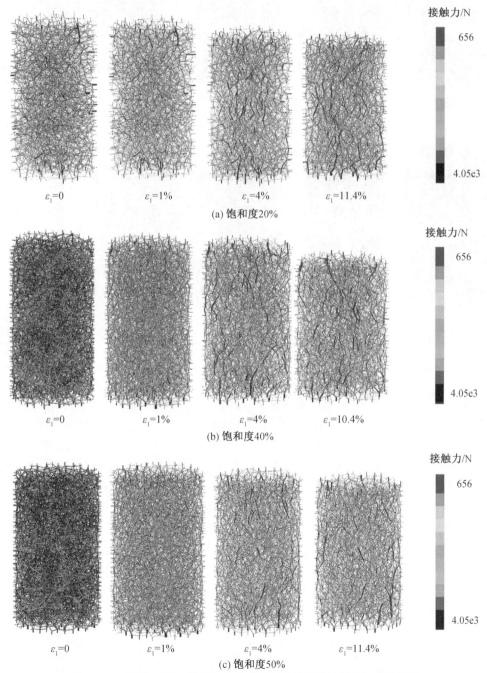

$\varepsilon_1=0$　　　　$\varepsilon_1=1\%$　　　　$\varepsilon_1=4\%$　　　　$\varepsilon_1=11.4\%$

(a) 饱和度20%

$\varepsilon_1=0$　　　　$\varepsilon_1=1\%$　　　　$\varepsilon_1=4\%$　　　　$\varepsilon_1=10.4\%$

(b) 饱和度40%

$\varepsilon_1=0$　　　　$\varepsilon_1=1\%$　　　　$\varepsilon_1=4\%$　　　　$\varepsilon_1=11.4\%$

(c) 饱和度50%

图 5.39　围压 8 MPa 下不同饱和度平行黏结试样接触力链变化过程

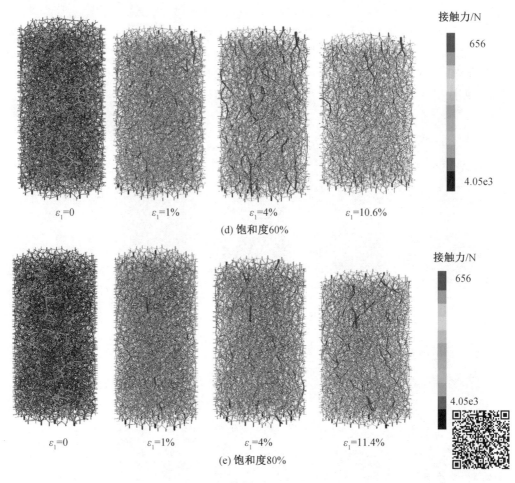

续图 5.39

　　图5.40 为围压 8 MPa 下不同饱和度平行黏结试样接触数目和接触力变化过程(因各饱和度下轴向应变不统一,试验结束时轴向应变最小为10.4％,这里使用轴向应变 10％作为模拟结束时刻的代表)。由图5.40 可以看出,平行黏结试样接触数目和接触力变化规律与抗滚动试样相似,接触数目随着饱和度增大而增大,饱和度 20％ 的试样最大接触力为1 435.13 N,最大接触力随饱和度增大减小幅度分别为7.44％(饱和度 40％)、16.92％(饱和度 50％)、30.58％(饱和度 60％)、40.12％(饱和度 80％)。通过对比两种试样试验结束时接触力可以发现,不同饱和度抗滚动试样内部接触力均小于平行黏结试样,分析认为抗滚动试样受滚动阻力系数影响,颗粒间承担较大的接触力,宏观表现为强力链增多,以贯穿力链为主,见表5.7。

表5.7　　围压 8 MPa 下不同饱和度抗滚动试样和平行黏结试样最终接触力　　　　单位:N

饱和度	20％	40％	50％	60％	80％
抗滚动试样	1 353.70	1 303.52	1 191.50	1 146.88	1 029.75
平行黏结试样	1 435.13	1 328.30	1 192.28	996.29	859.39

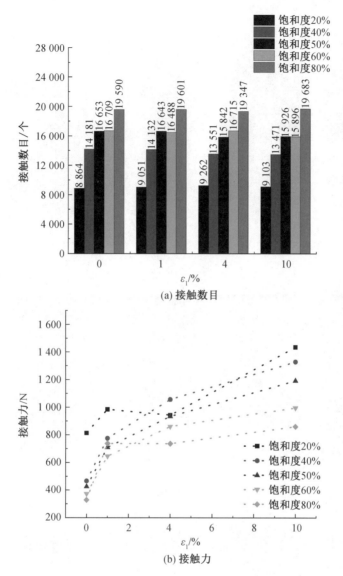

图 5.40　围压 8 MPa 下不同饱和度平行黏结试样接触数目和接触力变化过程

　　结合图5.23、图5.24、图5.39 和图 5.40 可以发现,随着饱和度增大,与抗滚动试样相比,平行黏结试样内部强力链出现较早,分析认为离散元中颗粒可以自由转动,当两颗粒间的接触力增大,颗粒发生旋转,抗滚动作用会对互相接触的两颗粒产生一个偏心的力矩限制颗粒的滚动。

　　(2)围压 12 MPa 下不同饱和度平行黏结试样接触力链变化规律。

　　由图5.41 可以发现,围压 12 MPa 下平行黏结试样接触力链与围压 8 MPa 下变化规律相似。围压 12 MPa、饱和度 20% 的试样初始状态强力链仅存在于试样与墙体之间,说明围压对试样有较强的约束作用,试样内部接触力分布较为均匀,表现为各向同性;轴向应变 $\varepsilon_1 = 1\%$ 时,试样内部接触力增大,强力链少量增多;轴向应变 $\varepsilon_1 = 4\%$ 时,沿加载方向的强力链出现,力链骨架开始形成;试验结束时,出现贯穿试样的力链,表明稳定的力链结构已经形成。

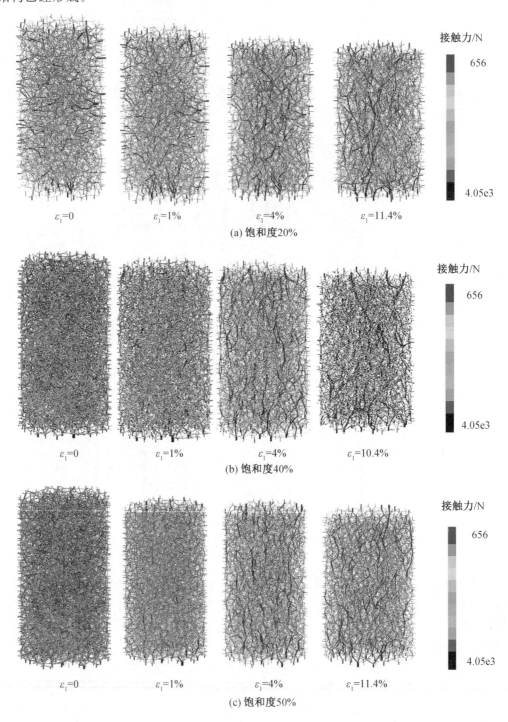

$\varepsilon_1=0$　　　　$\varepsilon_1=1\%$　　　　$\varepsilon_1=4\%$　　　　$\varepsilon_1=11.4\%$

(a) 饱和度20%

$\varepsilon_1=0$　　　　$\varepsilon_1=1\%$　　　　$\varepsilon_1=4\%$　　　　$\varepsilon_1=10.4\%$

(b) 饱和度40%

$\varepsilon_1=0$　　　　$\varepsilon_1=1\%$　　　　$\varepsilon_1=4\%$　　　　$\varepsilon_1=11.4\%$

(c) 饱和度50%

图 5.41　　围压 12 MPa 下不同饱和度平行黏结试样接触力链变化过程

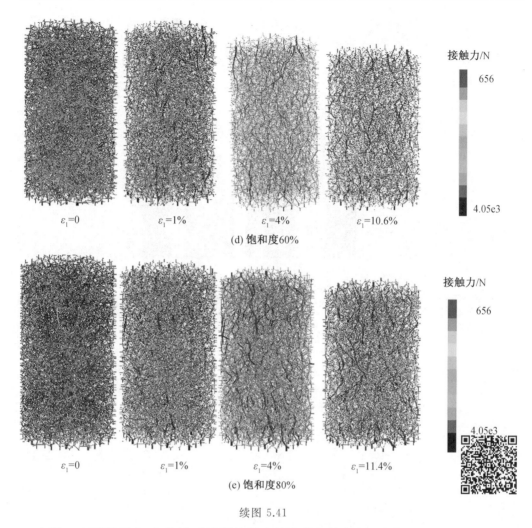

(d) 饱和度60%

(e) 饱和度80%

续图 5.41

由图5.41可以看出,与抗滚动试样接触力链变化规律相似,随着饱和度增大,轴向应变 $\varepsilon_1 = 0$ 时平行黏结试样内部蓝色区域增多,试样内部接触力变小,不同轴向应变阶段试样强力链数量减少,接触力减弱。

图5.42为围压12 MPa下不同饱和度平行黏结试样接触数目和接触力变化过程(因各饱和度下轴向应变不统一,试验结束时轴向应变最小为10.4％,这里使用轴向应变10％作为模拟结束时刻的代表)。由图5.42可以看出,围压12 MPa下平行黏结试样接触数目和接触力变化规律与抗滚动试样相似,接触数目均随着饱和度增大而增大,饱和度由20％分别增大到40％,50％,60％,80％时最大接触力均呈减小趋势,减小幅度分别为1.92％,4.69％,9.24％,24.60％。通过对比两种试样接触力(强化阶段)可以发现,不同饱和度条件下平行黏结试样内部接触力均大于抗滚动试样,分析认为在滚动阻力系数影响下,抗滚动试样颗粒间的接触力较大,宏观上表现为强力链增多,以贯穿力链为主。由于平行黏结试样中接触力链分布均匀且数量相对较多,因此平行黏结试样整体承受的最大接触力大于抗滚动试样,见表5.8。

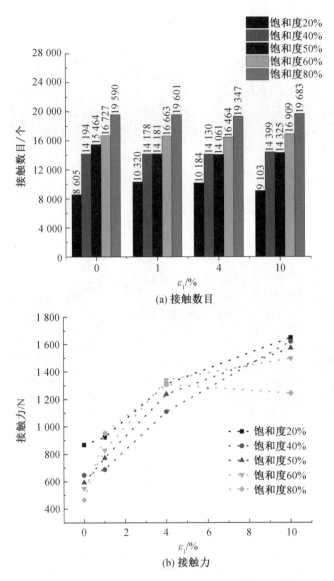

图 5.42　围压 12 MPa 下不同饱和度平行黏结试样接触数目和接触力变化过程

表5.8　围压 12 MPa 下不同饱和度抗滚动试样和平行黏结试样最终接触力对比　　单位:N

饱和度	20%	40%	50%	60%	80%
抗滚动试样	1 506.9	1 484.02	1 399.1	1 308.57	1 198.76
平行黏结试样	1 649.65	1 681.27	1 572.24	1 497.29	1 243.88

（3）围压 16 MPa 下不同饱和度平行黏结试样接触力链变化过程。

由图5.43 可以发现,围压 16 MPa 下平行黏结试样接触力链变化规律与围压 8 MPa 下相似。以围压 16 MPa、饱和度 20% 为例,轴向应变 $\varepsilon_1 = 0$ 时,强力链多存在于试样与墙体之间,极少量强接触力出现在试样内部,说明试样内部接触力分布较为均匀,宏观表现为各向同性;轴向应变 $\varepsilon_1 = 1\%$ 时,试样内部接触力增大,强力链开始增多,但未形成较长的柱状强力链;轴向应变 $\varepsilon_1 = 4\%$ 时,沿加载方向的强力链出现,力链骨架开始形成;轴向应变 $\varepsilon_1 > 4\%$ 时出现贯穿试样的力链,表明稳定的力链结构已经形成。

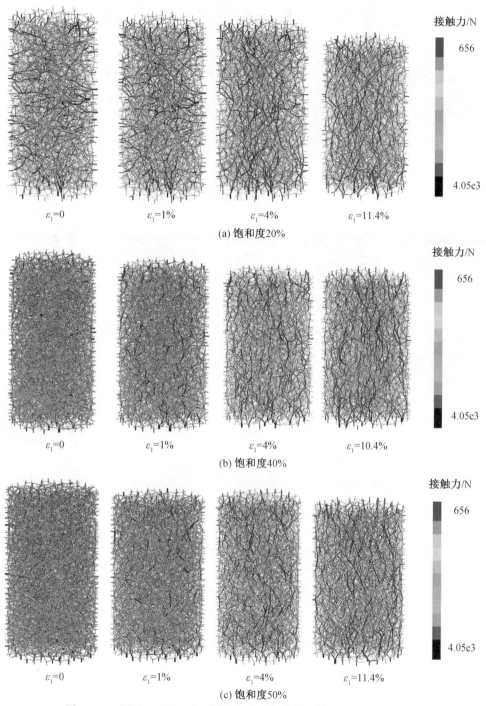

图 5.43　围压 16 MPa 下不同饱和度平行黏结试样接触力链变化过程

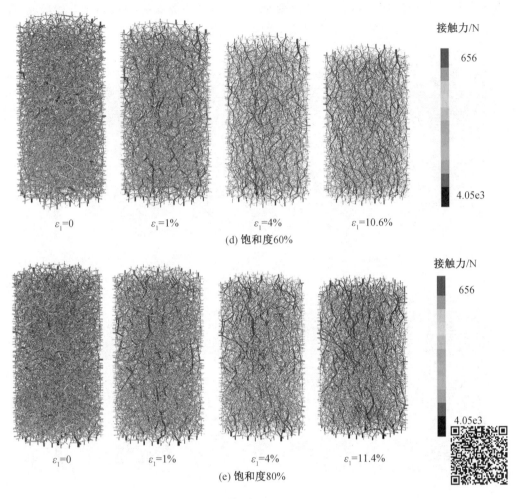

续图 5.43

图5.44 为围压 16 MPa 下不同饱和度平行黏结试样接触数目和接触力变化过程,由图5.44 可以看出,其与 8 MPa 和 12 MPa 下相似,随着饱和度增大,接触数目增大,接触力有所减小。围压 16 MPa 时,两种试样(强化阶段)的最终接触力见表5.9。

表5.10 为不同围压下不同饱和度平行黏结试样最终接触力对比,由表5.10 可以发现,随着围压增大,不同饱和度试样最大接触力均呈增大趋势。围压由 8 MPa 增大到 16 MPa,饱和度 20％ 试样的最终接触力由1 435.13 N 增大到2 602.28 N,增幅达81.33％;饱和度 40％ 试样的最终接触力由1 328.30 N 增大到2 329.52 N,增幅达75.38％;饱和度 50％ 试样的最终接触力由1 192.28 N 增大到2 722.24 N,增幅达128.32％;饱和度 60％ 试样的最终接触力由996.29 N 增大到2 156.10 N,增幅达116.41％;饱和度 80％ 试样的最终接触力由859.39 N 增大到1 546.20 N,增幅达79.92％。可以发现围压由 8 MPa 增大到 16 MPa,不同饱和度试样内部最终接触力增幅均大于 73％,宏观表现为试样可承受峰值强度增大,说明增大围压可以有效提高试样强度,与前文试验结果相对应。

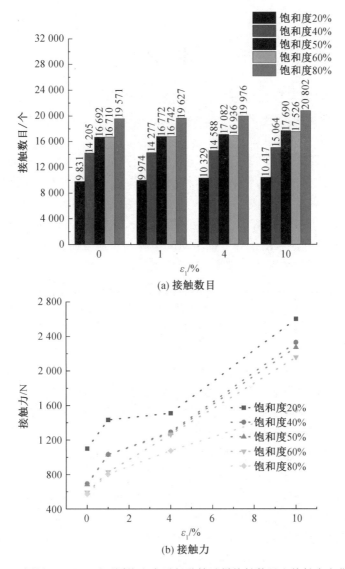

图 5.44　围压 16 MPa 下不同饱和度平行黏结试样接触数目和接触力变化过程

表5.9　围压 16 MPa 下不同饱和度抗滚动试样和平行黏结试样最终接触力对比　　单位：N

饱和度		20%	40%	50%	60%	80%
最终接触力	抗滚动试样	2 495.59	2 326.20	2 225.70	2 068.02	1 692.10
	平行黏结试样	2 602.28	2 329.50	2 272.24	2 156.10	1 546.20

表5.10　不同围压下不同饱和度平行黏结试样最终接触力对比　　单位：N

围压	饱和度 20%	饱和度 40%	饱和度 50%	饱和度 60%	饱和度 80%
8 MPa	1 435.13	1 328.30	1 192.28	996.29	859.39
12 MPa	1 649.65	1 681.27	1 572.24	1 497.29	1 243.88
16 MPa	2 602.28	2 329.52	2 722.24	2 156.10	1 546.20

5.4　本章小结

本章基于室内试验得到的数据,借助离散元手段,考虑颗粒间接触模型的选取,建立抗滚动试样与平行黏结试样,获得了两种试样在常规三轴加载过程中的宏观力学特征与细观演化过程,主要结论如下。

(1)建立的抗滚动试样和平行黏结试样的峰值强度与室内试验结果对比误差平均在15%以内;两种试样均表现为压缩变形,抗滚动试样较平行黏结试样压缩变形更小;两种试样破坏特征均呈鼓形趋势,与室内试验环剪破坏裂纹特征相似。因此,建立的离散元常规三轴模型可以实现对含瓦斯水合物煤体的应力－应变关系和破坏特征的有效模拟。

(2)3种围压、5种饱和度条件下抗滚动试样应力－应变曲线均呈应变硬化型,试验结束时含瓦斯水合物煤体表现为压缩变形,随着围压增大压缩变形更加明显;峰值强度与饱和度呈二次函数关系,与围压呈线性关系,弹性模量与饱和度和围压均呈线性关系,黏聚力与饱和度呈指数函数关系,内摩擦角为 $20° \sim 22°$;力学配位数呈先增大后减小最后趋于定值的趋势;随着饱和度增大,试样内部强力链数目减小和接触力减小;随着围压增大,试样内部强力链增多,内部最大接触力增幅达 60% 以上。

(3)平行黏结试样应力－应变曲线在低围压条件下呈应变软化型,除 12 MPa、饱和度 60% 条件下外,中高围压下均呈应变硬化型,围压越大,硬化特征越明显,3种围压下试样均表现为压缩变形,随着围压增大,压缩变形更加明显,抗滚动试样压缩变形较平行黏结试样小;平行黏结试样峰值强度与饱和度呈二次函数关系,与围压呈线性关系,弹性模量与饱和度和围压均呈线性关系;平行黏结试样除饱和度 60% 外,黏聚力与饱和度呈线性关系,内摩擦角约为 $14°$;中低围压下,平行黏结试样力学配位数呈先增大后减小,至轴向应变 4% 之后继续增大的趋势;高围压下,力学配位数呈持续增大的趋势;速度随着饱和度和围压增大而增大,抗滚动试样的体积均大于平行黏结试样;随着饱和度增大,试样内部强力链数目减小和接触力减小,随着围压增大,试样内部强力链增多,内部最大接触力增幅达 73% 以上。抗滚动试样与平行黏结试样相比,不同轴向应变阶段强力链较多且以竖向为主,于试样内分布较为均匀,承载力更大。

(4)抗滚动模型比起平行黏结模型能更有效地模拟含瓦斯水合物煤体的力学特性。3种围压条件下抗滚动试样应力－应变曲线均呈应变硬化型,与室内试验结果相同且与平行黏结试样相比压缩变形更小,试验结束时试样力学配位数相对较小,能更有效地模拟室内试验的剪胀现象。

第 6 章 常规三轴压缩下含瓦斯水合物煤体能量变化规律研究

6.1 含瓦斯水合物煤体强度变形参数及强度准则研究

在众多煤与瓦斯突出理论猜想中,"煤与瓦斯突出是地压、瓦斯存量、瓦斯压力、煤的力学性质和重力综合作用的结果"被多数学者认可。因此,研究含瓦斯水合物煤体在常规三轴压缩试验中变形特征和力学参数的变化趋势,对防治或减少煤与瓦斯突出事故具有指导性意义。

6.1.1 常规三轴压缩试验

1. 试验状况

为探究低围压下瓦斯水合物生成前后及高饱和度下含瓦斯水合物煤体三轴压缩破坏过程能量变化规律,自主设计了一套集瓦斯水合固化和三轴压缩试验于一体的测试装置,含瓦斯水合物煤体力学性质原位测试装置如图6.1所示。该装置由水合固化反应釜、三轴压缩系统、恒温控制箱、气体增压系统、数据采集系统组成。

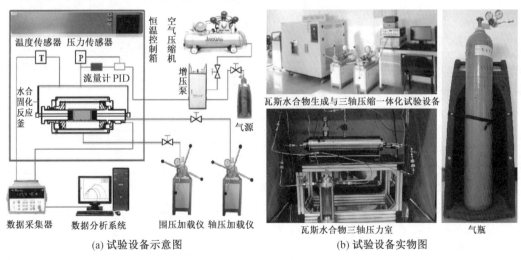

(a) 试验设备示意图   (b) 试验设备实物图

图 6.1 含瓦斯水合物煤体力学性质原位测试装置

2. 试验方案

依据研究内容设计了 6 个试验方案。表6.1 为低围压下瓦斯水合物生成对煤体强度特征影响试验方案。表6.2 为高饱和度下含瓦斯水合物煤体强度特征试验方案。

表6.1　低围压下瓦斯水合物生成对煤体强度特征影响试验方案

试样来源	煤粉质量/g	瓦斯压力/MPa	温度/℃	含水量/g	饱和度/%	围压/MPa
七星矿	220	4.0	20(空白试验)/2(水合物生成试验)	7.65	25	1.0
						2.0
						3.0
				15.3	50	1.0
						2.0
						3.0
				24.5	80	1.0
						2.0
						3.0

表6.2　高饱和度下含瓦斯水合物煤体强度特征试验方案

试样来源	煤粉质量/g	瓦斯压力/MPa	温度/℃	含水量/g	饱和度/%	围压/MPa
桃山矿	266	4.0	0.5	19.53	50	4.0
						5.0
						6.0
				23.42	60	4.0
						5.0
						6.0
				27.32	70	4.0
						5.0
						6.0
				31.23	80	4.0
						5.0
						6.0

　　试验所用原煤取自双鸭山市七星矿和七台河市桃山矿,均为煤与瓦斯突出危险性矿井(曾经发生过煤与瓦斯突出事故)。尹光志研究发现在三轴压缩试验中,型煤和原煤的变形特性与抗压强度具有规律上的一致性,故利用制作方便、试样个体间差异小的型煤开展试验。型煤尺寸为 $\phi 50\,mm \times 100\,mm$。试验中使用哈尔滨通达气体有限公司提供的浓度(质量分数)99.9%CH_4 气样和蒸馏水,设备参数、试样制备与具体试验步骤详见文献。

3. 试验步骤

　　试验包括煤体中瓦斯水合物生成试验和含瓦斯水合物煤体三轴压缩试验,具体步骤如下。

（1）按照试验需要将试验系统用耐高压管线、阀门及数据采集线连接，利用氮气验证气体管路气密性。

（2）将用热缩管包裹密封好的型煤试件置于煤岩夹持器的压力室中，缓慢加载围压至 0.5 MPa，利用防爆气体增压系统进气管路向煤体中通入 0.3 MPa 气体压力（煤体与围压之间不连通），保持围压不变，排空煤体中的瓦斯气体，反复充气 3 次，以排掉试样和管线里的空气。

（3）将围压升到 4.5 MPa，孔隙压力升到 4.0 MPa，打气过程中始终保持围压大于孔隙压力 0.5 MPa（防止包裹试样的热缩管内部压力大于外部压力而胀裂），保持压力稳定并维持 24 h（过程中压力降低时补压），使气体充分反应。

（4）开启恒温控制箱，设定温度为 0.5 ℃，进行水合反应，反应过程中压力每下降 0.1 MPa 即进行补气，使孔隙压力保持在 4.0 MPa，当煤体孔隙压力连续 6 h 不再下降时，认为瓦斯水合物完全生成。

（5）试样中瓦斯水合物完全生成后，开始进行三轴压缩试验，调整围压至 4.0 MPa，保持反应釜内瓦斯压力不变，然后施加轴压直至轴向位移达到 16 mm 以上（即轴向应变达到 15%）时，终止试验。

（6）重复步骤（2）～（4），根据试验方案改变围压的大小，进行下一组含瓦斯水合物煤体三轴压缩试验。

6.1.2　含瓦斯水合物煤体强度变形特性分析

1. 低围压下瓦斯水合物生成前后煤体强度特性研究

（1）含瓦斯煤三轴压缩试验。

为确定瓦斯水合物生成前含水量对煤体力学性质的影响，利用七星矿煤粉制作的试样进行不同含水量（7.65 g，15.3 g，24.5 g）、不同围压（1 MPa，2 MPa，3 MPa）下的含瓦斯煤三轴压缩试验。将瓦斯气体充入煤体后，经充分吸附（吸附压力 4.0 MPa，吸附 3 h）后调整围压至目标值，进行含瓦斯煤三轴压缩试验。图 6.2 为含瓦斯煤应力－应变曲线。

从图中可以看出，应力－应变曲线没有表现出压密阶段的特征，这可能是由于试样强度较小，在形成三轴载荷环境时，事先施加的轴向载荷和围压导致试样已经发生了压缩变形，故试样在应力－应变曲线上表现出无压密阶段的特性。围压为 1.0 MPa 时含瓦斯煤的应力－应变曲线呈应变软化型，围压为 2.0 MPa 和 3.0 MPa 时应力－应变曲线呈应变硬化型。

应力－应变曲线若有峰值点，则取峰值点对应的应力作为峰值强度；若没有峰值点，则将轴向应变 $\varepsilon_1 = 15\%$ 对应应力作为峰值强度。从图 6.2 中可以看出，在相同含水量下，随着围压的增大，峰值强度增大。含瓦斯煤在含水量为 7.56 g，围压分别为 1.0 MPa，2.0 MPa，3.0 MPa 时，对应的峰值强度分别为 2.73 MPa，4.46 MPa，5.51 MPa，增量分别为 1.73 MPa，1.05 MPa，增幅分别为 63.37%，23.54%；在含水量为 15.3 g，围压分别为 1.0 MPa，2.0 MPa，3.0 MPa 时，对应的峰值强度分别为 3.36 MPa，4.82 MPa，6.89 MPa，增量分别为 1.46 MPa，2.07 MPa，增幅分别为 43.45%，42.95%；在含水量为 24.5 g，围压分别为 1.0 MPa,2.0 MPa,3.0 MPa 时,对应的峰值强度分别为3.23 MPa,4.93 MPa, 6.61 MPa,增量分别为1.70 MPa,1.68 MPa,增幅分别为52.63％,34.08％,分析可得在相同含水量下随着围压的增大其承受破坏的能力提高。

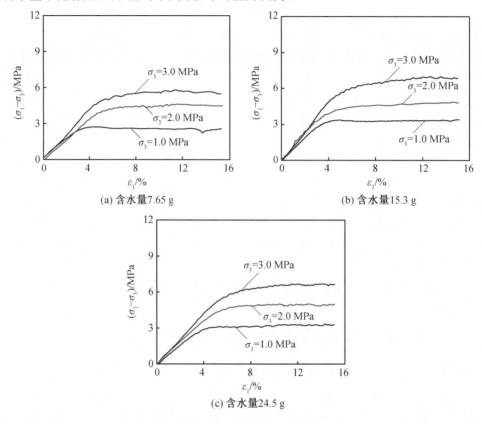

(a) 含水量7.65 g

(b) 含水量15.3 g

(c) 含水量24.5 g

图 6.2　含瓦斯煤应力－应变曲线

图6.3 为含瓦斯煤在含水量分别为7.65 g,15.3 g,24.5 g,围压分别为 1.0 MPa, 2.0 MPa,3.0 MPa 条件下三轴压缩试验获得的峰值强度,从图中可以看出,在 3 种围压下,含水量从7.65 g 增大到15.3 g 时含瓦斯煤的峰值强度增大且增速较快,而含水量从15.3 g 增大到24.5 g 时含瓦斯煤的峰值强度没有增大,总体呈减小的趋势。在本试验中分析可得含瓦斯煤在含水量增大到15.3 g 时峰值强度达到峰值,即含瓦斯煤在围压1.0 MPa,2.0 MPa,3.0 MPa 下进行三轴压缩试验,在含水量为15.3 g 时承受破坏的能力最强,随着含水量从15.3 g 增大到24.5 g,含瓦斯煤承受破坏的能力整体出现减弱的现象。

（2）含瓦斯水合物煤体三轴压缩试验。

为确定瓦斯水合物生成后饱和度对煤体力学性质的影响,试验获得饱和度分别为25％,50％,80％,围压分别为 1.0 MPa,2.0 MPa,3.0 MPa 条件下含瓦斯水合物煤体应力－应变曲线,如图 6.4 所示。从图中可以看出,在围压 1.0 MPa,2.0 MPa 下,含瓦斯水合物煤体的应力－应变曲线呈应变软化型;而围压3.0 MPa 下,其应力－应变曲线呈现应变硬化型。可以看出,随着围压增大,应力－应变曲线从应变软化型转变为应变硬

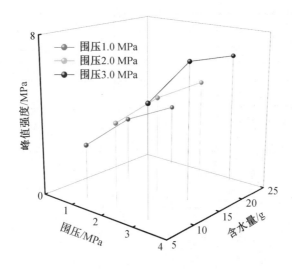

图 6.3　含瓦斯煤峰值强度

化型。

① 含瓦斯水合物煤体在饱和度为 25％,围压分别为 1.0 MPa,2.0 MPa,3.0 MPa 时,对应的峰值强度分别为 4.01 MPa, 6.22 MPa, 8.11 MPa, 增量分别为 2.21 MPa,1.89 MPa, 增幅分别为 55.11％、30.39％;在饱和度为 50％, 围压分别为 1.0 MPa,2.0 MPa,3.0 MPa 时,对应的峰值强度分别为 4.01 MPa,6.34 MPa,9.01 MPa,增量分别为 2.33 MPa,2.67 MPa,增幅分别为 58.10％,42.11％;在饱和度为 80％,围压分别为 1.0 MPa,2.0 MPa,3.0 MPa 时,对应的峰值强度分别为 4.69 MPa,7.64 MPa,10.1 MPa,增量分别为 2.95 MPa,2.46 MPa,增幅分别为 62.90％,32.20％。分析可得在相同饱和度下,随着围压的增大,含瓦斯水合物煤体的峰值强度不断增大,说明其承受破坏的能力提高。

② 含瓦斯水合物煤体在围压为 1.0 MPa,饱和度分别为 25％,50％,80％ 时,峰值强度分别为 4.01 MPa,4.01 MPa,4.69 MPa,增量分别为 0 MPa,0.68 MPa,增幅分别为 0,16.96％;在围压为 2 MPa,饱和度分别为 25％,50％,80％ 时,峰值强度分别为 6.22 MPa,6.34 MPa,7.64 MPa,增量分别为 0.12 MPa,1.30 MPa,增幅分别为 1.93％,20.50％;在围压为 3.0 MPa,饱和度分别为 25％,50％,80％ 时,峰值强度分别为 8.11 MPa,9.01 MPa,10.1 MPa,增量分别为 0.90 MPa,1.09 MPa,增幅分别为 11.10％,12.10％,分析可得在相同围压下,随着饱和度的增大,即水合物生成增多,含瓦斯水合物煤体承受破坏的能力提高。

图6.5 为低围压下含瓦斯水合物煤体常规三轴压缩破坏过程中的峰值强度。由图可知,含瓦斯水合物煤体随着围压和饱和度的增大,峰值强度不断增大,且增大速率较快,说明在水合物生成变多且围压增大的情况下,含瓦斯水合物煤体承受破坏的能力加强。

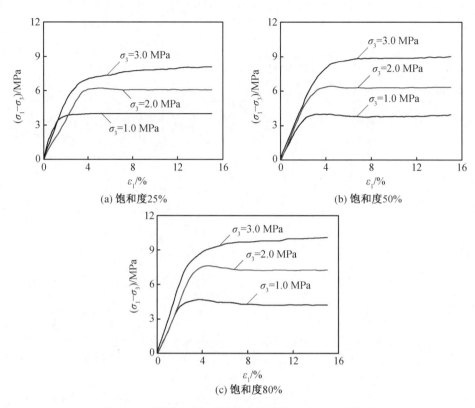

图 6.4 低围压下含瓦斯水合物煤体应力－应变曲线

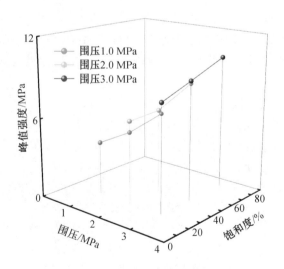

图 6.5 低围压下含瓦斯水合物煤体峰值强度

对七星矿煤粉制成的试样进行三轴压缩试验,在围压为 1.0 MPa,含水量为7.65 g,饱和度为 25% 时,水合物生成前后煤体的峰值强度由2.73 MPa 增至4.01 MPa,增量为1.28 MPa,增幅为46.89%;在围压为 2.0 MPa,含水量为15.3 g,饱和度为 50% 时,水合物生成前后煤体的峰值强度由4.82 MPa 增至6.34 MPa,增量为1.52 MPa,增幅为31.54%。

通过计算其他条件下水合物生成前后所对应的峰值强度，可发现水合物生成后的煤体峰值强度均较水合物生成前有所增大，表明瓦斯水合物的生成提高了煤体的强度，含瓦斯水合物煤体承受破坏能力高于所对应含瓦斯煤承受破坏能力。

2. 高饱和度下含瓦斯水合物煤体强度特性研究

含瓦斯水合物煤体的强度特性受制作试样的煤质、瓦斯赋存量、含水量、围压及水合物含气率等影响，导致不同煤体的强度特性有较大的区别，因此研究围压、饱和度对含瓦斯水合物煤体力学性质的影响具有重要意义。

为探究围压、饱和度对含瓦斯水合物煤体力学性质的影响，对饱和度50%，60%，70%和80%的高饱和度试样，在围压4.0 MPa，5.0 MPa，6.0 MPa下进行三轴压缩试验。通过三轴压缩试验获得应力－应变曲线，如图6.6所示。从图中可以看出，相同饱和度下含瓦斯水合物煤体在3种围压作用下，应力－应变曲线均呈应变软化型，并可分为3个阶段：弹性阶段、屈服阶段、破坏阶段。含瓦斯水合物煤体在围压逐渐增大的情况下，弹性阶段的应力－应变曲线形态基本相同；屈服阶段主要发生不可恢复的塑性变形，可见随着围压的增大和饱和度的增大，含瓦斯水合物煤体承受变形破坏的能力增强。

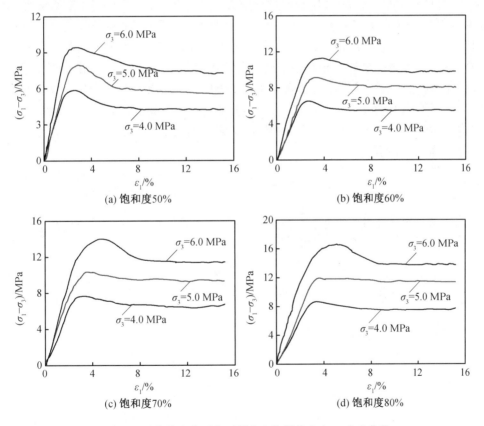

图 6.6　高饱和度下含瓦斯水合物煤体应力－应变曲线

从图 6.6 中可以看出，含瓦斯水合物煤体在饱和度为 50%，围压分别为 4.0 MPa，5.0 MPa，6.0 MPa 时，峰值强度分别为5.91 MPa，7.98 MPa，9.45 MPa，增量分别为

2.07 MPa,1.47 MPa,增幅分别为 35.03%,18.42%;在饱和度为 60%,围压分别为 4.0 MPa,5.0 MPa,6.0 MPa 时,峰值强度分别为6.54 MPa,9.21 MPa,11.27 MPa,增量分别为2.67 MPa,2.06 MPa,增幅分别为40.83%,22.37%;在饱和度为 70%,围压分别为 4.0 MPa,5.0 MPa,6.0 MPa 时,峰值强度分别为7.71 MPa,10.40 MPa,14.05 MPa,增量分别为2.69 MPa,3.65 MPa,增幅分别为34.89%,35.10%;在饱和度为 80%,围压分别为 4.0 MPa,5.0 MPa,6.0 MPa 时,峰值强度分别为8.72 MPa,11.97 MPa,16.66 MPa,增量分别为3.25 MPa,4.69 MPa,增幅分别为37.27%,39.18%。分析可得,含瓦斯水合物煤体在同一饱和度下随着围压的增大其峰值强度增大。

含瓦斯水合物煤体在围压为 4.0 MPa,饱和度分别为 50%,60%,70%,80% 时,峰值强度分别为5.91MPa、6.54 MPa,7.71 MPa,8.72 MPa,增量分别为0.63 MPa,1.17 MPa,1.01 MPa,增幅分别为10.66%,17.89%,13.10%;在围压为 5.0 MPa,饱和度分别为 50%,60%,70%,80% 时,峰值强度分别为 7.98 MPa,9.21 MPa,10.40 MPa,11.97 MPa,增量分别为1.23 MPa,1.19 MPa,1.57 MPa,增幅分别为15.41%,12.92%,15.10%;在围压为 6.0 MPa,饱和度分别为 50%,60%,70%,80% 时,峰值强度分别为 9.45 MPa,11.27 MPa,14.05 MPa,16.66 MPa,增量分别为1.82 MPa,2.78 MPa,2.61 MPa,增幅分别为19.26%,24.67%,18.58%。分析可得,含瓦斯水合物煤体在围压分别为4.0 MPa,5.0 MPa,6.0 MPa,饱和度分别为50%,60%,70%,80% 情况下进行的三轴压缩试验,在相同围压下含瓦斯水合物煤体的峰值强度随着饱和度的增大而增大,这是由于饱和度的增大使水合物生成增多,含瓦斯水合物煤体承受破坏强度的能力增强。图6.7为高饱和度下含瓦斯水合物煤体峰值强度。由图可知,其峰值强度随饱和度和围压增大而增大,且增大速率均较快,可见饱和度增大即水合物生成增多的情况下,围压增大,含瓦斯水合物煤体承受破坏的能力增强。

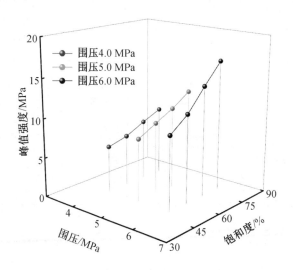

图 6.7 高饱和度下含瓦斯水合物煤体峰值强度

6.1.3　含瓦斯水合物煤体强度准则研究

岩石的强度理论研究岩石在各种应力状态下的强度准则,岩石的强度准则又称为破坏判据,它表征岩石在极限应力状态下的应力状态和岩石的力学强度参数之间的关系。随着力学研究的深入,断裂力学和损伤力学等概念被引入岩石力学的研究中,使得人们能更加有效地比较和分析岩石的强度特性,进而形成了数学形式多样的强度准则。

强度准则的建立具有很强的差异性,具有针对性,普遍性不强,这是由岩石的成岩过程及所处环境、所受应力状态的差异造成的。煤作为一种非均匀的材料,由多种煤岩组分组成,可视为一种岩石。煤体与实验室加工而成的试样有显著区别,地应力、含水量、孔隙压力等因素对煤体力学性质影响很大,而实验室加工的试样已经脱离了原有的天然地质环境,它们之间的力学性质有明显差异。

总体而言,针对煤或含瓦斯煤,代表性的模型有 Mohr-Coulomb 强度准则、Hoek-Brown 强度准则和广义 Hoek-Brown 强度准则。这些强度准则简单直观,参数物理意义明确,更易于理解。而在已有研究中,利用强度准则对不同饱和度、不同围压下含瓦斯水合物煤体三轴压缩试验进行预测却鲜有报道。因此,探讨适用于含瓦斯水合物煤体的强度准则具有重要意义。针对试样强度特征的研究可以借助岩石强度准则来进行分析,现对 4 种常用强度准则进行简要评述。通过进行不同饱和度、不同围压下含瓦斯水合物煤体三轴压缩试验,分析其变形特征,并利用 Mohr-Coulomb、Mogi-Coulomb、Hoek-Brown 和广义 Hoek-Brown 强度准则探讨适用于含瓦斯水合物煤体的强度准则,为利用瓦斯水合原理预防煤与瓦斯突出提供理论依据。

1. 煤岩强度准则

(1)Mohr-Coulomb 强度准则。

Mohr-Coulomb 强度准则(简称 M-C 准则)认为材料的破坏是由剪应力引起的,材料沿剪切面发生破坏的条件是剪应力与正应力的比值达到最小值,因此 M-C 准则中破坏面上剪切应力 τ 与正应力的函数关系为

$$\tau = c + \sigma_n \tan \varphi \tag{6.1}$$

式中　　τ——抗剪强度(即破坏面上剪切应力),MPa;

　　　　c——材料黏聚力,MPa;

　　　　σ_n——破坏面上正应力,MPa;

　　　　φ——材料内摩擦角,(°)。

式(6.1)意味着岩石的抗剪强度与中间主应力无关,因此,M-C 准则还可以写为最大主应力 σ_1 和最小主应力 σ_3 的关系式:

$$\sigma_1 = \sigma_c + m\sigma_3 \tag{6.2}$$

式中　　m——围压对轴向承载力的影响系数;

　　　　σ_c——单轴抗压强度,MPa。

根据三轴压缩极限应力圆可用黏聚力和内摩擦角表示 M-C 准则:

$$\sigma_1 = \frac{2c\cos\varphi}{1-\sin\varphi} + \frac{1+\sin\varphi}{1-\sin\varphi}\sigma_3 \tag{6.3}$$

由式(6.2)和式(6.3)可得黏聚力与内摩擦角：

$$\varphi = \arcsin \frac{m-1}{m+1}, c = \sigma_c \frac{1-\sin\varphi}{2\cos\varphi} \tag{6.4}$$

由于 Mohr-Coulomb 强度准则形式简洁具体，表达式中的强度参数容易测定，并且具有明确的物理背景，因此广泛应用于岩体工程的设计和地质构造方面的分析。

（2）Mogi-Coulomb 强度准则。

Mogi-Coulomb 强度准则认为，岩石的破坏主要是剪切破坏，是由于破坏面上的八面体剪应力 τ_{oct} 达到了极限值，其与 Mohr-Coulomb 强度准则有着显著的区别，因为 Mohr-Coulomb 强度准则认为岩石破坏是由于其破坏面上的剪切应力 τ 达到了极值，没有考虑中间主应力对岩石强度的影响，因此只适用 $\sigma_2 = \sigma_3$ 的特殊情况。尤明庆认为，不考虑中间主应力的作用得到的岩石三轴理论强度与试验数据会产生一定误差，这得到了广泛的认可。

Mogi 对大理石、白云岩、石灰岩等多种岩石进行了大量的三轴压缩试验，试验结果表明中间主应力对岩石强度有显著影响。Mogi-Coulomb 强度准则中将岩石破坏时的八面体剪应力 τ_{oct} 看成最大和最小主应力和的平均函数：

$$\tau_{oct} = \frac{1}{3}\sqrt{(\sigma_1-\sigma_2)^2 + (\sigma_2-\sigma_3)^2 + (\sigma_1-\sigma_3)^2} \tag{6.5}$$

式中　　τ_{oct}—— 岩石破坏时的八面体剪应力，MPa；

　　　　σ_i—— 主应力，$i=1,2,3$，MPa。

根据试验要求 $\sigma_2 = \sigma_3$，可将式(6.5)简化为

$$\tau_{oct} = \frac{\sqrt{2}}{3}(\sigma_1 - \sigma_3) \tag{6.6}$$

现设 τ_{oct} 与 $(\sigma_1 + \sigma_3)/2$ 之间存在线性映射关系，则有

$$\tau_{oct} = a + b\left(\frac{\sigma_1 + \sigma_3}{2}\right) \tag{6.7}$$

式中　　a,b——Mogi 线性参数。

a,b 可由黏聚力和内摩擦角表示：

$$a = \frac{2\sqrt{2}}{3}c\cos\varphi, b = \frac{2\sqrt{2}}{3}\sin\varphi \tag{6.8}$$

同时可以得到 $\sigma_2 = \sigma_3$ 时最大主应力和最小主应力的关系：

$$\sigma_1 = \frac{a}{\dfrac{\sqrt{2}}{3} - \dfrac{b}{2}} + \frac{\dfrac{b}{2} + \dfrac{\sqrt{2}}{3}}{\dfrac{\sqrt{2}}{3} - \dfrac{b}{2}}\sigma_3 \tag{6.9}$$

（3）Hoek-Brown 强度准则。

E. Hoek 和 E. T. Brown 提出的岩石强度准则称为 Hoek-Brown 强度准则（简称 H-B 准则）。H-B 准则考虑了岩石强度和破碎程度，以及结构面的强度，不仅可以用于结构完整的均质或者类均质岩体，对较破碎及节理岩体、各向异性岩体同样适用。Hoek 和

Brown 汇总了大量实际工程资料,将理论与试验相结合,拟合了最大、最小主应力空间的强度数据,H-B 准则因而是目前工程中常用的一种确定岩体强度特征的强度准则。利用 H-B 准则研究的含瓦斯水合物煤体强度准则可以写成如下形式:

$$\sigma_1 = \sigma_3 + \sigma_c \left(m_i \frac{\sigma_3}{\sigma_c} + s \right)^{\frac{1}{2}} \tag{6.10}$$

式中　m_i——无量纲系数,反映岩石的软硬程度,取决于岩石性质和未受 σ_1、σ_3 作用前
　　　　　　岩体的破坏程度,取值范围为0.000 000 1 ~ 25.0;

　　　　s——反映岩体破碎程度的参数,取值范围为 0 ~ 1,本章取 1。

由于单轴抗压强度 σ_c 没有实测数据,因而暂作为拟合参数,本章 H-B 准则及广义 Hoek-Brown 强度准则均采用 M-C 准则拟合获得的 σ_c。

（4）广义 Hoek-Brown 强度准则

由于 H-B 准则忽略了结构面对岩石强度的影响,因此在其基础上进行修正,称为广义 Hoek-Brown 强度准则（简称 GH-B 准则）,其表达式为

$$\sigma_1 = \sigma_3 + \sigma_c \left(m_b \frac{\sigma_3}{\sigma_c} + s \right)^a \tag{6.11}$$

式中　m_b——完整岩石经验参数,用来反映岩石软硬程度,取值为 5 ~ 40;

　　　　s, a——岩体特性常数,本章中 s 取 1。

2. 强度准则拟合结果及分析

（1）M-C 准则拟合结果。

① 低围压下瓦斯水合物生成前煤在含水量分别为7.65 g,15.3 g,24.5 g,围压分别为 1.0 MPa,2.0 MPa,3.0 MPa 下试验获得的数据代入式（6.2）,得到基于 M-C 准则的主应力 σ_1 与 σ_3 之间的拟合关系,如图6.8所示,可见其呈线性关系。

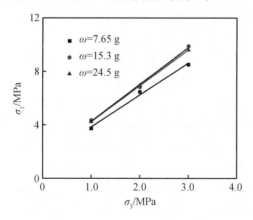

图 6.8　M-C 准则下含瓦斯煤强度拟合关系

为了预测主应力 σ_1 随着围压 σ_3 的变化趋势,基于 M-C 准则建立了不同含水量下围压和主应力之间的线性回归方程:

$$\sigma_1 = 1.45 + 2.39\sigma_3, \omega = 7.65 \text{ g}$$
$$\sigma_1 = 1.49 + 2.76\sigma_3, \omega = 15.3 \text{ g}$$
$$\sigma_1 = 1.54 + 2.69\sigma_3, \omega = 24.5 \text{ g}$$

拟合得到 $\omega = 7.65$ g，$R^2 = 0.986\ 9$；$\omega = 15.3$ g，$R^2 = 0.999\ 9$；$\omega = 24.5$ g，$R^2 = 0.999\ 8$。可见，理论曲线与试验结果拟合较好，这表明了主应力 σ_1 与围压 σ_3 之间关系的正确性和合理性，随着围压 σ_3 的增大，含瓦斯煤主应力 σ_1 亦呈增大趋势，且符合正线性关系。将拟合所得数据代入式(6.4)，所得含瓦斯煤强度特征参数见表6.3。

② 低围压下含瓦斯水合物煤体在饱和度分别为 $25\%,50\%,80\%$，围压分别为 1.0 MPa，2.0 MPa，3.0 MPa下试验获得的数据代入式(6.2)，得到基于 M-C 准则的主应力 σ_1 与 σ_3 之间的拟合关系，如图6.9所示，可见其呈线性关系。

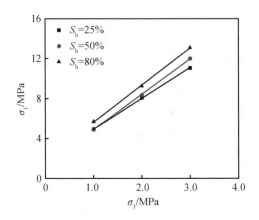

图 6.9　M-C准则下含瓦斯水合物煤体强度拟合关系(低围压下)

为了预测主应力 σ_1 随着围压 σ_3 的变化趋势，基于 M-C 强度准则建立了不同饱和度下围压与主应力之间的线性回归方程：

$$\sigma_1 = 1.85 + 3.09\sigma_3, S_h = 25\%$$
$$\sigma_1 = 1.38 + 3.53\sigma_3, S_h = 50\%$$
$$\sigma_1 = 1.94 + 3.71\sigma_3, S_h = 80\%$$

基于图6.9中的相关数据，得到 $S_h = 25\%$，$R^2 = 0.999\ 7$；$S_h = 50\%$，$R^2 = 0.999\ 5$；$S_h = 80\%$，$R^2 = 0.999\ 6$。相关系数表明拟合很好，说明拟合公式较为合理。将拟合所得数据代入式(6.4)，所得含瓦斯水合物煤体强度特征参数见表6.3。

③ 将含瓦斯水合物煤体在 $50\%,60\%,70\%$ 和 80% 的高饱和度，围压分别为 0.3 MPa，1.3 MPa，2.3 MPa下试验获得的数据代入式(6.2)中得到基于 M-C 准则的主应力 σ_1 与 σ_3 之间的拟合关系，如图6.10所示，可见其呈线性关系。(上文中围压 4.0 MPa，5.0 MPa，6.0 MPa是没有减去气压情况下的数值，在下文中将采用直接减去气压后的数值，气压数值均大约为3.7 MPa)。

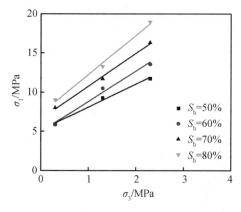

图 6.10　M-C 准则下含瓦斯水合物煤体强度拟合关系(高饱和度下)

为了预测主应力 σ_1 随着围压 σ_3 的变化趋势,基于 M-C 准则建立了不同饱和度下围压和主应力之间的线性回归方程:

$$\sigma_1 = 5.48 + 2.77\sigma_3,S_h = 50\%$$
$$\sigma_1 = 5.93 + 3.37\sigma_3,S_h = 60\%$$
$$\sigma_1 = 6.60 + 4.17\sigma_3,S_h = 70\%$$
$$\sigma_1 = 7.29 + 4.79\sigma_3,S_h = 80\%$$

基于图6.10中的相关数据,得到 $S_h = 50\%,R^2 = 0.992\ 6$;$S_h = 60\%,R^2 = 0.994\ 5$;$S_h = 70\%,R^2 = 0.991\ 2$;$S_h = 80\%,R^2 = 0.986\ 0$。相关系数表明拟合很好,说明拟合公式较为合理。将拟合所得数据代入式(6.4),所得含瓦斯水合物煤体强度特征参数见表6.3。

表6.3　M-C 准则下拟合结果及 c、φ 值

名称	ω/g	$S_h/\%$	σ_3/MPa	σ_c/MPa	m	c/MPa	$\varphi/(°)$	R^2
			1.0					
	7.65		2.0	1.45	2.39	0.468 4	24.23	0.986 9
			3.0					
			1.0					
含瓦斯煤	15.3		2.0	1.49	2.76	0.448 7	27.95	0.999 9
			3.0					
			1.0					
	24.5		2.0	1.54	2.69	0.470 4	27.26	0.999 8
			3.0					

续表6.3

名称	ω/g	S_h/%	σ_3/MPa	σ_c/MPa	m	c/MPa	φ/(°)	R^2
含瓦斯水合物煤体		25	1.0 2.0 3.0	1.85	3.09	0.526 2	30.69	0.999 7
		50	1.0 2.0 3.0	1.38	3.53	0.367 5	33.92	0.999 5
		80	1.0 2.0 3.0	1.94	3.71	0.503 9	35.09	0.999 6
		50	0.3 1.3 2.3	5.48	2.77	1.646 1	28.01	0.992 6
		60	0.3 1.3 2.3	5.93	3.37	1.616 0	32.82	0.994 5
		70	0.3 1.3 2.3	6.60	4.17	1.616 9	37.80	0.991 2
		80	0.3 1.3 2.3	7.29	4.97	1.633 6	41.69	0.986 0

（2）Mogi-Coulomb 强度准则拟合结果。

① 将低围压下瓦斯水合物生成前煤的试验数据代入式(6.6)中得到 Mogi-Coulomb 强度准则中八面体剪应力 τ_{oct}，并根据式(6.7)得到基于 Mogi-Coulomb 强度准则的八面体剪应力 τ_{oct} 与$(\sigma_1+\sigma_3)/2$ 之间的拟合关系，如图6.11所示。

从图中可以看出，τ_{oct} 随着$(\sigma_1+\sigma_3)/2$ 的增大而增大且呈线性关系。为了明确低围压下瓦斯水合物生成前煤随着$(\sigma_1+\sigma_3)/2$ 增大 τ_{oct} 的变化趋势，基于 Mogi-Coulomb 强度准则建立了 τ_{oct} 和$(\sigma_1+\sigma_3)/2$ 之间的线性回归方程，预测含瓦斯煤破坏时强度变形关系，所得线性回归方程为

$$\tau_{oct}=0.41+0.38\times\frac{\sigma_1+\sigma_3}{2},\omega=7.65\ \text{g}$$

$$\tau_{oct}=0.39+0.43\times\frac{\sigma_1+\sigma_3}{2},\omega=15.3\ \text{g}$$

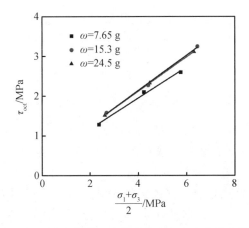

图 6.11　含瓦斯煤八面体剪应力与主应力拟合关系

$$\tau_{\text{oct}} = 0.37 + 0.44 \times \frac{\sigma_1 + \sigma_3}{2}, \omega = 24.5\ \text{g}$$

拟合得到 $\omega = 7.65\ \text{g}$，$R^2 = 0.983\,2$；$\omega = 15.3\ \text{g}$，$R^2 = 0.999\,8$；$\omega = 24.5\ \text{g}$，$R^2 = 0.994\,3$。拟合公式拟合度均很高。将拟合所得数据代入式（6.8），所得含瓦斯煤强度特征参数见表6.4。

② 将低围压下瓦斯水合物生成后试验获得的数据代入式（6.6）中得到 Mogi-Coulomb 强度准则中八面体剪应力 τ_{oct}，并根据式（6.7）得到基于 Mogi-Coulomb 强度准则的八面体剪应力 τ_{oct} 与 $(\sigma_1 + \sigma_3)/2$ 之间的拟合关系，如图6.12 所示。

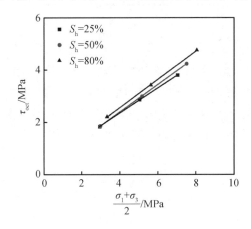

图 6.12　含瓦斯水合物煤体八面体剪应力与主应力拟合关系（低围压下）

从图中可以看出，τ_{oct} 随着 $(\sigma_1 + \sigma_3)/2$ 的增大而增大且呈线性关系。为了明确低围压下瓦斯水合物生成后煤体变形破坏过程中随着 $(\sigma_1 + \sigma_3)/2$ 增大 τ_{oct} 的变化趋势，基于 Mogi-Coulomb 强度准则建立了 τ_{oct} 和 $(\sigma_1 + \sigma_3)/2$ 之间的线性回归方程，预测含瓦斯水合物煤体破坏时强度变化规律，所得线性回归方程为

$$\tau_{oct} = 0.43 + 0.48 \times \frac{\sigma_1 + \sigma_3}{2}, S_h = 25\%$$

$$\tau_{oct} = 0.29 + 0.53 \times \frac{\sigma_1 + \sigma_3}{2}, S_h = 50\%$$

$$\tau_{oct} = 0.39 + 0.54 \times \frac{\sigma_1 + \sigma_3}{2}, S_h = 80\%$$

拟合得到 $S_h = 25\%, R^2 = 0.9998; S_h = 50\%, R^2 = 0.9999; S_h = 80\%, R^2 = 0.9995$。拟合公式拟合度均很高。将拟合所得数据代入式(6.8),所得含瓦斯水合物煤体强度特征参数见表6.4。

③ 将高饱和度下含瓦斯水合物煤体试验数据代入式(6.6)中得到 Mogi-Coulomb 强度准则中八面体剪应力 τ_{oct},并根据式(6.7)得到基于 Mogi-Coulomb 强度准则的八面体剪应力 τ_{oct} 与 $(\sigma_1 + \sigma_3)/2$ 之间的拟合关系,如图6.13 所示。

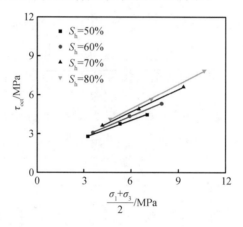

图 6.13   含瓦斯水合物煤体八面体剪应力与主应力拟合关系(高饱和度下)

从图中可以看出,τ_{oct} 随着 $(\sigma_1 + \sigma_3)/2$ 的增大而增大,且呈线性关系。为了明确高饱和度下含瓦斯水合物煤体 τ_{oct} 随 $(\sigma_1 + \sigma_3)/2$ 增大的变化趋势,基于 Mogi-Coulomb 强度准则预测高饱和度下含瓦斯水合物煤体破坏时强度变化规律,所得线性回归方程为

$$\tau_{oct} = 1.37 + 0.44 \times \frac{\sigma_1 + \sigma_3}{2}, S_h = 50\%$$

$$\tau_{oct} = 1.28 + 0.51 \times \frac{\sigma_1 + \sigma_3}{2}, S_h = 60\%$$

$$\tau_{oct} = 1.20 + 0.59 \times \frac{\sigma_1 + \sigma_3}{2}, S_h = 70\%$$

$$\tau_{oct} = 1.14 + 0.62 \times \frac{\sigma_1 + \sigma_3}{2}, S_h = 80\%$$

拟合得到 $S_h = 50\%, R^2 = 0.9950; S_h = 60\%, R^2 = 0.9977; S_h = 70\%, R^2 = 0.9977; S_h = 80\%, R^2 = 0.9976$。拟合公式拟合度均很高。将拟合所得数据代入式(6.8),所得含瓦斯水合物煤体强度特征参数见表6.4。

表6.4　Mogi-Coulomb 强度准则下拟合结果及 c、φ 值

名称	ω/g	$S_h/\%$	σ_3/MPa	a	b	c	$\varphi/(°)$	R^2
含瓦斯煤	7.65		1.0					
			2.0	0.41	0.38	0.477 5	23.99	0.983 2
			3.0					
	15.3	—	1.0					
			2.0	0.39	0.43	0.470 5	27.26	0.999 8
			3.0					
	24.5		1.0					
			2.0	0.37	0.44	0.442 9	28.03	0.994 3
			3.0					
含瓦斯水合物煤体		25	1.0					
			2.0	0.43	0.48	0.533 7	30.60	0.999 7
			3.0					
		50	1.0					
			2.0	0.29	0.53	0.366 2	33.92	0.999 9
			3.0					
		80	1.0					
			2.0	0.39	0.54	0.501 7	35.10	0.999 8
			3.0					
	—	50	1.0					
			2.0	1.37	0.44	1.641 0	28.07	0.995 0
			3.0					
		60	1.0					
			2.0	1.28	0.51	1.611 8	32.87	0.997 7
			3.0					
		70	1.0					
			2.0	1.20	0.58	1.609 2	37.88	0.997 7
			3.0					
		80	1.0					
			2.0	1.14	0.63	1.620 6	41.82	0.997 6
			3.0					

（3）H-B 准则拟合结果。

① 将低围压下瓦斯水合物生成前的试验数据代入式（6.10）中得到基于 H-B 准则的主应力 σ_1 与围压 σ_3 之间的拟合关系，如图6.14所示，可见其呈线性关系。

为预测主应力 σ_1 随着围压 σ_3 的变化趋势,基于 H-B 准则建立了不同含水量下围压和主应力之间的线性回归方程:

$$\sigma_1 = \sigma_3 + 1.45 \left(5.96 \times \frac{\sigma_3}{1.45} + 1\right)^{\frac{1}{2}}, \omega = 7.65 \text{ g}$$

$$\sigma_1 = \sigma_3 + 1.49 \left(8.39 \times \frac{\sigma_3}{1.49} + 1\right)^{\frac{1}{2}}, \omega = 15.3 \text{ g}$$

$$\sigma_1 = \sigma_3 + 1.54 \left(7.72 \times \frac{\sigma_3}{1.54} + 1\right)^{\frac{1}{2}}, \omega = 24.5 \text{ g}$$

拟合得到 $\omega = 7.65$ g,$R^2 = 0.974\,4$;$\omega = 15.3$ g,$R^2 = 0.952\,2$;$\omega = 24.5$ g,$R^2 = 0.963\,6$。相关系数拟合较好,说明拟合公式较为合理,所得拟合参数见表6.5。

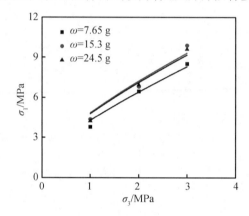

图 6.14　H-B 准则下含瓦斯煤强度拟合关系

② 将低围压下含瓦斯水合物煤体试验数据代入式(6.10)中得到基于 H-B 准则的主应力 σ_1 与 σ_3 之间的拟合关系,如图6.15所示,可见其呈线性关系。

为了预测主应力 σ_1 随着围压 σ_3 的变化趋势,基于 H-B 准则建立了不同饱和度下围压 σ_3 和主应力 σ_1 之间的线性回归方程:

$$\sigma_1 = \sigma_3 + 1.85 \left(9.66 \times \frac{\sigma_3}{1.85} + 1\right)^{\frac{1}{2}}, S_h = 25\%$$

$$\sigma_1 = \sigma_3 + 1.38 \left(15.70 \times \frac{\sigma_3}{1.38} + 1\right)^{\frac{1}{2}}, S_h = 50\%$$

$$\sigma_1 = \sigma_3 + 1.94 \left(14.15 \times \frac{\sigma_3}{1.94} + 1\right)^{\frac{1}{2}}, S_h = 80\%$$

基于图6.15中的相关数据,对拟合方程进行检验,$S_h = 25\%$,$R^2 = 0.957\,5$;$S_h = 50\%$,$R^2 = 0.934\,0$;$S_h = 80\%$,$R^2 = 0.940\,4$。相关系数拟合较好,说明拟合公式较合,所得拟合参数见表6.5。

③ 将高饱和度下含瓦斯水合物煤体试验数据代入式(6.10)中得到基于 H-B 准则的主应力 σ_1 与 σ_3 之间的拟合关系,如图6.16所示,可见其呈线性关系。

为了预测主应力 σ_1 随着围压 σ_3 的变化趋势,基于 H-B 准则建立了不同饱和度下围压

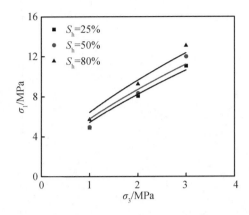

图 6.15　H-B 准则下含瓦斯水合物煤体强度拟合关系（低围压下）

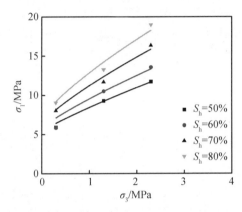

图 6.16　H-B 准则下含瓦斯水合物煤体强度拟合关系（高饱和度下）

σ_3 与主应力 σ_1 之间的线性回归方程：

$$\sigma_1 = \sigma_3 + 5.48\left(4.60 \times \frac{\sigma_3}{5.48} + 1\right)^{\frac{1}{2}}, S_h = 50\%$$

$$\sigma_1 = \sigma_3 + 5.93\left(6.35 \times \frac{\sigma_3}{5.93} + 1\right)^{\frac{1}{2}}, S_h = 60\%$$

$$\sigma_1 = \sigma_3 + 6.60\left(9.22 \times \frac{\sigma_3}{6.60} + 1\right)^{\frac{1}{2}}, S_h = 70\%$$

$$\sigma_1 = \sigma_3 + 7.29\left(12.00 \times \frac{\sigma_3}{7.29} + 1\right)^{\frac{1}{2}}, S_h = 80\%$$

拟合得到 $S_h = 50\%, R^2 = 0.996\ 6$；$S_h = 60\%, R^2 = 0.995\ 2$；$S_h = 70\%, R^2 = 0.979\ 1$；$S_h = 80\%, R^2 = 0.970\ 9$。拟合公式拟合度均很高，所得拟合参数见表6.5。

（4）GH-B 准则拟合结果。

① 利用 GH-B 准则将低围压下瓦斯水合物生成前试验数据代入式（6.11）中，得到基于 GB-B 准则的主应力 σ_1 与围压 σ_3 之间的拟合关系，如图6.17所示。从图中可以看出含瓦斯煤破坏过程中主应力 σ_1 随着围压 σ_3 的增大呈线性增大。

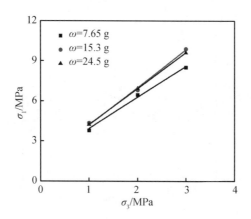

图 6.17　GH-B 准则下含瓦斯煤强度拟合关系

　　为了预测主应力 σ_1 随着围压 σ_3 的变化趋势,基于 GH-B 准则建立了不同含水量下主应力 σ_1 与围压 σ_3 之间的线性回归方程方程:

$$\sigma_1 = \sigma_3 + 1.45\left(1.83 \times \frac{\sigma_3}{1.45} + 1\right)^{0.86},\omega = 7.65\ \text{g}$$

$$\sigma_1 = \sigma_3 + 1.49\left(1.54 \times \frac{\sigma_3}{1.49} + 1\right)^{1.08},\omega = 15.3\ \text{g}$$

$$\sigma_1 = \sigma_3 + 1.54\left(1.71 \times \frac{\sigma_3}{1.54} + 1\right)^{0.99},\omega = 24.5\ \text{g}$$

　　拟合得到 $\omega = 7.65\ \text{g}$,$R^2 = 0.990\ 7$;$\omega = 15.3\ \text{g}$,$R^2 = 0.992\ 3$;$\omega = 24.5\ \text{g}$,$R^2 = 0.999\ 9$。相关系数表明拟合很好,说明拟合公式较为合理,所得拟合参数见表6.5。

　　② 利用 GH-B 准则将低围压下瓦斯水合物生成后试验数据代入式(6.11)中,得到基于 GH-B 准则的主应力 σ_1 与围压 σ_3 之间的拟合关系,如图6.18所示。从图中可以看出主应力 σ_1 随着围压 σ_3 的增大呈线性增大。

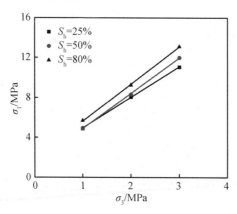

图 6.18　GH-B 准则下含瓦斯水合物煤体强度拟合关系(低围压下)

　　为预测低围压下不同饱和度下主应力 σ_1 随着围压 σ_3 的变化趋势,基于 GH-B 准则建立了不同饱和度下主应力 σ_1 与围压 σ_3 之间的线性回归方程:

$$\sigma_1 = \sigma_3 + 1.85\left(2.15 \times \frac{\sigma_3}{1.85} + 1\right)^{0.98}, S_h = 25\%$$

$$\sigma_1 = \sigma_3 + 1.38\left(2.44 \times \frac{\sigma_3}{1.38} + 1\right)^{1.02}, S_h = 50\%$$

$$\sigma_1 = \sigma_3 + 1.94\left(2.61 \times \frac{\sigma_3}{1.94} + 1\right)^{1.02}, S_h = 80\%$$

拟合得到 $S_h = 25\%$，$R^2 = 0.999\ 7$；$S_h = 50\%$，$R^2 = 0.999\ 5$；$S_h = 80\%$，$R^2 = 0.999\ 6$。相关系数表明拟合很好，说明拟合公式较为合理，所得拟合参数见表6.5。

③ 利用 GH-B 准则将高饱和度下含瓦斯水合物煤体试验数据代入式(6.11)中，得到基于 GH-B 准则的主应力 σ_1 与围压 σ_3 之间的拟合关系，如图6.19所示。从图中可以看出含瓦斯水合物煤体主应力 σ_1 随着围压 σ_3 的增大而呈线性增大。

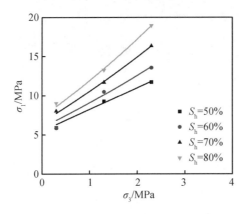

图 6.19　GH-B 准则下含瓦斯水合物煤体强度拟合关系（高饱和度下）

为了预测高饱和度下含瓦斯水合物煤体变形破坏过程中的强度变形特征，基于 GH-B 准则建立了主应力 σ_1 与围压 σ_3 之间的线性回归方程：

$$\sigma_1 = \sigma_3 + 5.48\left(3.06 \times \frac{\sigma_3}{5.48} + 1\right)^{0.66}, S_h = 50\%$$

$$\sigma_1 = \sigma_3 + 5.39\left(3.58 \times \frac{\sigma_3}{5.39} + 1\right)^{0.74}, S_h = 60\%$$

$$\sigma_1 = \sigma_3 + 6.60\left(1.62 \times \frac{\sigma_3}{6.60} + 1\right)^{1.68}, S_h = 70\%$$

$$\sigma_1 = \sigma_3 + 7.29\left(1.79 \times \frac{\sigma_3}{7.29} + 1\right)^{1.84}, S_h = 80\%$$

拟合得到 $S_h = 50\%$，$R^2 = 0.995\ 4$；$S_h = 60\%$，$R^2 = 0.996\ 5$；$S_h = 70\%$，$R^2 = 0.994\ 9$；$S_h = 80\%$，$R^2 = 0.992\ 1$。拟合公式拟合度均很高，所得拟合参数见表6.5。

表6.5 H-B准则、GH-B准则拟合结果

名称	ω/g	$S_h/\%$	σ_3/MPa	m_i	m_b	a	R^2	
							H-B 准则	GH-B 准则
含瓦斯煤	7.65		1.0					
			2.0	5.96	1.83	0.86	0.974 4	0.990 7
			3.0					
	15.3	—	1.0					
			2.0	8.39	1.54	1.08	0.952 2	0.992 3
			3.0					
	24.5		1.0					
			2.0	7.72	1.71	0.99	0.963 6	0.999 9
			3.0					
含瓦斯水合物煤体	—	25	1.0					
			2.0	9.66	2.15	0.98	0.957 5	0.999 7
			3.0					
		50	1.0					
			2.0	15.70	2.44	1.02	0.934 0	0.999 5
			3.0					
		80	1.0					
			2.0	14.15	2.61	1.02	0.940 4	0.999 6
			3.0					
		50	0.3					
			1.3	4.66	3.06	0.66	0.984 0	0.995 4
			2.3					
		60	0.3					
			1.3	6.57	3.58	0.74	0.945 6	0.996 5
			2.3					
		70	0.3					
			1.3	9.22	1.62	1.68	0.979 1	0.994 9
			2.3					
		80	0.3					
			1.3	12.00	1.79	1.84	0.970 9	0.992 1
			2.3					

3. 含瓦斯水合物煤体强度准则适用性分析

（1）拟合参数对含瓦斯水合物煤体强度准则适用性分析。

针对低围压下瓦斯水合物生成前后与高饱和度下含瓦斯水合物煤体在三轴压缩试验中获得的强度参数，结合 Mohr-Coulomb、Mogi-Coulomb、Hoek-Brown 及广义 Hoek-Brown 强度准则，对煤体的强度进行拟合，表6.6 为 4 种强度准则下拟合结果。

表6.6　4 种强度准则下拟合结果

名称	ω/g	S_h/%	σ_3/MPa	c/MPa M-C 准则	c/MPa Mogi-Coulomb 强度准则	φ/(°) M-C 准则	φ/(°) Mogi-Coulomb 强度准则	R^2 M-C 准则	R^2 Mogi-Coulomb 强度准则	R^2 H-B 准则	R^2 GH-B 准则
含瓦斯煤	7.65		1.0 2.0 3.0	0.468 4	0.477 5	24.23	23.99	0.986 9	0.983 2	0.974 4	0.990 7
	15.3	—	1.0 2.0 3.0	0.448 7	0.470 5	27.95	27.26	0.999 9	0.999 8	0.952 2	0.992 3
	24.5		1.0 2.0 3.0	0.470 4	0.442 9	27.26	28.03	0.999 8	0.994 3	0.963 6	0.999 9
含瓦斯水合物煤体		25	1.0 2.0 3.0	0.526 2	0.533 7	30.69	30.60	0.999 7	0.999 7	0.957 5	0.999 7
		50	1.0 2.0 3.0	0.367 5	0.366 2	33.92	33.92	0.999 5	0.999 9	0.934 0	0.999 5
		80	1.0 2.0 3.0	0.503 9	0.501 7	35.09	35.10	0.999 6	0.999 8	0.940 4	0.999 6
	—	50	0.3 1.3 2.3	1.646 1	1.641 0	28.01	28.07	0.992 6	0.995 0	0.996 6	0.995 4
		60	0.3 1.3 2.3	1.616 0	1.611 8	32.82	32.87	0.994 5	0.997 7	0.995 2	0.996 5
		70	0.3 1.3 2.3	1.616 9	1.609 2	37.80	37.88	0.991 2	0.997 7	0.979 1	0.994 9
		80	0.3 1.3 2.3	1.633 6	1.620 6	41.69	41.82	0.986 0	0.997 6	0.970 9	0.992 1

由表6.6可知,在 Mohr-Coulomb 和 Mogi-Coulomb 强度准则下,根据拟合参数计算出的内摩擦角 φ 和黏聚力 c 数值偏差较小且数据变化较为集中,同时根据较高的拟合度 R^2,对比得到 Mohr-Coulomb 和 Mogi-Coulomb 强度准则对低围压下瓦斯水合物生成前后煤体三轴压缩试验中强度预测均有较高的适用性;由 Mohr-Coulomb 和 Mogi-Coulomb 强度准则下对高饱和度分别为 50%,60%,70%,80% 和有效围压分别为 0.3 MPa, 1.3 MPa,2.3 MPa 条件的预测结果可以看出,内摩擦角 φ 和黏聚力 c 在两种强度准则下数值偏差较小,同时拟合相关系数 R^2 均很高,表明 Mohr-Coulomb 和 Mogi-Coulomb 强度准则适用于此等情况下含瓦斯水合物煤体三轴压缩破坏过程煤体的强度预测。从拟合相关系数可以看出广义 Hoek-Brown 强度准则对含瓦斯水合物煤体在三轴破坏过程中强度的预测更加适用。综上可得 Mohr-Coulomb、Mogi-Coulomb 和广义 Hoek-Brown 强度准则对含瓦斯水合物煤体在三轴压缩破坏过程中的强度预测具有适用性,相对而言, Hoek-Brown 强度准则的预测效果欠佳。

(2)偏差率对含瓦斯水合物煤体强度准则适用性分析。

本章共选取 4 种强度准则,针对每种强度准则分别对 30 组试样的试验数据进行拟合。为验证计算所得三轴抗压强度的准确性,将模型计算结果与实测三轴压缩强度进行对比,因此本章采用强度偏差率 R_e:

$$R_e = |\sigma_1 - \sigma^T| / \sigma^T \tag{6.12}$$

式中　　σ_1—— 强度计算值,MPa,其值在 M-C、H-B、GH-B 准则中由拟合方程计算得到,
在 Mogi-Coulomb 强度准则中由式(6.9)计算得到;

σ^T—— 强度试验值,MPa。

引用强度偏差率评价 4 种强度准则对低围压下瓦斯水合物生成前后强度参数的适用性,所得数据见表6.7。从表中可以看出,模型计算结果与实测三轴压缩强度具体数值接近,并对比瓦斯水合物的生成在煤体三轴压缩强度的实测和预测之间的偏差,进行偏差率计算,分析可见 Mohr-Coulomb、Mogi-Coulomb 及广义 Hoek-Brown 强度准则相对而言对含瓦斯水合物煤体三轴压缩强度预测更加适用,同时可以发现 Hoek-Brown 强度准则模型计算结果与实测数据对比强度偏差率在2.2% ～ 35.0% 范围内,偏差率起伏变化较大,说明 Hoek-Brown 强度准则对含瓦斯水合物煤体破坏过程强度预测并不适用。

表6.7　低围压下水合物生成对煤体影响的强度试验值、强度计算值与强度误差率

ω/g	S_h /%	σ_3 /MPa	σ^T /MPa	σ_1/MPa				R_e/%			
				M-C 准则	Mogi-Coulomb 强度准则	H-B 准则	GH-B 准则	M-C 准则	Mogi-Coulomb 强度准则	H-B 准则	GH-B 准则
7.65	1	3.73	3.84	3.81	4.27	3.92	2.9	2.1	13.6	5.1
	2	6.46	6.23	6.15	6.40	6.28	3.5	4.7	0.9	2.7
	3	8.51	8.62	8.50	8.28	8.57	1.2	0.1	2.7	0.7

续表6.7

ω/g	S_h /%	σ_3 /MPa	σ^T /MPa	σ_1/MPa				R_e/%			
				M-C 准则	Mogi-Coulomb 强度准则	H-B 准则	GH-B 准则	M-C 准则	Mogi-Coulomb 强度准则	H-B 准则	GH-B 准则
15.3		1	4.36	4.25	4.20	4.84	4.21	2.5	3.7	3.7	3.4
		2	6.82	6.25	6.88	7.22	6.70	8.4	0.9	5.9	1.7
		3	9.89	9.77	9.55	9.30	9.84	1.2	3.5	6.0	0.5
24.5		1	4.23	4.23	4.22	4.78	4.22	0	0.1	13.0	0.1
		2	6.93	6.92	6.97	7.19	6.90	0.1	0.5	3.75	0.4
		3	9.61	9.60	9.72	9.17	9.57	0.1	1.1	4.6	0.4
	25	1	4.90	4.93	4.94	5.61	4.95	0.6	0.8	14.5	1.0
		2	8.08	8.02	8.02	8.26	8.02	0.7	0.7	2.2	0.7
		3	11.07	11.10	11.09	10.55	11.17	0.3	0.2	4.7	0.9
	50	1	4.95	4.90	4.90	5.85	4.89	1.0	1.0	18.2	1.2
		2	8.34	8.43	8.43	8.73	8.43	1.1	1.1	4.7	1.1
		3	12.00	11.95	11.95	11.18	11.98	0.4	0.4	6.8	0.2
	80	1	5.69	5.64	5.69	3.7	5.62	0.8	0	35.0	1.2
		2	9.26	9.35	9.39	9.7	9.34	1.0	1.4	4.8	0.9
		3	13.10	13.05	13.10	12.28	13.07	0.4	0	6.3	0.2

根据高饱和度下含瓦斯水合物煤体在三轴压缩试验中获得的数据进行强度计算值与强度试验值对比分析,得到 Mohr-Coulomb、Mogi-Coulomb、Hoek-Brown 及广义 Hoek-Brown 准则对其破坏过程中强度的预测,并通过强度偏差率评价 4 种强度准则适用性,所得数据见表6.8。

从表中可以看出,饱和度分别为 50%、60%、70%、80% 和有效围压分别为0.3 MPa、1.3 MPa、2.3 MPa 时由含瓦斯水合物煤体在三轴压缩破坏过程中获得的数据得到的强度计算值与模型计算结果偏差不大,根据式(6.12)计算强度偏差率,分析可见 Mohr-Coulomb 强度准则对含瓦斯水合物煤体三轴压缩强度预测强度偏差率为0.65% ~ 6.8%,Mogi-Coulomb 强度准则对含瓦斯水合物煤体三轴压缩强度预测强度偏差率为 0.2% ~ 6.1%,Hoek-Brown 强度准则对含瓦斯水合物煤体三轴压缩强度预测强度偏差率为0.3% ~ 38.2%,广义 Hoek-Brown 强度准则对含瓦斯水合物煤体三轴压缩强度预测强度偏差率为 0 ~ 7.8%,发现 Mohr-Coulomb、Mogi-Coulomb、Hoek-Brown 及广义 Hoek-Brown 强度准则对含瓦斯水合物煤体三轴压缩强度预测中,Hoek-Brown 强度准则的强度偏差率波动范围较大,最大可达38.2%,说明 Hoek-Brown 强度准则对高饱和度下含瓦斯水合物煤体三轴压缩试验强度预测不适用;同时可以发现 Mohr-Coulomb、Mogi-Coulomb 及广义 Hoek-Brown 强度准则对高饱和度下含瓦斯水合物煤体三轴压缩强度预测强度偏差率波动范围相当，说明 Mohr-Coulomb、Mogi-Coulomb 和广义 Hoek-Brown 强度准则对高饱和度下含瓦斯水合物煤体强度预测较为适用。

表6.8　高饱和度下含瓦斯水合物煤体的强度试验值、强度计算值与强度误差率

			σ_1/MPa				$R_e/\%$			
$S_h/\%$	σ_3/MPa	σ^T/MPa	M-C 准则	Mogi-Coulomb 强度准则	H-B 准则	GH-B 准则	M-C 准则	Mogi-Coulomb 强度准则	H-B 准则	GH-B 准则
	0.3	5.91	6.31	6.27	6.44	6.37	6.8	6.1	9.0	7.8
50	1.3	9.28	9.08	9.02	9.25	9.16	2.2	2.8	0.3	1.3
	2.3	11.75	11.85	11.77	11.72	11.7 5	0.9	0.2	0.3	0
	0.3	6.86	6.94	6.92	6.59	6.47	1.2	0.9	3.9	5.7
60	1.3	10.51	10.31	10.28	9.97	9.84	2.0	2.2	5.1	6.4
	2.3	13.57	13.68	13.64	12.81	13.01	0.8	0.5	5.6	4.1
	0.3	8.01	7.85	7.87	8.16	7.74	2.0	1.7	1.9	3.4
70	1.3	11.70	12.02	12.07	12.38	11.81	2.7	3.2	5.8	0.9
	2.3	16.35	16.19	16.27	15.85	16.30	1.0	0.5	3.1	0.3
	0.3	9.02	8.73	8.80	9.21	8.61	3.2	2.4	2.1	4.5
80	1.3	13.27	13.27	13.83	14.22	13.44	0.0	4.2	7.2	1.3
	2.3	18.96	18.31	18.85	18.25	18.92	3.4	0.6	3.7	0.2

6.2　低围压下瓦斯水合物生成前后煤体能量变化规律

从力学角度讲，当煤岩体承受外力时，内部微裂纹成核、扩展，随着应力的增大，裂纹逐渐长大、汇合，导致强度的降低，经过应力场的不断调整，沿某些方位形成宏观大裂纹，最终导致煤岩体的整体破坏。当煤岩体积蓄的弹性能达到极限时，便释放转变为耗散能破坏煤岩体。从能量耗散和释放的角度，可将煤岩体在加载过程的变形与破坏看作煤岩体不断吸收外部能量的过程。

6.2.1　基本理论

由热力学可知，能量转化是物质理论过程的本质特征，物质破坏是能量驱动下的一种状态失稳现象。在压缩应力条件下，岩石材料的能量耗散主要体现在其内部微缺陷闭合摩擦、微裂纹扩展和破裂面相对错动等上，并最终导致岩石的黏聚力丧失，因此能量耗散与岩石损伤及其强度丧失直接相关，这反映了原始强度衰减程度。假设该能量转化过程是纯粹的物理过程，并且煤体单元是与外界没有能量交换的封闭空间，该过程只发生在一个封闭的热力学系统中。因此，根据热力学第一定律可得总能量的关系：

$$U = U^{\mathrm{d}} + U^{\mathrm{e}} \tag{6.13}$$

式中　　U——外力对煤岩体所做的功,亦即煤岩体吸收的总能量,$\mathrm{MJ/m^3}$;

　　　　U^{d}——加载过程中煤岩体所耗散的能量,亦即煤岩体的耗散能,$\mathrm{MJ/m^3}$;

　　　　U^{e}——储存在煤岩体内部的弹性应变能,$\mathrm{MJ/m^3}$。

耗散能 U^{d} 用于材料内部损伤和塑性变形,其变化满足热力学定律,即内部状态的改变符合熵增加趋势,其变化是单向和不可逆的过程。然而,可释放应变能 U^{e} 为煤岩体卸载后释放的弹性应变能,U^{e} 包括轴向与环向弹性能,环向弹性能远小于轴向弹性能,可忽略不计。该部分能量与卸荷弹性模量及卸荷泊松比直接相关,其能量释放过程是双向的,只要满足一定条件都是可逆的。耗散主要导致煤岩体内部损伤,致使材料性质劣化和强度降低,从而导致煤岩体中形成裂缝的可能性增大。

图6.20所示为煤体单元中能量分布关系,应力-应变曲线与卸荷弹性模量 E_{u} 围成的面积为耗散应变能 U_i^{d},为岩石内部损伤和塑性变形时所耗散;阴影面积为可释放应变能 U_i^{e},为岩石卸载后释放的弹性应变能。

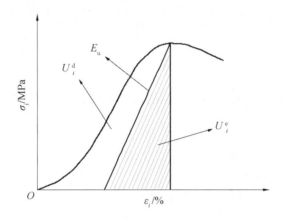

图 6.20　煤体单元中能量分布关系

由能量守恒原理可知,在试验过程中总能量是不变的。若已知能量的释放区内煤体应力分别为 $\sigma_1,\sigma_2,\sigma_3$,则主应力空间中单位体积煤岩吸收总能量计算公式为

$$U = \int_0^{\varepsilon_1} \sigma_1 \,\mathrm{d}\varepsilon_1 + \int_0^{\varepsilon_2} \sigma_2 \,\mathrm{d}\varepsilon_2 + \int_0^{\varepsilon_3} \sigma_3 \,\mathrm{d}\varepsilon_3 \tag{6.14}$$

式中　　$\sigma_1,\sigma_2,\sigma_3$——主应力,$\mathrm{MPa}$;

　　　　$\varepsilon_1,\varepsilon_2,\varepsilon_3$——3 个主应力方向上的应变。

加卸载某时刻的总能量为应力-应变曲线与坐标轴围成的不规则的图形面积,根据高等数学积分理论,总能量可以划分为 n 个窄曲边梯形的面积,根据式(6.14)并考虑煤岩孔隙压力,在常规三轴压缩试验中 $\sigma_2 = \sigma_3$,总能量的计算公式为

$$U = \sum_{i=1}^{n} \frac{1}{2} (\Delta\sigma_j + \Delta\sigma_i)(\varepsilon_{1j} - \varepsilon_i) -$$

$$\sum_{i=1}^{n} \big[(\sigma_{3j} - p) + (\sigma_{3i} - p) \big] \big[\varepsilon_{3j} - \varepsilon_{3i} \big] \tag{6.15}$$

式中　　$\Delta\sigma_i$、ε_{1i}——应力-应变曲线中对应每一点的主应力差及轴向应变值;

σ_{3i}—— 环向应变曲线中对应每一点的应力值,MPa;

p—— 孔隙压力,MPa;

ε_{3i}—— 环向应变曲线中对应每一点的应变值;

j—— $j = i + 1$。

煤体弹性应变能的计算公式为

$$U^e = \frac{(\Delta \sigma_i)^2}{2E_u} \tag{6.16}$$

式中　　$\Delta \sigma_i$—— 应力－应变曲线中对应每一点的主应力差,MPa;

　　　　E_u—— 卸载弹性模量,MPa。

试验中,由于没有进行卸载过程,卸载弹性模量 E_u 没有试验数据,计算时取初始弹性模量 E_0 代替 E_u。尤明庆等研究了粗晶和中晶大理石的单轴循环加、卸载试验的全应力－应变曲线,说明了采用 E_0 代替 E_u 的合理性。则式(6.16)可改写为

$$U^e \approx \frac{(\Delta \sigma_i)^2}{2E_0} \tag{6.17}$$

综合式(6.13)、式(6.17),得到煤岩变形破坏过程中耗散能的数学表达式为

$$U^d = U - \frac{(\Delta \sigma_i)^2}{2E_0} \tag{6.18}$$

6.2.2　含瓦斯煤破坏过程中能量变化规律

1. 能量特征

针对低围压下瓦斯水合物生成前煤体在三轴压缩下获得的数据,结合热力学定律计算煤体破坏过程中总的输入能 U、弹性应变能 U^e、耗散能 U^d,分析各能量变化规律,图2.2 为不同含水量、不同围压下含瓦斯煤能量变化规律。

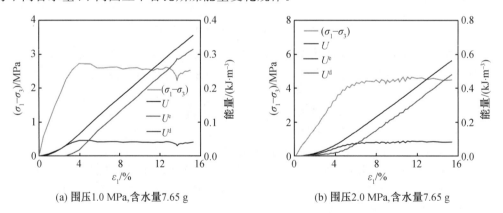

(a) 围压1.0 MPa,含水量7.65 g　　　　(b) 围压2.0 MPa,含水量7.65 g

图 6.21　不同含水量、不同围压下含瓦斯煤能量变化规律

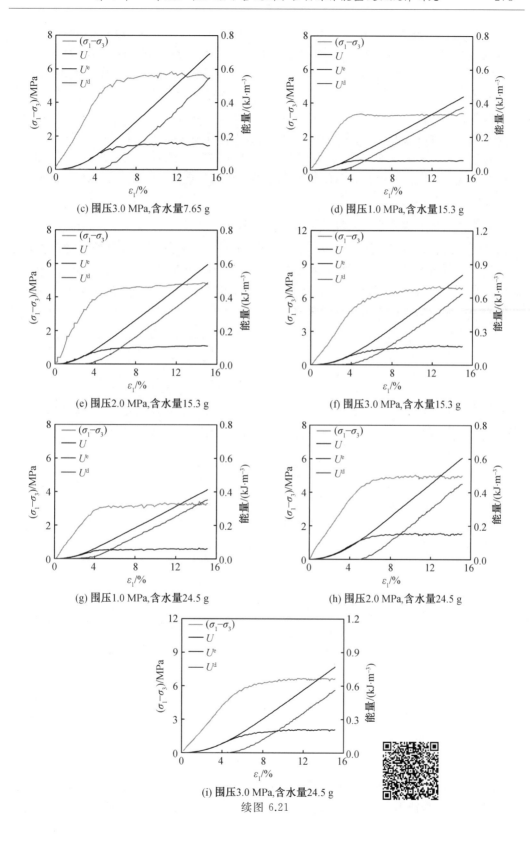

(c) 围压3.0 MPa,含水量7.65 g

(d) 围压1.0 MPa,含水量15.3 g

(e) 围压2.0 MPa,含水量15.3 g

(f) 围压3.0 MPa,含水量15.3 g

(g) 围压1.0 MPa,含水量24.5 g

(h) 围压2.0 MPa,含水量24.5 g

(i) 围压3.0 MPa,含水量24.5 g

续图 6.21

分析图 6.21 可知,含瓦斯煤在含水量分别为 7.65 g,15.3 g,24.5 g,围压分别为 1.0 MPa,2.0 MPa,3.0 MPa 下,破坏过程中总能量 U 随着含水量、围压的增大而不断增大。分析可见,弹性阶段总能量 U、弹性应变能 U^e 随着试验进行而不断增大,而耗散能 U^d 在此阶段变化不明显,表明此时含瓦斯煤以弹性应变能 U^e 为主导;进入屈服阶段,含瓦斯煤吸收弹性应变能 U^e 的速度放缓,而耗散能 U^d 在逐步增大,表明含瓦斯煤在屈服阶段内部破坏程度在慢慢增加;进入应变软化型中的破坏阶段和应变硬化型的强化阶段后,弹性应变能 U^e 趋于平缓,无明显变化,而总能量 U 和耗散能 U^d 随着试验进行而不断增大,表明此阶段含瓦斯煤体所吸收的总能量 U 几乎都转化为耗散能 U^d,含瓦斯煤在三轴压缩强化阶段以耗散能 U^d 为主导。

2. 围压和含水量对含瓦斯煤破坏全过程占能变化影响

能量变化贯穿于煤岩体变形破坏的全过程,值得说明的是这里计算的全过程能量占比皆是由轴向输入、积聚或耗散的,且是从静水应力状态开始计算的。实际上,从初始状态到静水应力状态,试样内也有能量变化。图 6.22 和图 6.23 分别为含瓦斯煤弹性应变能和耗散能占输入总能量的比例与应变的关系。

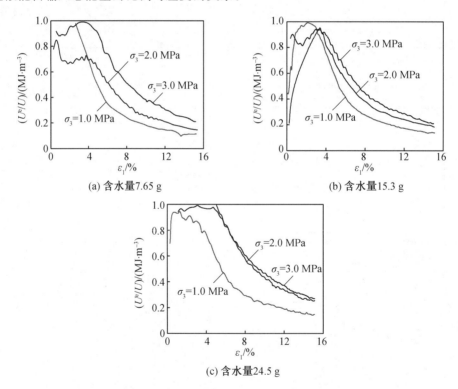

图 6.22　含瓦斯煤弹性应变能占输入总能量的比例与应变的关系

从图 6.22 和图 6.23 中可以看出前期含瓦斯煤压缩破坏过程中弹性应变能和耗散能占输入总能量的比例不稳定。由图 6.22 可知,弹性应变能占比随应变增大呈非线性变化,临近破坏之前总体一直保持上升趋势。加载初始阶段,弹性应变能占比急剧增长;进入屈服阶段,弹性应变能占比增长逐渐趋于平缓并且随着应变的不断增大弹性应变能占比不

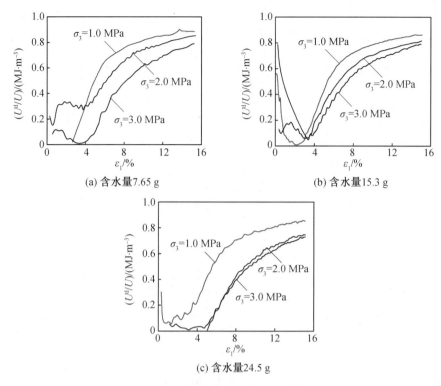

图 6.23　含瓦斯煤耗散能占输入总能量的比例与应变的关系

断减小。总体而言，含瓦斯煤在整个加载过程中，弹性应变能占比从 50% 增长到 97%，而后整体呈凹曲线下降。

与上述相对应，由图 6.23 可知，耗散能占比亦呈非线性变化，临近破坏之前含瓦斯煤破坏过程中耗散能占比逐渐变小；进入屈服阶段，耗散能占比增长略微平缓；从破坏阶段可以看出，耗散能占比逐渐升高，增长速率逐渐变慢，总体呈凸曲线增长。

3. 围压和含水量对含瓦斯煤临界破坏点能量变化影响

不同围压下煤岩体三轴压缩变形破坏过程中吸收的总能量特征曲线基本一致，围压越高，煤岩体吸收的总能量越大。在应力－应变曲线呈应变软化型时，峰值偏应力点处煤岩体吸收的总能量定义为临界破坏点总能量；在煤岩体整个变形破坏过程中，从初始阶段弹性能不断累积到应力脆性跌落阶段弹性能突然释放，这中间存在一个最大值，而这个最大值定义为储能极限。在接近峰值偏应力时，耗散能明显升高，在峰值偏应力点处的耗散能定义为临界破坏点耗散能。在应力－应变曲线呈应变硬化型时，取弹性应变能增加到平缓的第一点所对应的总能量为临界破坏点总能量，对应的弹性应变能为储能极限，对应的耗散能为临界破坏点耗散能。

引入临界破坏点总能量、储能极限和临界破坏点耗散能，以便研究低围压下瓦斯水合物生成前含水量、围压与临界破坏点总能量、储能极限和临界破坏点耗散能之间的关系，含瓦斯煤临界破坏点能量计算结果见表 6.9。

从表中可以看出，临界破坏点总能量 U、储能极限 U^e、临界破坏点耗散能 U^d 随着围压的增大整体均有所增加,说明含瓦斯煤前期储存较高的弹性应变能 U^e,在屈服破坏阶段得到释放,使含瓦斯煤在三轴压缩破坏过程中得到较大破坏。

表6.9　含瓦斯煤临界破坏点能量计算结果

σ_3/MPa	ω/g	U/(MJ·m^{-3})	U^e/(MJ·m^{-3})	U^d/(MJ·m^{-3})
	7.65	0.082	0.045	0.037
1.0	15.3	0.100	0.059	0.041
	24.5	0.102	0.055	0.047
	7.65	0.129	0.073	0.056
2.0	15.3	0.152	0.090	0.062
	24.5	0.249	0.148	0.101
	7.65	0.270	0.143	0.127
3.0	15.3	0.278	0.142	0.136
	24.5	0.313	0.187	0.126

临界破坏点能量与不同围压、含水量关系如图6.24所示。

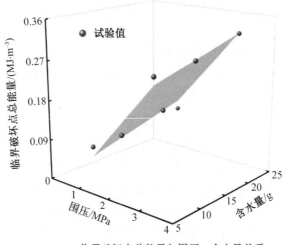

(a) 临界破坏点总能量与围压、含水量关系

图 6.24　临界破坏点能量与不同围压、含水量关系

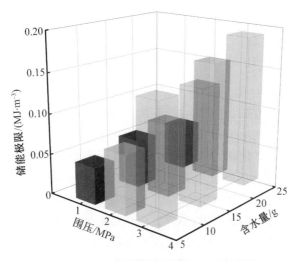

(b) 储能极限与围压、含水量关系

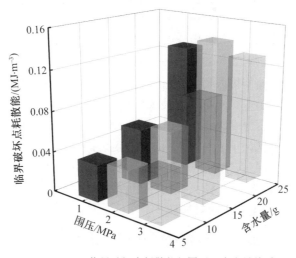

(c) 临界破坏点耗散能与围压、含水量关系

续图 6.24

由图6.24(a) 可知，含瓦斯煤临界破坏点总能量随围压、含水量的增大整体呈上升趋势。与围压1.0 MPa时比较，在含水量为7.65 g，围压分别为2.0 MPa，3.0 MPa时，临界破坏点总能量分别增加了0.047 MPa，0.188 MPa，增幅分别为57.32％，229.27％；在含水量分别为15.3 g 和24.5 g 时，临界破坏点总能量分别增加了0.052 MPa，0.178 MPa 和0.147 MPa，0.211 MPa，增幅分别为52.00％，178.00％ 和144.12％，206.86％。可见在含水量相同时，随着围压的增大，含瓦斯煤临界破坏点总能量增大；在同一围压下，随着含水量的增大含瓦斯煤临界破坏点总能量增大。

分析发现，临界破坏点总能量 U 随围压 σ_3 和含水量 ω 增大呈近似线性增大，因此，为明确围压和含水量对临界破坏点总能量 U 的耦合影响关系，预测临界破坏点总能量 U 随围压σ_3和含水量ω的变化趋势,建立了围压σ_3、含水量ω与临界破坏点总能量U的多元线性回归方程:

$$U = c + a\sigma_3 + b\omega$$

式中 a,b——回归系数;

c——常数。

利用多元线性回归分析方法,可确定多元线性回归方程为

$$U = -0.064 + 0.096\sigma_3 + 0.004\omega$$

基于图6.24(a)中的相关数据,对上述多元线性回归方程进行检验,得到R^2为0.916 0,拟合公式的相关性较好,能表达围压σ_3、含水量ω与临界破坏点总能量U之间的耦合关系。分析认为围压对试样具有压密作用,围压越大,压密作用越明显,试样内部颗粒间的作用越紧密,因此,随着围压增大,临界破坏点总能量增大。

由图6.24(b)可知,围压分别为1.0 MPa,2.0 MPa,3.0 MPa,含水量分别为7.65 g,15.3 g,24.5 g下应力达到临界破坏点时,储能极限随着围压、含水量的增大总体呈上升趋势。与围压1.0 MPa时比较,在含水量为7.65 g,围压分别为2.0 MPa,3.0 MPa时,试样储能极限分别增加了0.028 MPa,0.098 MPa,增幅分别为62.22%,217.78%;在含水量分别为15.3 g,24.5 g时,储能极限分别增大了0.031 MPa,0.083 MPa和0.093 MPa,0.132 MPa,增幅分别为52.54%,140.68%和169.09%,240.00%。分析可见,相同围压下随着含水量的增大含瓦斯煤储能极限增大;相同含水量下随着围压的增大含瓦斯煤储能极限增大。这说明含水量和围压均对煤体有较大影响。

由图6.24(c)可知,在围压分别为1.0 MPa,2.0 MPa,3.0 MPa,含水量分别为7.65 g,15.3 g,24.5 g下临界破坏点耗散能总体呈上升趋势,由表6.9可知,含瓦斯煤在三轴压缩下临界破坏点耗散能在同一围压、不同含水量下变化不是很明显,但是在同一含水量下随着围压的增大,临界破坏点耗散能增大,这是由于在临界破坏点处含瓦斯煤的储能极限随着围压的增大而增大,从而产生较大的耗散能。

6.2.3 含瓦斯水合物煤体破坏过程中能量变化规律

1. 能量特征

根据饱和度分别为25%,50%,80%,围压分别为1.0 MPa,2.0 MPa,3.0 MPa情况下含瓦斯水合物煤体在三轴压缩下获得的数据,结合热力学定律计算试验过程中总的输入能、弹性应变能、耗散能,得到低围压下含瓦斯水合物煤体能量变化规律,如图6.25所示。

由图6.25可知,低围压下含瓦斯水合物煤体试验过程中总能量变化规律表明:在同一围压下,随着饱和度增大,即水合物生成越多,含瓦斯水合物煤体压缩破坏过程中吸收的总能量U越大;在同一饱和度下,随着围压的增大,含瓦斯水合物煤体压缩破坏过程中吸收的总能量U越大。煤体破坏过程的总能量U、弹性应变能U^e在弹性阶段,随着含瓦斯水合物煤体变形程度的增大而不断增大,耗散能U^d变化不明显,表明含瓦斯水合物煤体内部在弹性阶段只有极少部分用于能量耗散,而在弹性阶段破坏较少;进入屈服阶段,含

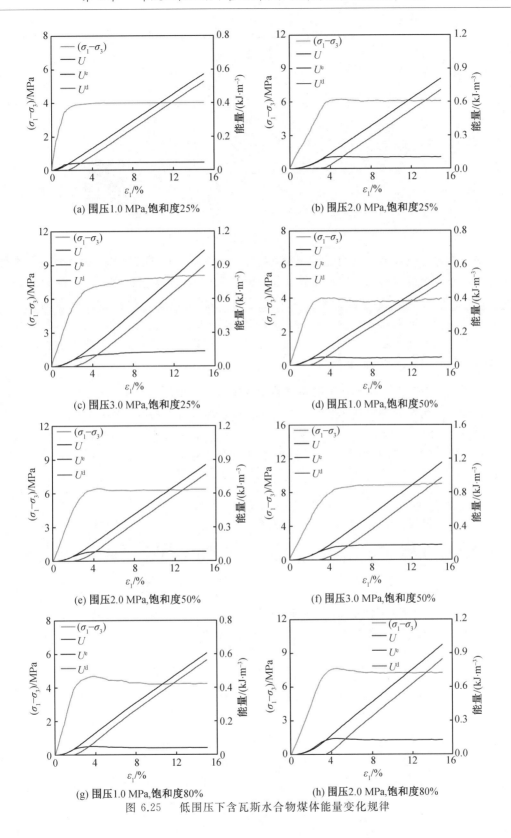

图 6.25　低围压下含瓦斯水合物煤体能量变化规律

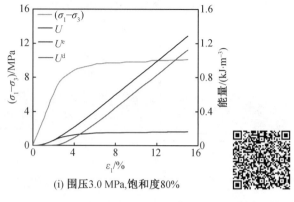

(i) 围压3.0 MPa,饱和度80%

续图 6.25

瓦斯水合物煤体吸收弹性应变能 U^e 的速度放缓,而耗散能 U^d 迅速增大,表明含瓦斯水合物煤体在屈服阶段内部产生的破坏程度在缓慢增大;进入应变软化型中的破坏阶段和应变硬化型的强化阶段,弹性应变能 U^e 曲线趋于平缓,而总能量 U 和耗散能 U^d 随着试验的不断进行而不断增大,表明此阶段含瓦斯水合物煤体在饱和度分别为 25%,50%,80%,围压分别为 1.0 MPa,2.0 MPa,3.0 MPa 下进行的常规三轴压缩试验由原来的以弹性应变能 U^e 为主导转变为以耗散能 U^d 为主导。

2. 围压和饱和度对含瓦斯水合物煤体破坏全过程占能变化影响

通过与含瓦斯煤做对比,对含瓦斯水合物煤体在饱和度分别为 25%,50%,80%,围压分别为 1.0 MPa,2.0 MPa,3.0 MPa 下常规三轴压缩破坏过程中能量占比进行研究。图6.26 与图6.27 分别为低围压下弹性应变能和耗散能占输入总能量的比例与应变的关系。

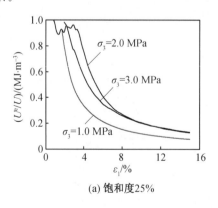

(a) 饱和度25%

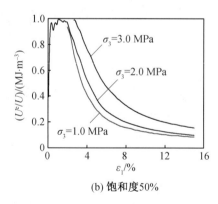

(b) 饱和度50%

图 6.26　低围压下弹性应变能占输入总能量的比例与应变的关系曲线

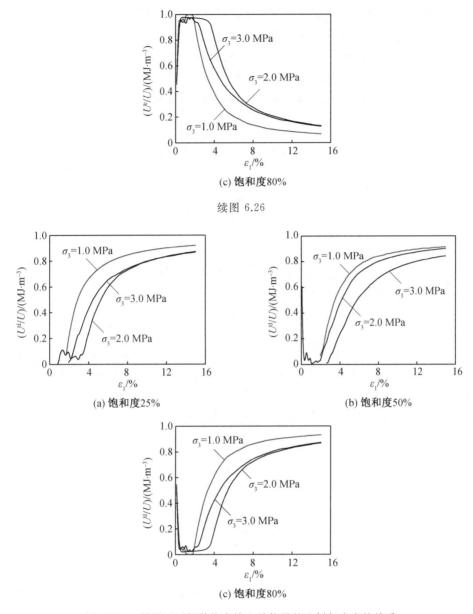

续图 6.26

(a) 饱和度25%

(b) 饱和度50%

(c) 饱和度80%

图 6.27　低围压下耗散能占输入总能量的比例与应变的关系

由图6.26可知,低围压下含瓦斯水合物煤体在前期加载过程中外部输入的总能量转化为弹性应变能的量多于耗散能,说明在加载初始阶段初始微裂纹的闭合、摩擦滑移等行为消耗了能量。逐步进入屈服阶段后,弹性应变能占比在屈服后急剧降低,随着应变的增大慢慢趋于平缓,整体呈凹曲线下降。

相对而言,由图6.27可知,含瓦斯水合物煤体在进入屈服阶段后耗散能占比逐渐上升,煤体内部孔隙已被压实,由于应力集中、裂纹的萌生和扩展等行为不断加剧,依旧会消耗能量,随着应变的增大曲线逐渐趋于平缓,增长速率由快速逐渐变慢,曲线整体呈凸曲线上升。

3. 围压和饱和度对含瓦斯水合物煤体临界破坏点能量变化影响

引入临界破坏点总能量、储能极限和临界破坏点耗散能,以便研究饱和度分别为 $25\%,50\%,80\%$,围压分别为 1.0 MPa,2.0 MPa,3.0 MPa 下围压和饱和度与临界破坏点能量之间的关系。含瓦斯水合物煤体临界破坏点能量计算结果见表 6.10。

表 6.10　含瓦斯水合物煤体临界破坏点能量计算结果

σ_3/MPa	S_h/%	U/(MJ·m^{-3})	U^e/(MJ·m^{-3})	U^d/(MJ·m^{-3})
1	25	0.076	0.043	0.033
	50	0.086	0.047	0.039
	80	0.092	0.049	0.043
2	25	0.174	0.107	0.067
	50	0.163	0.084	0.079
	80	0.218	0.142	0.076
3	25	0.184	0.103	0.081
	50	0.229	0.156	0.073
	80	0.241	0.131	0.110

从表中可以看出,临界破坏点总能量 U、储能极限 U^e、临界破坏点耗散能 U^d 随着围压的增大整体呈上升趋势,说明含瓦斯水合物煤体前期储存了较高的弹性应变能 U^e,在屈服破坏阶段得到释放,使含瓦斯水合物煤体在试验过程中得到较大破坏。

临界破坏点能量与围压、饱和度关系如图 6.28 所示。

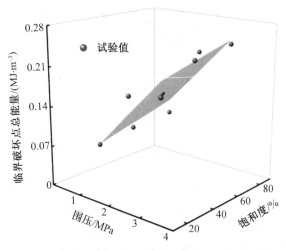

(a) 临界破坏点总能量与围压、饱和度关系

图 6.28　临界破坏点能量与围压、饱和度关系

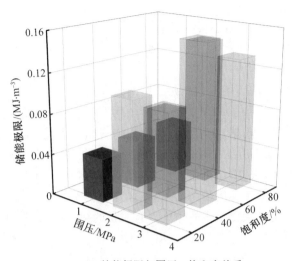

(b) 储能极限与围压、饱和度关系

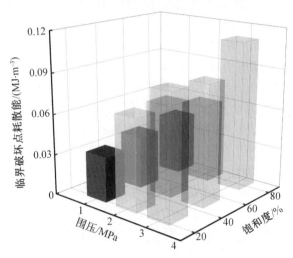

(c) 临界破坏点耗散能与围压、饱和度关系

续图 6.28

　　由图6.28(a) 可知,含瓦斯水合物煤体临界破坏点总能量随围压、饱和度的增大整体上呈线性增大。与围压1.0 MPa时比较,在饱和度为25%,围压分别为2.0 MPa,3.0 MPa时,临界破坏点总能量分别增加了0.098 MPa,0.108 MPa,增幅分别为128.85%,142.11%;在饱和度分别为50%和80%时,临界破坏点总能量分别增加了0.077 MPa和0.143 MPa,0.126 MPa,0.149 MPa,增幅分别为89.53%,166.28%和136.96%,161.96%。可见在同一饱和度下,随着围压的增大,含瓦斯水合物煤体临界破坏点总能量增大;在同一围压下,随着饱和度的增大含瓦斯水合物煤体临界破坏点总能量增大。

　　分析发现,临界破坏点总能量U随围压σ_3和饱和度S_h增大近似线性增大,因此,为明确围压σ_3和饱和度S_h对临界破坏点总能量U的耦合影响关系,预测临界破坏点总能量U随围压σ_3和饱和度S_h的变化趋势,建立了围压σ_3、饱和度S_h与临界破坏点总能量U的多元线性回归方程：

$$U = c + a\sigma_3 + bS_h$$

式中　　a , b—— 回归系数；

　　　　c—— 常数。

利用多元线性回归分析方法,可确定多元线性回归方程为

$$U = -0.007 + 0.067\sigma_3 + 0.001S_h$$

基于图6.28(a)中的相关数据,对上述多元线性回归方程进行检验,得到 R^2 为 0.854 0,拟合公式的相关性较好,能表达围压 σ_3、饱和度 S_h 与临界破坏点总能量 U 之间的耦合关系。分析认为围压对试样具有压密作用,围压越大,压密作用越明显,试样内部颗粒间的作用越紧密,因此,随着围压增大,临界破坏点总能量越大。针对含水合物沉积物的研究发现水合物生成对其赋存介质的黏聚力有明显的提升作用,随着饱和度的增大,试样的黏聚力提升作用越强烈,故随着饱和度增大,临界破坏点总能量越大。

由图6.28(b)可知,饱和度分别为 25%,50%,80%,围压分别为 1.0 MPa,2.0 MPa, 3.0 MPa 下应力达到临界破坏点时,储能极限随着围压、饱和度的增大总体呈上升趋势。与围压 1.0 MPa 时比较,在饱和度为 25%,围压分别为 2.0 MPa,3.0 MPa 时,试样储能极限分别增加了 0.064 MPa,0.060 MPa,增幅分别为 148.84%,139.53%;在饱和度分别为 50% 和 80% 时,试样储能极限分别增大了 0.037 MPa,0.109 MPa 和 0.093 MPa, 0.082 MPa,增幅分别为 78.72%,231.91% 和 189.80%,167.35%。分析可见,同一围压下含瓦斯水合物煤体随着饱和度的增大,其储能极限增大;同一饱和度下随着围压的增大,储能极限总体呈上升趋势。这说明饱和度和围压对煤体有较大影响。

由图6.28(c)可知,在饱和度分别为 25%,50%,80%,围压分别为 1.0 MPa,2.0 MPa, 3.0 MPa 下临界破坏点耗散能总体呈上升趋势,由表6.10可知,含瓦斯水合物煤体在同一饱和度、不同围压三轴压缩下临界破坏点耗散能变化不是很明显,但总体呈上升趋势。

6.3　高饱和度下含瓦斯水合物煤体能量变化规律

6.3.1　能量特征

根据饱和度分别为 50%,60%,70%,80%,围压分别为 4.0 MPa,5.0 MPa,6.0 MPa 下含瓦斯水合物煤体常规三轴压缩试验数据,结合热力学定律计算输入能 U、弹性应变能 U^e 和耗散能 U^d,得到高饱和度下含瓦斯水合物煤体的能量变化规律,如图 6.29 所示。

能量变化规律表明:在同一围压下,随着饱和度增大,水合物生成增多,试样压缩破坏过程中吸收的总能量 U 增大;在同一饱和度下,随着围压的增大,含瓦斯水合物煤体压缩破坏过程中吸收的总能量 U 增大。

(1)弹性阶段:在初始阶段绝大部分能量用于孔隙的压密与颗粒骨架的弹性变形,含瓦斯水合物煤体破坏过程中的总能量 U、弹性应变能 U^e 在此阶段随着含瓦斯水合物煤体试验过程中变形程度的增大而不断增大,而此阶段耗散能 U^d 处于平缓的状态,此时总能量 U 与弹性应变能 U^e 曲线变化相当,表明含瓦斯水合物煤体内部在线弹性阶段只有极少

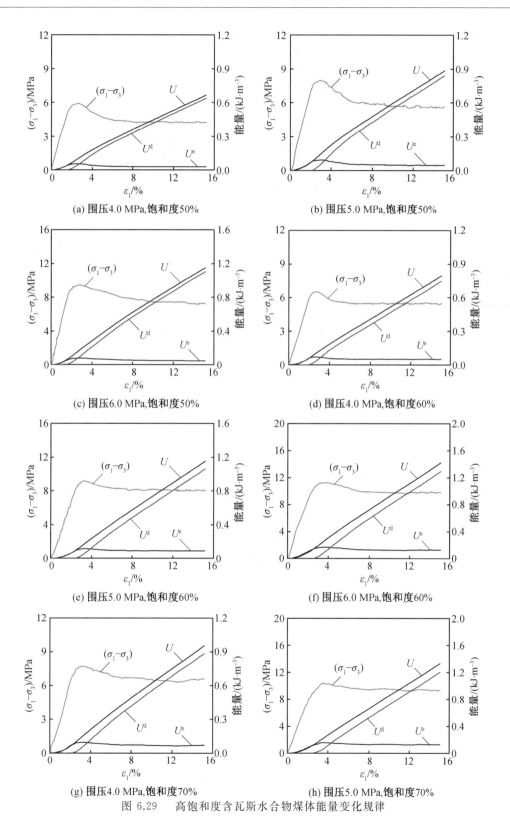

图 6.29　高饱和度含瓦斯水合物煤体能量变化规律

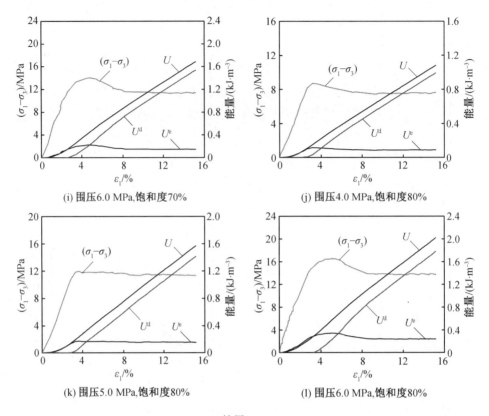

续图 6.29

部分能量耗散,煤体产生破坏较少。

(2)屈服阶段:随着能量的输入,直到超过试样弹性变形所能吸收的极限,能量主要用于微缺陷发育、裂隙滑移和材料性质劣化等煤损伤,导致煤岩强度降低。在轴向应力作用下,含瓦斯水合物煤体仍继续吸收输入能 U,而耗散能 U^d 开始随着应力的增大而快速增大,表明煤体内部产生的破坏程度快速增加。

(3)破坏阶段:随着能量继续输入,煤岩损伤不断加强,承载能力进一步下降。当能量积累到煤岩破坏所需要的耗散能时,能量突然释放导致煤岩体破坏。随着轴向应力的不断增大,含瓦斯水合物煤体的弹性应变能 U^e 释放,而总能量 U 和耗散能 U^d 快速增大,表明此阶段煤体所吸收的总能量 U 几乎都转化为耗散能 U^d。

6.3.2　围压和饱和度对含瓦斯水合物煤体破坏全过程占能变化影响

对高饱和度含瓦斯水合物煤体进行三轴压缩试验探究弹性应变能和耗散能占输入总能量的比例(U^e/U)与应变(ε_1)的关系。图6.30为高饱和度下弹性应变能占输入总能量的比例与应变的关系,图6.31为高饱和度下耗散能占输入总能量的比例与应变的关系。

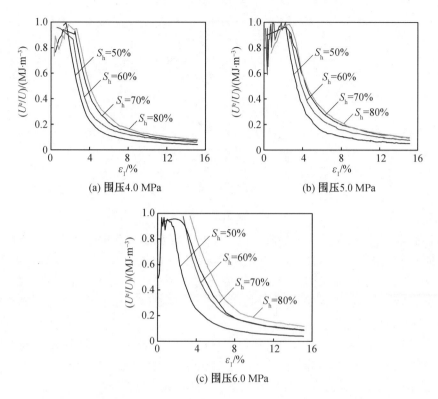

图 6.30　高饱和度下弹性应变能占输入总能量的比例与应变的关系

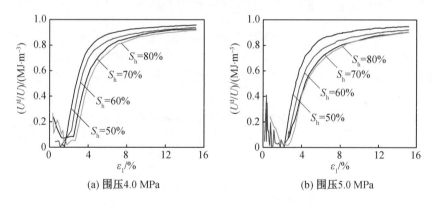

图 6.31　高饱和度下耗散能占输入总能量的比例与应变的关系

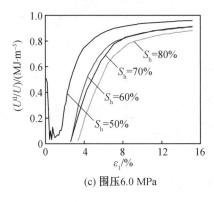

(c) 围压6.0 MPa

续图 6.31

总体而言,高饱和度下含瓦斯水合物煤体在三轴压缩加载前期不稳定,导致出现如图所示曲线不稳定现象。由图6.30可知弹性应变能占比随轴向应变增大呈非线性变化,随着应变的增大占比急剧下降。在弹性应变能占比为20%左右时,曲线发生突出转变,弹性应变能占比逐渐趋于平缓,总体呈凹曲线下降,但是随着饱和度的增大,弹性应变能占比曲线急剧转变点升高。

由图6.31可知,耗散能占比随着径向应变的增大急剧上升,说明煤体内部裂纹的萌生、扩展等行为在迅速发生,弹性应变能的急剧释放导致耗散能迅速增大,提高了耗散能占比,耗散能占比随着径向应变的增大整体呈现凸曲线上升。

6.3.3　围压和饱和度对含瓦斯水合物煤体临界破坏点能量变化影响

引入临界破坏点总能量、储能极限和临界破坏点耗散能,以便研究饱和度分别为50%,60%,70%,80%,围压分别为4.0 MPa,5.0 MPa,6.0 MPa下围压和饱和度与临界破坏点能量之间的关系。高饱和度下含瓦斯水合物煤体临界破坏点能量计算结果见表6.11。

表6.11　高饱和度下含瓦斯水合物煤体临界破坏点能量计算结果

σ_3/MPa	S_h/%	U/(MJ·m⁻³)	U^e/(MJ·m⁻³)	U^d/(MJ·m⁻³)
	50	0.103	0.055	0.048
	60	0.124	0.069	0.055
4.0	70	0.146	0.095	0.051
	80	0.188	0.115	0.073
	50	0.137	0.093	0.045
	60	0.164	0.118	0.046
5.0	70	0.221	0.159	0.062
	80	0.515	0.357	0.158

续表6.11

σ_3/MPa	$S_h/\%$	$U/(\mathrm{MJ \cdot m^{-3}})$	$U^e/(\mathrm{MJ \cdot m^{-3}})$	$U^d/(\mathrm{MJ \cdot m^{-3}})$
	50	0.179	0.080	0.099
6.0	60	0.299	0.170	0.129
	70	0.464	0.240	0.224
	80	0.590	0.355	0.235

由表6.11可以看出,临界破坏点总能量 U、储能极限 U^e、临界破坏点耗散能 U^d 随着围压和饱和度的增大整体呈上升趋势,说明含瓦斯水合物煤体在前期储存的较高的弹性应变能 U^e 在屈服破坏阶段得到释放,使含瓦斯水合物煤体发生较大破坏。

临界破坏点能量与围压、饱和度关系如图6.32所示。

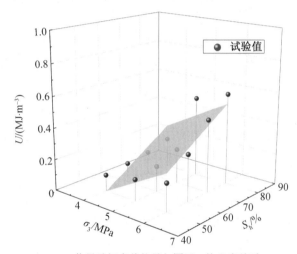

(a) 临界破坏点总能量与围压、饱和度关系

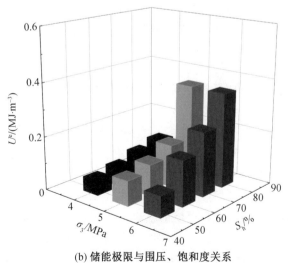

(b) 储能极限与围压、饱和度关系

图 6.32　临界破坏点能量与围压、饱和度关系

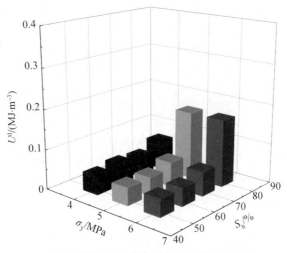

(c) 临界破坏点耗散能与围压、饱和度关系

续图 6.32

由图6.32(a)可知,含瓦斯水合物煤体临界破坏点总能量随围压、饱和度的增大整体呈上升趋势。与围压 4.0 MPa 时比较,在饱和度为 50%,围压分别为 5.0 MPa,6.0 MPa 时,临界破坏点总能量分别增加了0.034 MPa,0.076 MPa,增幅分别为33.01%,73.79%;在饱和度分别为 60%,70%,80% 时,临界破坏点总能量分别增加了0.04,0.175,0.075,0.318,0.327,0.402,增幅分别为 32.26%,141.13%,51.37%,217.81%,173.94%,213.83%。可见在同一饱和度下,含瓦斯水合物煤体临界破坏点总能量随着围压的增大而增大;在同一围压下,含瓦斯水合物煤体临界破坏点总能量随着饱和度的增大而增大。

分析发现,临界破坏点总能量 U 随围压 σ_3 和饱和度 S_h 增大近似线性增大,为预测临界破坏点总能量 U 随围压 σ_3 和饱和度 S_h 增大的变化趋势,建立了围压 σ_3、饱和度 S_h 与临界破坏点总能量 U 的多元线性回归方程:

$$U = a\sigma_3 + bS_h + c$$

式中 a,b—— 回归系数;

       c—— 常数。

利用多元线性回归分析方法,可确定多元线性回归方程为

$$U = -0.961 + 0.121\sigma_3 + 0.950S_h, R^2 = 0.820$$

基于图6.32(a)中的相关数据,对上述多元线性回归方程进行检验,得到 R^2 为0.820,拟合公式的相关性较好,能较好地表达围压 σ_3、饱和度 S_h 与临界破坏点总能量 U 之间的耦合关系。分析认为围压对试样具有压密作用,围压越大,压密作用越明显,试样内部颗粒间的作用越紧密。因此,临界破坏点总能量随着围压的增大而增大。针对含水合物沉积物的研究发现,水合物生成对其赋存介质的黏聚力有明显的提升作用,随着饱和度的增大试样的黏聚力提升作用越强烈,故随着饱和度增大,临界破坏点总能量增大。

由表6.11 和图6.32(b)可知,含瓦斯水合物煤体在围压分别为 4.0 MPa,5.0 MPa,6.0 MPa,饱和度分别为 50%,60%,70%,80% 下应力达到峰值点处时,储能极限随着围

压、饱和度的增大总体呈上升趋势。与围压 4.0 MPa 时比较,在饱和度为 50％,围压分别为 5.0 MPa,6.0 MPa 时,储能极限分别增加了 0.038 MPa,0.025 MPa,增幅分别为 69.09％,45.45％;在饱和度分别为 60％,70％,80％ 时,储能极限分别增加了 0.049,0.101, 0.064,0.145,0.242,0.240,增幅分别为 71.01％,146.38％,67.37％,152.63％,210.43％, 208.70％。分析可见,随着围压和饱和度的增大,储能极限呈上升趋势,说明饱和度和围压对煤体均有较大影响。

由表6.11 和图6.32(c)可知,试样在围压 4.0 MPa,5.0 MPa,6.0 MPa,饱和度分别为 50％,60％,70％,80％ 下的临界破坏点耗散能呈上升趋势。因此,随着围压和饱和度的增大,临界破坏点耗散能增大。

6.4　本 章 小 结

本章利用瓦斯水合固化高压反应和三轴压缩荷载作用一体化测试装置,以三轴压缩试验、理论分析为手段,获得了低围压下瓦斯水合物生成前后与高饱和度下含瓦斯水合物煤体的应力－应变曲线、强度准则适用性、能量特征、临界破坏点能量关系,主要研究工作。

(1)确定了饱和度和围压对含瓦斯水合物煤体强度参数和强度准则适用性影响。

① 同饱和度、不同围压下含瓦斯水合物煤体的应力－应变曲线均可分为应变硬化型和应变软化型;应变硬化型大致分为弹性阶段、屈服阶段与强化阶段,应变软化型大致分为弹性阶段、屈服阶段与破坏阶段。

② 通过低围压下瓦斯水合物生成前后对比试验发现:由于水合物的生成,含瓦斯水合物煤体的强度总体要比含瓦斯煤的强度高,最高可提高3.49 MPa,增幅为52.8％。通过高饱和度下试样三轴压缩试验发现,在相同饱和度下,随着围压的增大含瓦斯水合物煤体的峰值强度整体呈上升趋势;在同一围压下,含瓦斯水合物煤体的峰值强度随着饱和度的增大总体亦呈上升趋势。

③ 对于 Mohr-Coulomb、Mogi-Coulomb、Hoek-Brown 及广义 Hoek-Brown 强度准则,结合含瓦斯水合物煤体三轴压缩试验的强度参数,对煤体强度进行拟合,引入偏差率和拟合度对强度准则进行评价。结果表明:M-C 准则、Mogi-Coulomb 强度准则与 GH-B 准则对煤体破坏过程中强度预测较为适用,H-B 准则不适用。

(2)获得了低围压下瓦斯水合物生成前后煤体破坏过程中能量变化及分配规律。

① 用热力学定律,计算了低围压下瓦斯水合物生成前后煤体三轴压缩过程中输入的总能量、弹性应变能、耗散能,发现弹性阶段总能量 U、弹性应变能 U^e 随着含瓦斯煤试验过程中变形程度的增加而不断增加;在屈服阶段,弹性应变能 U^e 随着轴向应变的增大开始放缓,耗散能 U^d 迅速增大;进入应变软化型的破坏阶段和应变硬化型的强化阶段,总能量 U 和耗散能 U^d 随着轴向应变的增大不断增加,弹性应变能 U^e 趋于平缓。

② 通过分析临界破坏点能量变化与不同围压、饱和度及含水量的关系,发现临界破坏点总能量 U、储能极限 U^e、临界破坏点耗散能 U^d 随着围压 σ_3 和饱和度 S_h 的增大整体呈上升趋势,建立了多元线性回归方程,较好地预测了煤体破坏过程中临界破坏点总能量

与围压和饱和度之间的线性关系。

（3）探究了高饱和度下含瓦斯水合物煤体能量变化及分配规律。

① 同一围压、不同饱和度下，饱和度越高，试样破坏前所积累的总能量和弹性应变能越多，且弹性应变能与总能量几乎重合，耗散能呈略微增加趋势，随着试样开始破坏，弹性应变能快速下降，耗散能快速增加，试样由原来的弹性应变能主导转化为耗散能主导；不同围压、相同饱和度下与同一围压、不同饱和度下具有极大相似性。

② 建立了围压 σ_3、饱和度 S_h 与临界破坏点总能量 U 之间的多元线性回归方程，方程与数据拟合度较好，能较好地表达围压 σ_3、饱和度 S_h 与临界破坏点总能量 U 之间耦合关系，拟合系数高达0.820。

参 考 文 献

[1]国家统计局.中华人民共和国 2023 年国民经济和社会发展统计公报[R].北京:国家统计局,2024.

[2]何满潮.深部开采工程岩石力学现状及其展望[C]//第八次全国岩石力学与工程学术大会论文集,成都,2004:99-105.

[3]俞启香.矿井瓦斯防治[M].第 2 版.徐州:中国矿业大学出版社,1993.

[4]WU Q,HE X Q.Preventing coal and gas outburst using methane hydration[J].Journal of China University of Mining & Technology,2003,13(1):7-10.

[5]卢义玉,彭子烨,夏彬伟,等.深部煤岩工程多功能物理模拟实验系统——煤与瓦斯突出模拟实验[J].煤炭学报,2020,45(S1):272-283.

[6]王恩元,汪皓,刘晓斐,等.水力冲孔孔洞周围煤体地应力和瓦斯时空变化规律[J].煤炭科学技术,2020,48(1):39-45.

[7]冯涛,谢雄刚,刘河清.石门揭露突出煤层冻结温度场的实验研究[J].煤炭学报,2011,36(11):1884-1889.

[8]冯涛,谢雄刚,刘辉,等.注液冻结法在石门揭煤中防突作用的可行性研究[J].煤炭学报,2010,35(6):937-941.

[9]郑仰峰,翟成,辛海会,等.煤巷掘进工作面强弱耦合能量控制防治煤与瓦斯突出理论与方法[J].采矿与安全工程学报,2021,38(6):1269-1280.

[10]许江,张丹丹,彭守建,等.温度对含瓦斯煤力学性质影响的试验研究[J].岩石力学与工程学报,2011,30(S1):2730-2735.

[11]杨秀贵,贾志亭,杨明,等.温度对型煤性能影响的试验[J].辽宁工程技术大学学报(自然科学版),2013,32(8):1085-1088.

[12]杜育芹,袁梅,孟庆浩,等.不同围压条件下含瓦斯煤的三轴压缩试验研究[J].煤矿安全,2014,45(10):10-13.

[13]何俊江,李海波,胡少斌,等.含瓦斯煤体力学特性实验研究[J].煤矿安全,2016,47(1):24-27.

[14]赵洪宝,张红兵,尹光志.含瓦斯软弱煤三轴力学特性试验[J].重庆大学学报,2013,36(1):103-109.

[15]刘恺德.高应力下含瓦斯原煤三轴压缩力学特性研究[J].岩石力学与工程学报,2017,36(2):380-393.

[16]任非.三轴压缩条件下煤岩力学特性及破坏模式[J].煤矿安全,2018,49(1):37-39,43.

[17]刘晓辉,余洁,康家辉,等.不同围压下煤岩强度及变形特征研究[J].地下空间与工程

学报,2019,15(5):1341-1352.

[18] CHU Y P,SUN H T,ZHANG D M.Experimental study on evolution in the characteristics of permeability,deformation,and energy of coal containing gas under triaxial cyclic loading-unloading[J].Energy Science & Engineering,2019,07(5):2122-2123.

[19] 谢和平,鞠杨,黎立云,等.岩体变形破坏过程的能量机制[J].岩石力学与工程学报,2008,27(9):1729-1740.

[20] 张雪颖,阮怀宁,贾彩虹,等.高围压大理岩卸荷变形破坏与能量特征研究[J].矿业研究与开发,2009,29(6):13-16.

[21] 朱泽奇,盛谦,肖培伟,等.岩石卸围压破坏过程的能量耗散分析[J].岩石力学与工程学报,2011,30(S1):2675-2681.

[22] 吕有厂,秦虎.含瓦斯煤岩卸围压力学特性及能量耗散分析[J].煤炭学报,2012,37(9):1505-1510.

[23] 陈学章,何江达,谢红强,等.高围压卸荷条件下大理岩变形破坏及能量特征研究[J].四川大学学报(工程科学版),2014,46(S2):60-64.

[24] 张民波,雷克江,咎曼卿,等.加轴压卸围压下含瓦斯煤岩损伤变形的能量演化机制[J].中国安全生产科学技术,2018,14(4):45-50.

[25] 马德鹏,周岩,刘传孝,等.不同卸围压速率下试样卸荷破坏能量演化特征[J].岩土力学,2019,40(7):2645-2652.

[26] 李波波,张尧,任崇鸿,等.三轴应力下煤岩损伤—能量演化特征研究[J].中国安全科学学报,2019(10):98-104.

[27] 陈国庆,吴家尘,蒋万增,等.基于弹性能演化全过程的岩石脆性评价方法[J].岩石力学与工程学报,2020,39(5):901-911.

[28] JIANG H.Simple three-dimensional Mohr-Coulomb criteria for intact rocks[J].International Journal of Rock Mechanics and Mining Sciences,2018,105:145-159.

[29] 苏承东,翟新献,李永明,等.试样三轴压缩下变形和强度分析[J].岩石力学与工程学报,2006(S1):2963-2968.

[30] 杨永杰,宋扬,陈绍杰.三轴压缩煤岩强度及变形特征的试验研究[J].煤炭学报,2006,31(2):150-153.

[31] 尤明庆.统一强度理论的试验数据拟合及评价[J].岩石力学与工程学报,2008,27(11):2193-2204.

[32] 杨圣奇,蒋昱州,温森.两条断续预制裂纹粗晶大理岩强度参数的研究[J].工程力学,2008,25(12):127-134.

[33] 刘亚群,李海波,李俊如,等.基于 Hoek-Brown 准则的板岩强度特征研究[J].岩石力学与工程学报,2009,28(S2):3452-3457.

[34] 吕颖慧,刘泉声,江浩.基于高应力下花岗岩卸荷试验的力学变形特性研究[J].岩土力学,2010,31(2):337-344.

[35] 石祥超,孟英峰,李皋.几种岩石强度准则的对比分析[J].岩土力学,2011,32(S1):

209-216.

[36] 宫凤强,陆道辉,李夕兵,等.不同应变率下砂岩动态强度准则的试验研究[J].岩土力学,2013,34(9):2433-2441.

[37] 周哲,卢义玉,葛兆龙,等.水－瓦斯－煤三相耦合作用下煤岩强度特性及实验研究[J].煤炭学报,2014,39(12):2418-2424.

[38] 李地元,谢涛,李夕兵,等.Mogi-Coulomb 强度准则应用于岩石三轴卸荷破坏试验的研究[J].科技导报,2015,33(19):84-90.

[39] 左建平,陈岩,张俊文,等.不同围压作用下煤－岩组合体破坏行为及强度特征[J].煤炭学报,2016,41(11):2706-2713.

[40] 李斌,王大国,刘艳章,等.三轴条件下改进的 Hoek-Brown 准则的修正[J].煤炭学报,2017,42(5):1173-1181.

[41] 杨更社,魏尧,申艳军,等.冻结饱和砂岩三轴压缩力学特性及强度预测模型研究[J].岩石力学与工程学报,2019,38(4):683-694.

[42] 曹艺辉,李铀.Mohr-Coulomb 准则的试验验证与修正[J].中南大学学报(自然科学版),2020,51(2):399-410.

[43] 郑晓娟,王云飞.强度准则对不同岩性破坏强度的适用性研究[J].矿冶,2020,29(5):5-9.

[44] HYODO M,NAKATA Y,YOSHIMOTO N,et al.Basic research on the mechanical behavior of methane hydrate-sediments mixture[J].Soils and Foundations,2005,45(1):75-85.

[45] LE T X,AIMEDIEU P,BORNERT M,et al.Effect of temperature cycle on mechanical properties of methane hydrate-bearing sediment[J].Soils and Foundations,2019,59(4):814-827.

[46] WINTERS W J,PECHER I A,WAITE W F,et al.Physical properties and rock physics models of sediment containing natural and laboratory-formed methane gas hydrate[J].American Mineralogist,2004,89(8/9):1221-1227.

[47] SONG Y C,ZHU Y M,LIU W G,et al.Experimental research on the mechanical properties of methane hydrate-bearing sediments during hydrate dissociation[J].Marine and Petroleum Geology,2014,51:70-78.

[48] YONEDA J,MASUI A,KONNO Y,et al.Mechanical behavior of hydrate-bearing pressure core sediments visualized under triaxial compression[J].Marine and Petroleum Geology,2015,66:451-459.

[49] YONEDA J,OSHIMA M,KIDA M,et al.Pressure core based onshore laboratory analysis on mechanical properties of hydrate-bearing sediments recovered during India's National Gas Hydrate Program Expedition (NGHP) 02[J].Marine and Petroleum Geology,2019,108:482-501.

[50] YAN C L,CHENG Y F,Li M L,et al.Mechanical experiments and constitutive model of natural gas hydrate reservoirs[J].International Journal of Hydrogen En-

ergy,2017,42(31):19810-19818.

[51] YONEDA J,OSHIMA M,KIDA M,et al.Consolidation and hardening behavior of hydrate-bearing pressure-core sediments recovered from the Krishna-Godavari Basin,offshore India[J].Marine and Petroleum Geology,2019,108:512-523.

[52] WANG L,SUN X,SHEN S,et al.Undrained triaxial tests on water-saturated methane hydrate-bearing clayey-silty sediments of the South China Sea[J].Canadian Geotechnical Journal,2021,58(3):351-366.

[53] 李洋辉,宋永臣,于锋,等.围压对含水合物沉积物力学特性的影响[J].石油勘探与开发,2011,38(5):637-640.

[54] 颜荣涛,韦昌富,魏厚振,等.水合物形成对含水合物砂土强度影响[J].岩土工程学报,2012,34(7):1234-1240.

[55] 陈合龙,韦昌富,田慧会,等.气饱和含CO_2水合物砂的三轴压缩试验[J].岩土力学,2018,39(7):2395-2402.

[56] 李力昕,周家作,韦昌富,等.含CO_2水合物沉积物力学特性研究[J].水利与建筑工程学报,2019,17(2):34-40.

[57] 于锋.甲烷水合物及其沉积物的力学特性研究[D].大连:大连理工大学,2011.

[58] 王淑云,罗大双,张旭辉,等.含水合物黏土的力学性质试验研究[J].实验力学,2018,33(2):245-252.

[59] 王哲,李栋梁,吴起,等.石英砂粒径对水合物沉积物力学性质的影响[J].实验力学,2020,35(2):251-258.

[60] 石要红,张旭辉,鲁晓兵,等.南海水合物黏土沉积物力学特性试验模拟研究[J].力学学报,2015,47(3):521-528.

[61] LUO T T,LIU W G,LI Y H,et al.Mechanical properties of Stratified hydrate-bearing sediments[J].Energy Procedia,2017,105:200-205.

[62] LUO T T,LI Y H,SUN X,et al.Effect of sediment particle size on the mechanical properties of CH_4 hydrate-bearing sediments[J].Journal of Petroleum Science and Engineering,2018,171:302-314.

[63] 吴杨,崔杰,廖静容,等.不同细颗粒含量甲烷水合物沉积物三轴剪切试验研究[J].岩土工程学报,2021,43(1):156-164.

[64] 杨期君,赵春风.含气水合物沉积物弹塑性损伤本构模型探讨[J].岩土力学,2014,35(4):991-997.

[65] 魏厚振,颜荣涛,陈盼,等.不同水合物含量含二氧化碳水合物砂三轴压缩试验研究[J].岩土力学,2011,32(S2):198-203.

[66] 张旭辉,王淑云,李清平,等.天然气水合物沉积物力学性质的试验研究[J].岩土力学,2010,31(10):3069-3074.

[67] 张旭辉,鲁晓兵,王淑云,等.四氢呋喃水合物沉积物静动力学性质试验研究[J].岩土力学,2011,32(S1):303-308.

[68] YU Y X,CHENG Y P,XU X M,et al.Discrete element modelling of methane hy-

drate soil sediments using elongated soil particles[J].Computers and Geotechnics, 2016,80:397-409.

[69] JIANG M J,SUN Y G,YANG Q J.A simple distinct element modeling of the mechanical behavior of methane hydrate-bearing sediments in deep seabed [J]. Granular Matter, 2013,15(2):209-220.

[70] BRUGADA J,CHENG Y P, SOGA K,et al. Discrete element modelling of geomechanical behaviour of methane hydrate soils with pore-filling hydrate distribution [J]. Granular Matter,2010,12(5):517-525.

[71] 王璇,徐明.胶结型含可燃冰砂土剪切特性的离散元模拟[J].工程力学,2021,38(2): 44-51.

[72] 周世琛,郇筱林,陈宇琪,等.天然气水合物沉积物不排水剪切特性的离散元模拟[J]. 石油学报,2021,42(1):73-83.

[73] 蒋明镜,朱方园.不同温压环境下深海能源土力学特性离散元分析[J].岩土工程学 报,2014,36(10):1761-1769.

[74] 周博,王宏乾,王辉,等.水合物沉积物的力学本构模型及参数离散元计算[J].应用数 学和力学,2019,40(4):375-385.

[75] 蒋明镜,刘俊,申志福.裹覆型能源土力学特性真三轴压缩试验离散元数值分析[J]. 中国科学:物理学 力学 天文学,2019,49(3):153-164.

[76] 韩振华,张路青,周剑,等.黏土矿物颗粒特征对含水合物的沉积物力学特性影响研 究[J].工程地质学报,2021,29(6):1733-1743.

[77] DING Y L,QIAN A N,LU H L,et al.DEM investigation of the effect of hydrate morphology on the mechanical properties of hydrate-bearing sands[J].Computers and Geotechnics,2022,143:104603.1-104603.16.

[78] JIANG M J,PENG D,OOI J Y.DEM investigation of mechanical behavior and strain localization of methane hydrate bearing sediments with different temperatures and water pressures[J].Engineering Geology,2017,223:92-109.

[79] JIANG Y J,GONG B.Discrete-element numerical modelling method for studying mechanical response of methane-hydrate-bearing specimens [J]. Marine Georesources & Geotechnology,2020,38(9):1082-1096.

[80] WANG H,CHEN Y Q,ZHOU B,et al.Investigation of the effect of cementing ratio on the mechanical properties and strain location of hydrate-bearing sediments by using DEM [J]. Journal of Natural Gas Science and Engineering, 2021, 94:104123.

[81] 贺洁,蒋明镜.孔隙填充型深海能源土的离散元成样新方法及宏观力学特性[J].同济 大学学报(自然科学版),2016,44(5):709-717.

[82] 贺洁,蒋明镜.孔隙填充型能源土的宏微观力学特性真三轴压缩试验离散元分析[J]. 岩土力学,2016,37(10):3026-3034.

[83] 周世琛,周博,薛世峰,等.基于离散元法的天然气水合物沉积物剪切带演化机理[J].

石油学报,2022,43(1):101-111.

[84] 周世琛,霍文星,周博,等.柔性边界三轴压缩条件下胶结型水合物沉积物力学特性的离散元模拟[J].中南大学学报(自然科学版),2022,53(3):830-845.

[85] COHEN E,KLAR A.A cohesionless micromechanical model for gas hydrate-bearing sediments[J].Granular Matter,2019,21(2):36.

[86] LIU J W,LI X S,KOU X,et al.Analysis of hydrate heterogeneous distribution effects on mechanical characteristics of hydrate-bearing sediments[J].2021,35(6):4914-4924.

[87] 安令石.冻土宏细观力学性质与路基变形细观机理[D].哈尔滨:哈尔滨工业大学,2018.

[88] 毛海涛,黄海均,严新军,等.非饱和紫色土三轴压缩试验颗粒流宏细观参数关系研究[J].工程地质学报,2021,29(3):711-723.

[89] 杨圣奇,田文岭,董晋鹏.高温后两种晶粒花岗岩破坏力学特性试验研究[J].岩土工程学报,2021,43(2):281-289.

[90] 王明芳,余宏明,邓新征.干湿循环作用下石膏质岩宏细观劣化特性研究[J].公路工程,2018,43(2):289-295,300.

[91] 刘新荣,张梁,傅晏.酸性环境干湿循环对泥质砂岩力学特性影响的试验研究[J].岩土力学,2014,35(S2):45-52.

[92] IWASHITA K,ODA M.Rolling resistance at contacts in simulation of shear band development by DEM[J].Journal of Engineering Mechanics,1998,124(3):285-292.

[93] AI J,CHEN J F,ROTTER J M,et al.Assessment of rolling resistance models in discrete element simulations[J].Powder Technology,2011,206(3):269-282.

[94] BENMEBAREK M A,MOVAHEDI R M.Effect of rolling resistance model parameters on 3D DEM modeling of coarse sand direct shear test[J].Materials,2023,16(5):2077.

[95] RORATO R,ARROYO M,GENS A,et al.Image-based calibration of rolling resistance in discrete element models of sand[J].Computers and Geotechnics,2021,131:103929.

[96] 李建乐,郑参,颜港,等.不同加载条件下的煤岩体压缩试验模拟研究[J].煤矿安全,2018,49(1):17-20.

[97] 何涛,王丽.基于颗粒离散元模型的煤岩组合体损伤变化规律研究[J].煤矿安全,2018,49(7):205-208.

[98] 田文岭,杨圣奇,方刚.试样三轴循环加卸载力学特征颗粒流模拟[J].煤炭学报,2016,41(3):603-610.

[99] 王怡舒,刘斯宏,沈超敏,等.接触摩擦对颗粒材料宏细观力学特征和能量演变规律的影响[J].岩石力学与工程学报,2022,41(2):412-422.

[100] 王一伟,刘润,孙若晗,等.基于抗转模型的颗粒材料宏-细观关系研究[J].岩土力学,2022,43(4):945-956,968.

[101] 马少坤,黄骁,韦榕宽,等.考虑滚动阻抗的线性接触模型离散元宏细观参数敏感性研究[J].中国安全生产科学技术,2021,17(6):104-110.

[102] 王壮,段志波,廖新超,等.考虑转动阻抗对砂力学特性影响的离散元分析[J].科学技术与工程,2021,21(22):9503-9509.

[103] 高政国,董朋昆,张雅俊,等.一种滞弹簧耗能的新型离散元滚动阻力模型研究[J].力学学报,2021,53(9):2384-2394.

[104] 刘嘉英,马刚,周伟,等.抗转动特性对颗粒材料分散性失稳的影响研究[J].岩土力学,2017,38(5):1472-1480.

[105] ZHOU W,HUANG Y,NG T T,et al.A geometric potential-based contact detection algorithm for egg-shaped particles in discrete element modeling[J].Powder Technology,2018,327:152-162.

[106] ZHOU W,MA G,CHANG X L,et al.Influence of particle shape on behavior of rockfill using a three-dimensional deformable DEM[J].Journal of Engineering Mechanics,2013,139(12):1868-1873.

[107] LI C S,ZHANG D,DU S S,et al.Computed tomography based numerical simulation for triaxial test of soil-rock mixture[J].Computers and Geotechnics,2016,73:179-188.

[108] LASHKARI A,FALSAFIZADEH S R,SHOURIJEH P T,et al.Instability of loose sand in constant volume direct simple shear tests in relation to particle shape[J].Acta Geotechnica,2020,15(9):2507-2527.

[109] LU Z C,YAO A G,SU A J,et al.Re-recognizing the impact of particle shape on physical and mechanical properties of sandy soils:A numerical study[J].Engineering Geology,2019,253:36-46.

[110] 王蕴嘉,宋二祥.堆石料颗粒形状对堆积密度及强度影响的离散元分析[J].岩土力学,2019,40(6):2416-2426.

[111] JUN K.A novel way to determine number of spheres in clump-type particle-shape approximation in discrete-element modelling[J].Géotechnique,2019,69(7):620-626.

[112] ZHANG T,ZHANG C,ZOU J,et al.DEM exploration of the effect of particle shape on particle breakage in granular assemblies[J].Computers and Geotechnics,2020,122:103542.

[113] SUHR B,SIX K.Simple particle shapes for DEM simulations of railway ballast:Influence of shape descriptors on packing behaviour[J].Granular Matter,2020,22(2):43.1-43.17.

[114] XU M Q,GUO N,YANG Z X.Particle shape effects on the shear behaviors of granular assemblies:Irregularity and elongation[J].Granular Matter,2021,23(2):25.1-25.15.

[115] NG T T.Particle shape effect on macro- and micro-behaviors of monodisperse el-

lipsoids[J].International Journal for Numerical and Analytical Methods in Geomechanics,2009,33(4):511-527.

[116] ZHOU W,MA G,CHANG X L,et al.Discrete modeling of rockfill materials considering the irregular shaped particles and their crushability[J].Engineering Computations,2015,32(4):1104-1120.

[117] SHI C,SHEN J L,XU W Y,et al. Micromorphological characterization and random reconstruction of 3D particles based on spherical harmonic analysis[J]. Journal of Central South University,2017,24(5):1197-1206.

[118] JU Y,SUN H F,XING M X,et al.Numerical analysis of the failure process of soil-rock mixtures through computed tomography and PFC3D models[J].International Journal of Coal Science & Technology,2018,5(2):126-141.

[119] CUI W,JI T Z,LI M,et al.Simulating the workability of fresh self-compacting concrete with random polyhedron aggregate based on DEM[J].Materials and Structures,2016,50(1):92.

[120] 王舒永,张凌凯,陈国新,等.基于三维扫描技术的土石混合体离散元模型参数反演及直剪模拟[J].材料导报,2021,35(10):10088-10095,10108.

[121] 章涵,向国梁,王乐华,等.基于三维模型构建新方法的块石形状效应下 S-RM 宏细观剪切力学行为[J].岩石力学与工程学报,2022,41(10):2030-2044.

[122] 蒋明镜,奚邦禄,李立青,等.模拟月壤微观结构形态的定量化研究新方法[J].同济大学学报(自然科学版),2015,43(8):1123-1128,1233.

[123] 崔博,邓博麒,刘明辉,等.基于不规则颗粒离散元的砾石土三轴数值模拟[J].水力发电学报,2020,39(4):73-87.

[124] 李皋,舒淋,简旭,等.基于不规则颗粒的砾岩力学性能数值模拟研究[J].科学技术与工程,2022,22(20):8660-8665.

[125] 张翀,舒赣平.颗粒形状对颗粒流模拟双轴压缩试验的影响研究[J].岩土工程学报,2009,31(8):1281-1286.

[126] 刘广,荣冠,彭俊,等.矿物颗粒形状的岩石力学特性效应分析[J].岩土工程学报,2013,35(3):540-550.

[127] 田湖南,焦玉勇,王浩,等.土石混合体力学特性的颗粒离散元双轴试验模拟研究[J].岩石力学与工程学报,2015,34(S1):3564-3573.

[128] 华文俊,肖源杰,王萌,等.级配与颗粒形状对复杂堆积体路基填料剪切性能影响的离散元模拟研究[J].中南大学学报(自然科学版),2021,52(7):2332-2348.

[129] 薛明华,陈圣仟,杨世文.颗粒形状对砂性土宏细观力学性质的影响[J].科学技术与工程,2021,21(33):14318-14326.

[130] 李存柱,盛俭,周正华,等.粗粒料颗粒形状对材料宏观力学性能的影响[J].防灾减灾工程学报,2020,40(2):222-228.

[131] 邹宇雄,周伟,陈远,等.颗粒形状对岩土颗粒材料传力特性的影响机制[J].水力发电学报,2020,39(5):17-26.

［132］张小玲,夏飞,杜修力,等.考虑含水合物沉积物损伤的多场耦合模型研究[J].岩土力学,2019,40(11):4229-4239,4305.

［133］蒋爱辞.基于离散元的土石混合料动力特性分析[D].郑州:郑州大学,2010.

［134］蔡国庆,刘少鹏,宋建正,等.非饱和土三维离散元计算中宏－细观参数关系探究[J].湖南大学学报(自然科学版),2018,45(S1):110-115.

［135］刘春,乐天呈,施斌,等.颗粒离散元法工程应用的三大问题探讨[J].岩石力学与工程学报,2020,39(6):1142-1152.

［136］饶平平,李镜培,詹乐.邻近斜坡沉桩挤土效应颗粒流数值模拟[J].水资源与水工程学报,2013,24(4):1-5.

［137］徐旸.铁路有砟道床力学特性及劣化机理研究[D].北京:北京交通大学,2016.

［138］刘海涛,程晓辉.粗粒土尺寸效应的离散元分析[J].岩土力学,2009,30(S1):287-292.

［139］金磊,曾亚武,程涛,等.土石混合体边坡稳定性的三维颗粒离散元分析[J].哈尔滨工业大学学报,2020,52(2):41-50.

［140］周健,王家全,曾远,等.土坡稳定分析的颗粒流模拟[J].岩土力学,2009,30(1):86-90.

［141］陈鹏宇,余宏明.平直节理黏结颗粒材料宏细观参数关系及细观参数的标定[J].土木建筑与环境工程,2016,38(5):74-84.

［142］付龙龙,周顺华,田志尧,等.双轴压缩条件下颗粒材料中力链的演化[J].岩土力学,2019,40(6):2427-2434.

［143］胡千庭,周世宁,周心权.煤与瓦斯突出过程的力学作用机理[J].煤炭学报,2008,33(12):1368-1372.

［144］孙叶,谭成轩.中国现今区域构造应力场与地壳运动趋势分析[J].地质力学学报,1995,1(3):1-12.

［145］巩林贤.季冻区草炭土细观结构及其力学特性研究[D].长春:吉林大学,2020.

［146］罗晓龙,刘军,田始军,等.基于离散单元法的铝粉冲击加载过程三维数值模拟[J].中国机械工程,2018,29(20):2515-2519.

［147］杨豪,魏玉峰,潘远阳.颗粒长轴比对粗粒土抗剪强度影响的细观机理[J].水资源与水工程学报,2020,31(1):234-239,253.

［148］张保勇,于洋,高霞,等.卸围压条件下含瓦斯水合物煤体应力－应变特性试验研究[J].煤炭学报,2021,46(S1):281-290.

［149］康红普,林健,张晓,等.潞安矿区井下地应力测量及分布规律研究[J].岩土力学,2010,31(3):827-831,844.

［150］JING L. A review of techniques, advances and outstanding issues in numerical modelling for rock mechanics and rock engineering[J]. International Journal of Rock Mechanics and Mining Sciences,2003,40(3):283-353.

［151］郭放.基于细观试验的试样变形破坏规律研究[D].焦作:河南理工大学,2017.

［152］CUNDALL P A,STRACK O D L.A discrete numerical model for granular assemblies[J].Géotechnique,1979,29(1):47-65.

[153] POTYONDY D O,CUNDALL P A.A bonded-particle model for rock[J].International Journal of Rock Mechanics and Mining Sciences,2004,41(8):1329-1364.

[154] 蒋明镜,陈贺,张宁,等.含双裂隙岩石裂纹演化机理的离散元数值分析[J].岩土力学,2014,35(11):3259-3268.

[155] 刘香,吴成龙,孙国栋,等.高炉矿渣粉煤灰混合料的宏细观力学参数相关性分析[J].土木工程与管理学报,2015,32(2):1-7.

[156] 阿比尔的,郑颖人,冯夏庭,等.平行黏结模型宏细观力学参数相关性研究[J].岩土力学,2018,39(4):1289-1301.

[157] DVORKIN J,PRASAD M,SAKAI A,et al.Elasticity of marine sediments:Rock physics modeling [J].Geophysical Research Letters,1999,26(12):1781-1784.

[158] 蒋明镜,贺洁,周雅萍.考虑水合物胶结厚度的深海能源土粒间胶结模型研究[J].岩土力学,2014,35(5):1231-1240.

[159] JIANG M J,LIU F,ZHOU Y P.A bond failure criterion for DEM simulations of cemented geomaterials considering variable bond thickness [J]. International Journal for Numerical and Analytical Methods in Geomechanics,2014,38(18):1871-1897.

[160] 姜波,汤雷,赵新铭,等.岩石试样脆塑性破裂全过程数值试验研究[J].矿业研究与开发,2021,41(1):81-87.

[161] 杨忠平,李进,蒋源文,等.含石率对土石混合体—基岩界面剪切力学特性的影响[J].岩土工程学报,2021,43(8):1443-1452.

[162] 张扬.真三轴应力状态下岩石变形破坏过程细观数值模拟研究[D].徐州:中国矿业大学,2017.

[163] CRANDALL S H,DAHL N C,LARDNER T J.An Introduction to the mechanics of solids[M].2nd ed. New York:McGraw-Hill Book Company,1987.

[164] 韩振华,张路青,周剑.基于PFC2D模拟的矿物粒径非均质效应研究[J].工程地质学报,2019,27(4):706-716.

[165] International Society for Rock Mechanics (ISRM).Suggested methods for determining tensile strength of rock materials[J].International Journal of Rock Mechanics and Mining Sciences & Geomechanics Abstracts,1978,15(3):99-103.

[166] 郭中华,朱珍德,杨志祥,等.岩石强度特性的单轴压缩试验研究[J].河海大学学报(自然科学版),2002,30(2):93-96.

[167] 尹小涛,李春光,王水林,等.岩土材料细观、宏观强度参数的关系研究[J].固体力学学报,2011,32(S1):343-351.

[168] 周玉县,梁亦垅,黄晓锋.球形颗粒流数值模拟宏细观力学强度参数相关性研究[J].科学技术与工程,2015,15(22):61-67.

[169] 徐小敏,凌道盛,陈云敏,等.基于线性接触模型的颗粒材料细—宏观弹性常数相关关系研究[J].岩土工程学报,2010,32(7):991-998.

[170] 穆康,俞缙,李宏,等.水一力耦合条件下砂岩声发射和能量耗散的颗粒流模拟[J].岩土力学,2015,36(5):1496-1504.

[171] 邓益兵,周健,刘文白,等.螺旋挤土桩下旋成孔过程的颗粒流数值模拟[J].岩土工程学报,2011,33(9):1391-1398.

[172] 刘军,孙田,张豫湘,等.不同粒径砂土的细观离散元模拟[J].北京建筑大学学报,2016,32(4):18-22.

[173] 蔡国庆,李继光,许自立,等.非饱和土剪切特性的三维离散元分析[J].应用基础与工程科学学报,2020,28(6):1447-1459.

[174] 刘新荣,涂义亮,王鹏,等.基于大型直剪试验的土石混合体颗粒破碎特征研究[J].岩土工程学报,2017,39(8):1425-1434.

[175] CHO N,MARTIN C D,SEGO D C.A clumped particle model for rock[J].International Journal of Rock Mechanics and Mining Sciences,2007,44(7):997-1010.

[176] 李铁军.煤颗粒离散元模型宏细观参数标定及其关系[D].太原:太原理工大学,2019.

[177] 马石城,胡军霞,马一跃,等.基于三维离散元堆积碎石土细一宏观力学参数相关性研究[J].计算力学学报,2016,33(1):73-82.

[178] 李灿,邱红胜,张志华.基于PFC3D的粗粒土三轴压缩试验细观参数敏感性分析[J].武汉理工大学学报(交通科学与工程版),2016,40(5):864-869.

[179] 李炎隆,李守义,丁占峰,等.基于正交试验法的邓肯一张E-B模型参数敏感性分析研究[J].水利学报,2013,44(7):873-879.

[180] 王学深.正交试验设计法[J].山西化工,1989,9(3):53-58.

[181] 段永婷,冯夏庭,李晓.页岩细观矿物条带对其宏观破坏模式的影响研究[J].岩石力学与工程学报,2021,40(1):43-52.

[182] 刘力.基于离散单元法的碎石道砟力学特性研究[D].北京:北京交通大学,2015.

[183] 张保勇,高橙,高霞,等.围压对含瓦斯水合物煤体应力应变关系的影响[J].黑龙江科技大学学报,2015,25(2):137-142.

[184] CHEUNG G,O'SULLIVAN C.Effective simulation of flexible lateral boundaries in two-and three-dimensional DEM simulations[J].Particuology,2008,6(6):483-500.

[185] 胡军霞.堆积碎石土离散元细观参数一宏观力学参数相关性研究[D].湘潭:湘潭大学,2015.

[186] 蒋明镜,肖俞,朱方园.深海能源土宏观力学性质离散元数值模拟分析[J].岩土工程学报,2013,35(1):157-163.

[187] 周维垣.高等岩石力学[M].北京:水利电力出版社,1990.

[188] 唐洪祥,张兴,管毓辉,等.颗粒材料变形破坏与影响因素细宏观分析[J].大连理工大学学报,2013,53(4):543-550.

[189] 张兴.颗粒材料应变局部化的数值分析与试验模拟[D].大连:大连理工大学,2012.

[190] ODA M,KAZAMA H.Microstructure of shear bands and its relation to the mech-

anisms of dilatancy and failure of dense granular soils[J].Géotechnique,1998,48(4):465-481.

[191] 孙其诚,厚美瑛,金峰,等.颗粒物质物理与力学[M].北京:科学出版社,2011.

[192] 王金安,梁超,庞伟东.颗粒体双轴加载双向流动力链演化光弹试验研究[J].岩土力学,2016,37(11):3041-3047.

[193] ZHANG L R,NGUYEN N G H,LAMBERT S,et al.The role of force chains in granular materials:From statics to dynamics[J].European Journal of Environmental and Civil Engineering,2017,21(7/8):874-895.

[194] 杨涵,徐文杰,张启斌.散体颗粒介质变形局部化宏－细观机制研究[J].岩石力学与工程学报,2015,34(8):1692-1701.

[195] 巨峰,宁湃,何泽全,等.压实过程中煤矸石颗粒流细观变化规律研究[J].采矿与安全工程学报,2020,37(1):183-191.

[196] 顾晓强,杨朔成.基于离散元数值方法的砂土小应变弹性特性探讨[J].岩土力学,2019,40(2):785-791.

[197] 唐文帅.离散元细观参数对粗砂变形性质的影响[J].水利科技与经济,2015,21(2):32-34.

[198] 张崇帅.考虑球体颗粒胶结的三维颗粒流模拟研究[D].西安:西安理工大学,2018.

[199] THORNTON C. Numerical simulations of deviatoric shear deformation of granular media[J].Géotechnique,2000,50(1):43-53.

[200] 朱海燕,党益珂,刘清友,等.凹土棒石的物理力学性质实验及数值模拟研究[J].中国科学:物理学力学天文学,2019,49(12):107-117.

[201] 张宜,周伟,马刚,等.细颗粒截断粒径对堆石体力学特性影响的数值模拟[J].武汉大学学报(工学版),2017,50(3):332-339.

[202] WANG Y H,LEUNG S C.Characterization of cemented sand by experimental and numerical investigations[J].Journal of Geotechnical and Geoenvironmental Engineering,2008,134(7):992-1004.

[203] QU T M,FENG Y T,WANG Y,et al.Discrete element modelling of flexible membrane boundaries for triaxial tests[J].Computers and Geotechnics,2019,115:103154.

[204] BINESH S M,ESLAMI-FEIZABAD E,RAHMANI R.Discrete element modeling of drained triaxial test:Flexible and rigid lateral boundaries[J].International Journal of Civil Engineering,2018,16(10):1463-1474.

[205] 张强,汪小刚,赵宇飞,等.不同围压加载方式下土石混合体变形破坏机制颗粒流模拟研究[J].岩土工程学报,2018,40(11):2051-2060.

[206] 蒋明镜,李秀梅,胡海军.含抗转能力散粒体的宏微观力学特性数值分析[J].计算力学学报,2011,28(4):622-628.

[207] 张巍,李承峰,刘昌岭,等.多孔介质中甲烷水合物边界的 CT 图像识别技术[J].CT理论与应用研究,2016,25(1):13-22.

[208] 王宏乾,周博,薛世峰,等.可燃冰沉积物力学特性的离散元模拟分析[J].力学研究,2018(3):85-94.

[209] 尹小涛,郑亚娜,马双科.基于颗粒流数值试验的岩土材料内尺度比研究[J].岩土力学,2011,32(4):1211-1215.

[210] 李磊,蒋明镜,张伏光.深部岩石考虑残余强度时三轴压缩试验离散元定量模拟及参数分析[J].岩土力学,2018,39(3):1082-1090.

[211] 孔亮,季亮亮,曹杰峰.应力路径和颗粒级配对砂土变形影响的细观机制[J].岩石力学与工程学报,2013,32(11):2334-2341.

[212] 张振平,盛谦,付晓东,等.基于颗粒离散元的土石混合体直剪试验模拟研究[J].应用基础与工程科学学报,2021,29(1):135-146.

[213] 王登科,吕瑞环,彭明,等.含瓦斯煤渗透率各向异性研究[J].煤炭学报,2018,43(4):1008-1015.

[214] 张伏光,聂卓琛,陈孟飞,等.不排水循环荷载条件下胶结砂土宏微观力学性质离散元模拟研究[J].岩土工程学报,2021,43(3):456-464.

[215] 刘君,胡宏.砂土地基锚板基础抗拔承载力 PFC 数值分析[J].计算力学学报,2013,30(5):677-682,703.

[216] 王增会.基于多尺度方法的颗粒材料破碎行为与损伤－愈合－塑性表征研究[D].大连:大连理工大学,2018.

[217] ZHAO S W,EVANS T M,ZHOU X W.Shear-induced anisotropy of granular materials with rolling resistance and particle shape effects [J].International Journal of Solids and Structures,2018,150:268-281.

[218] GUO N,ZHAO J D.The signature of shear-induced anisotropy in granular media [J].Computers and Geotechnics,2013,47:1-15.

[219] WU P,LI Y H,LIU W G,et al.Cementation failure behavior of consolidated gas hydrate-bearing sand[J].Journal of Geophysical Research:Solid Earth,2020,125(1):e2019JB018623.

[220] 龚健,刘君.颗粒形状对散体材料剪切行为的影响[C]// 2014颗粒材料计算力学会议论文集,兰州,2014:77-82.

[221] 杨升,李晓庆.基于3维离散元颗粒流的土石混合体大型直剪试验模拟分析[J].工程科学与技术,2020,52(3):78-85.

[222] 胡高伟,李承峰,业渝光,等.沉积物孔隙空间天然气水合物微观分布观测[J].地球物理学报,2014,57(5):1675-1682.

[223] 周博,王宏乾,王辉,等.可燃冰沉积物宏细观力学特性真三轴压缩试验离散元模拟[J].中国石油大学学报(自然科学版),2020,44(1):131-140.

[224] 周健,池毓蔚,池永,等.砂土双轴试验的颗粒流模拟[J].岩土工程学报,2000,22(6):701-704.

[225] 李春雨.升轴压卸围压应力路径下含瓦斯水合物煤体力学性质试验研究[D].哈尔滨:黑龙江科技大学,2021.

[226] 周光军,徐慧,何先宇,等.考虑砾石颗粒形状及含量影响的砂－砾石混合物离散元模拟直剪试验[J].科学技术与工程,2022,22(27):12084-12093.

[227] 孔亮,彭仁.颗粒形状对类砂土力学性质影响的颗粒流模拟[J].岩石力学与工程学报,2011,30(10):2112-2119.

[228] LI Z C,LIU Z B.Influence of particle shape on the macroscopic and mesolevel mechanical properties of slip zone soil based on 3D scanning and 3D DEM[J].Advances in Materials Science and Engineering,2021,2021:9269652.

[229] 刘清秉,项伟,BUDHU,等.砂土颗粒形状量化及其对力学指标的影响分析[J].岩土力学,2011,32(S1):190-197.

[230] 梅志能,程英武,冯波,等.吹填砂土颗粒形状量化分析[J].港工技术,2018,55(1):112-116.

[231] 李丹,汪洪平,张超,等.基于CT扫描的尾矿细观结构表征研究[J].武汉大学学报(工学版),2020,53(7):574-582.

[232] 郎雪梅,姚柳眉,樊栓狮,等.多孔材料中甲烷水合物生成的传热数值模拟研究[J].化工学报,2022,73(9):3851-3860.

[233] HYODO M,LI Y H,YONEDA J,et al.Mechanical behavior of gas-saturated methane hydrate-bearing sediments[J].Journal of Geophysical Research:Solid Earth,2013,118(10):5185-5194.

[234] WINTERS W J,WAITE W F,MASON D H,et al.Methane gas hydrate effect on sediment acoustic and strength properties[J].Journal of Petroleum Science and Engineering,2007,56(1/2/3):127-135.

[235] 周家作,韦昌富,魏厚振,等.多功能水合物沉积物三轴压缩试验系统的研制与应用[J].岩土力学,2020,41(1):342-352.

[236] 李彦龙,刘昌岭,刘乐乐,等.含甲烷水合物松散沉积物的力学特性[J].中国石油大学学报(自然科学版),2017,41(3):105-113.

[237] 李彦龙,刘昌岭,廖华林,等.泥质粉砂沉积物－天然气水合物混合体系的力学特性[J].天然气工业,2020,40(8):159-168.

[238] 张保勇,于洋,靳凯,等.松散沉积物中降压幅度和饱和度对天然气水合物分解过程的影响[J].天然气工业,2020,40(8):133-140.

[239] LE T X,AIMEDIEU P,BORNERT M,et al.Effect of temperature cycle on mechanical properties of methane hydrate-bearing sediment[J].Soils and Foundations,2019,59(4):814-827.

[240] 颜荣涛,韦昌富,傅鑫晖,等.水合物赋存模式对含水合物土力学特性的影响[J].岩石力学与工程学报,2013,32(S2):4115-4122.

[241] 颜荣涛,梁维云,韦昌富,等.考虑赋存模式影响的含水合物沉积物的本构模型研究[J].岩土力学,2017,38(1):10-18.

[242] JIANG M J,YU H S,Harris D.A novel discrete model for granular material incorporating rolling resistance[J].Computers and Geotechnics,2005,32(5):

340-357.

[243] 杨统川.卸荷应力路径下含瓦斯水合物煤体力学性质试验研究[D].哈尔滨:黑龙江科技大学,2020.

[244] 于鸿飞,杨德欢,颜荣涛,等.密实度对含水合物土体力学特性的影响[J].力学与实践,2022,44(5):1111-1119.

[245] WANG D,GONG B,JIANG Y J.The distinct elemental analysis of the microstructural evolution of a methane hydrate specimen under cyclic loading conditions[J].Energies,2019,12(19):3694.

[246] 石崇,张强,王盛年.颗粒流(PFC 5.0)数值模拟技术及应用[J].岩土力学,2018,39(S2):36.

[247] 杨忠平,赵亚龙,胡元鑫,等.块石强度对土石混合料剪切特性的影响[J].岩石力学与工程学报,2021,40(4):814-827.

[248] 金磊,曾亚武.土石混合体宏细观力学特性和变形破坏机制的三维离散元精细模拟[J].岩石力学与工程学报,2018,37(6):1540-1550.

[249] ZHANG Y H,WONG L N Y,CHAN K K.An extended grain-based model accounting for microstructures in rock deformation[J].Journal of Geophysical Research:Solid Earth,2019,124(1):125-148.

[250] WONG L N Y,ZHANG Y H.An extended grain-based model for characterizing crystalline materials:An example of marble [J].Advanced Theory and Simulations,2018,1(8):1800039.

[251] LI X F,ZHANG Q B,LI H B,et al.Grain-based discrete element method(GB-DEM) modelling of multi-scale fracturing in rocks under dynamic loading[J].Rock Mechanics and Rock Engineering,2018,51(12):3785-3817.

[252] 邵磊,迟世春,张勇,等.基于颗粒流的堆石料三轴剪切试验研究[J].岩土力学,2013,34(3):711-720.

[253] 章峻豪,陈正汉,赵娜,等.非饱和土的新非线性模型及其应用[J].岩土力学,2016,37(3):616-624.

[254] 颜梦秋.含水合物沉积物变形及强度特性[D].桂林:桂林理工大学,2022.

[255] 刘一鸣,杨春和,霍永胜,等.考虑转动阻抗的粗粒土离散元模拟[J].岩土力学,2013,34(S1):486-493.

[256] 邹宇雄,马刚,李易奥,等.抗转动对颗粒材料组构特性的影响研究[J].岩土力学,2020,41(8):2829-2838.

[257] 旷杜敏.虑及颗粒破碎的钙质砂率相关宏细观力学行为研究[D].湘潭:湘潭大学,2021.

[258] 高霞,刘文新,高橙,等.含瓦斯水合物煤体强度特性三轴压缩试验研究[J].煤炭学报,2015,40(12):2829-2835.

[259] 高橙.高饱和度下含瓦斯水合物煤体强度特性三轴压缩试验研究[D].黑龙江科技大学,2016.

[260] 尹光志,王登科,张东明,等.两种含瓦斯试样变形特性与抗压强度的实验分析[J].岩石力学与工程学报.2009,28(2):410-417.

[261] GAO X,GAO C,ZHANG B Y,et al.Experimental investigation on mechanical behavior of methane hydrate bearing coal under triaxial compression[J].Electronic Journal of Geotechnical Engineering,2015,20(1):95-112.

[262] 高霞,裴权.含瓦斯水合物煤体的应力一应变特征与本构关系[J].黑龙江科技大学学报,2019,29(4):392-397.

[263] 高霞,孟伟,吴强,等.常规三轴压缩下含瓦斯水合物煤体能量变化规律研究[J].煤矿安全,2020,51(10):196-201.

[264] 廖飞龙.PDC齿切削破岩损伤规律研究[D].成都:西南石油大学,2014.

[265] 黄启翔.卸围压条件下含瓦斯煤岩力学特性的研究[D].重庆:重庆大学,2011.

[266] 王登科.含瓦斯煤岩本构模型与失稳规律研究[D].重庆:重庆大学,2009.

[267] YU M H.Advances in strength theories for materials under complex stress state in the 20th century[J].Applied Mechanics Reviews,2002,55(3):169-218.

[268] 付义胜.常规三轴强度准则对试验数据的拟合和评价[D].焦作:河南理工大学,2012.

[269] YOUN H,TONON F.Multi-stage triaxial test on brittle rock[J].International Journal of Rock Mechanics and Mining Sciences,2010,47(4):678-684.

[270] 赵乾甫.基于 Hoek-Brown 准则的含流体煤强度特征研究[D].焦作:河南理工大学,2018.

[271] MOGI K.Experimental rock mechanics[M].London:CRC Press,2007.

[272] 胡海浪,黄秋枫.Hoek-Brown 强度准则中 m,s 取值对岩体强度影响研究[J].灾害与防治工程,2007(2):31-37.

[273] HOEK E,KAISER P K , BAWDEN W F.Support of underground excavations in hard rock[M].Rotterdam:A. A. Balkema,1995.

[274] 卓莉,何江达,谢红强,等.基于 Hoek-Brown 准则确定岩石材料强度参数的新方法[J].岩石力学与工程学报,2015,34(S1):2773-2782.

[275] 高霞,孟伟,张保勇.常规三轴条件下含瓦斯水合物煤体的强度特性[J].黑龙江科技大学学报,2020,30(6):634-640.

[276] 谢和平,鞠杨,黎立云.基于能量耗散与释放原理的岩石强度与整体破坏准则[J].岩石力学与工程学报,2005,24(17):3003-3010.

[277] 张号.不同长度石灰岩试件动态力学性能试验研究[D].淮南:安徽理工大学,2019.

[278] 黄达,黄润秋,张永兴.粗晶大理岩单轴压缩力学特性的静态加载速率效应及能量机制试验研究[J].岩石力学与工程学报,2012,31(2):245-255.

[279] 陈鲜展,袁亮,薛生,等.瓦斯含量法在煤与瓦斯突出能量分析中的应用[J].中国安全科学学报,2017,27(10):93-98.

[280] 谢和平,彭瑞东,鞠杨,等.岩石破坏的能量分析初探[J].岩石力学与工程学报,2005,24(15):2603-2608.

[281] 张志镇,高峰.受载岩石能量演化的围压效应研究[J].岩石力学与工程学报,2015, 34(1):1-11.

[282] 余贤斌,谢强,李心一,等.岩石直接拉伸与压缩变形的循环加载实验与双模量本构模型[J].岩土工程学报,2005,27(9):988-993.

[283] 尤明庆,苏承东.大理岩试样循环加载强化作用的试验研究[J].固体力学学报, 2008,29(1):66-72.

[284] SONG D Z,WANG E Y,LI Z H,et al.Energy dissipation of coal and rock during damage and failure process based on EMR[J].International Journal of Mining Science and Technology,2015,25(5):787-795.

[285] JIA Z Q,LI C B,ZHANG R,et al.Energy evolution of coal at different depths under unloading conditions[J].Rock Mechanics and Rock Engineering,2019,52 (11):4637-4649.

[286] LE T X,AIMEDIEU P,BORNERT M,et al.Effect of temperature cycle on mechanical properties of methane hydrate-bearing sediment [J]. Soils and Foundations,2019,59(4):814-827.

[287] LUO T T,SONG Y C,ZHU Y M,et al.Triaxial experiments on the mechanical properties of hydrate-bearing marine sediments of South China Sea[J].Marine and Petroleum Geology,2016,77:507-514.

[288] YONEDA J,OSHIMA M,KIDA M,et al.Pressure core based onshore laboratory analysis on mechanical properties of hydrate-bearing sediments recovered during India's National Gas Hydrate Program Expedition(NGHP)02[J].Marine and Petroleum Geology,2019,108:482-501.

名 词 索 引

B

饱和度　2.1
扁平度　4.3
变形模量　2.1
不规则煤颗粒　4.1

C

常规三轴压缩试验　2.1
储能极限　6.2

D

电镜扫描　4.1

F

法向刚度　2.2
法向黏结应力　2.2
赋存形式　3.1

G

刚度比　2.4
刚性边界　2.3

H

含瓦斯水合物煤体　2.1
环向弹性能　6.2

J

加载速率　2.2

剪切破坏　2.1

接触本构模型　3.1

接触力链　2.3

接触黏结模型　2.2

径向应变　2.1

K

抗滚动阻力线性接触模型　3.4

孔隙率　2.2

L

离散元法　2.1

M

煤与瓦斯突出　2.1

煤体孔隙体积　4.1

敏感性分析　3.2

摩擦系数　2.2

N

黏结刚度比　2.4

P

配位数　3.3

偏差率　6.1

平行黏结模型　3.1

破坏强度　2.1

Q

切向刚度　2.2

切向黏结应力　2.2

球度　4.3

屈服强度　2.1

R

柔性边界　2.3

S

速度场　2.3

T

弹性模量　2.1

体积应变　2.1

W

瓦斯水合固化　2.1

瓦斯压力　2.1

围压　2.1

位移场　2.3

X

细观参数标定　3.1

细观参数模量　4.2

线性接触模型　3.1

卸荷弹性模量　6.2

型煤　2.1

Y

压胀破坏　2.3

应变软化　2.2

应变硬化　2.2

应力－应变曲线　2.1

应力初始化　3.1

原煤　2.1

Z

轴向应变　2.1